老吕专硕系列

MBA/MPA/MPAcc

主编 ◎ 吕建刚

管理类联考
老·吕·逻·辑
——真题超精解——
（母题分类版）

北京理工大学出版社
BEIJING INSTITUTE OF TECHNOLOGY PRESS

版权专有　侵权必究

图书在版编目(CIP)数据

管理类联考·老吕逻辑真题超精解：母题分类版 / 吕建刚主编．—北京：北京理工大学出版社，2020.6

ISBN 978-7-5682-8515-5

Ⅰ.①管… Ⅱ.①吕… Ⅲ.①逻辑-研究生-入学考试-题解 Ⅳ.①B81-44

中国版本图书馆 CIP 数据核字(2020)第 090364 号

出版发行 /	北京理工大学出版社有限责任公司
社　　址 /	北京市海淀区中关村南大街 5 号
邮　　编 /	100081
电　　话 /	(010)68914775(总编室)
	(010)82562903(教材售后服务热线)
	(010)68948351(其他图书服务热线)
网　　址 /	http：//www.bitpress.com.cn
经　　销 /	全国各地新华书店
印　　刷 /	保定市中画美凯印刷有限公司
开　　本 /	787 毫米×1092 毫米　1/16
印　　张 /	20
字　　数 /	469 千字
版　　次 /	2020 年 6 月第 1 版　2020 年 6 月第 1 次印刷
定　　价 /	59.80 元

责任编辑 / 多海鹏
文案编辑 / 多海鹏
责任校对 / 周瑞红
责任印制 / 李志强

图书出现印装质量问题，请拨打售后服务热线，本社负责调换

如何高效使用真题？

所有同学都知道，真题是考研备考的重中之重，那么，如何高效使用真题呢？我认为，至少分为两个步骤。

第一步，当然是限时模考。《老吕综合真题超精解（试卷版）》提供了完整的真题套卷和标准答题卡，就是为了方便你模考。

老吕要求你严格按照 3 小时的做题时间，排除一切干扰，从写名字到做题、涂卡、写作文，进行限时模考。通过限时模考，我们能调整做题顺序、把握做题速度、测试自我水平、进行查缺补漏。

另外，老吕发现有很多同学在模考时懒得写作文，或者做题太慢，没时间写作文。你进了考场也懒得写作文吗？虽然模考没有人监督你，但请不要自欺欺人！

但使用真题的关键是第二步，就是模考后，使用《老吕综合真题超精解（母题分类版）》进行题型总结。为什么呢？理由如下。

1. 数学的命题特点是重点题型反复考

来看一道 2019 年的真题：

设圆 C 与圆 $(x-5)^2+y^2=2$ 关于直线 $y=2x$ 对称，则圆 C 的方程为（　　）.

(A) $(x-3)^2+(y-4)^2=2$ (B) $(x+4)^2+(y-3)^2=2$

(C) $(x-3)^2+(y+4)^2=2$ (D) $(x+3)^2+(y+4)^2=2$

(E) $(x+3)^2+(y-4)^2=2$

这一道题曾在 2010 年考过近似题，如下：

圆 C_1 是圆 C_2：$x^2+y^2+2x-6y-14=0$ 关于直线 $y=x$ 的对称圆.

(1) 圆 C_1：$x^2+y^2-2x-6y-14=0$.

(2) 圆 C_2：$x^2+y^2+2y-6x-14=0$.

再看一道 2019 年的真题：

某单位要铺设草坪，若甲、乙两公司合作需要 6 天完成，工时费共计 2.4 万元；若甲公司单独做 4 天后由乙公司接着做 9 天完成，工时费共计 2.35 万元．若由甲公司单独完成该项目，则工时费共计（　　）万元．

(A) 2.25   (B) 2.35   (C) 2.4   (D) 2.45   (E) 2.5

这一道题曾在 2015 年考过近似题，如下：

一项工作，甲、乙合作需要 2 天，人工费 2 900 元；乙、丙合作需要 4 天，人工费 2 600 元；

甲、丙合作 2 天完成了全部工作量的 $\dfrac{5}{6}$，人工费 2 400 元．甲单独做该工作需要的时间和人工费分别为（　　）．

(A)3 天，3 000 元　　　　　　　　　　(B)3 天，2 850 元

(C)3 天，2 700 元　　　　　　　　　　(D)4 天，3 000 元

(E)4 天，2 900 元

再看一道 2019 年的真题：

设数列 $\{a_n\}$ 满足 $a_1=0$，$a_{n+1}-2a_n=1$，则 $a_{100}=$（　　）．

(A)$2^{99}-1$　　(B)2^{99}　　(C)$2^{99}+1$　　(D)$2^{100}-1$　　(E)$2^{100}+1$

这一道题在 2019 版《老吕数学要点精编》中有原题，如下：

数列 $\{a_n\}$ 中，$a_1=1$，$a_{n+1}=3a_n+1$，求数列的通项公式．

受篇幅所限，老吕不再一一列举真题，但老吕可以很负责任地和你说，数学 90% 以上的题目是以前考过或者老吕的书上写过的题。因此，数学备考一定要总结题型，也就是搞定母题。

2. 逻辑的命题特点也是重点题型反复考

自 1997 年到现在，仅管理类联考和管理类联考的前身 MBA 联考，就考了 1 500 余道逻辑题，而逻辑只有三四十个知识点，这意味着什么？就是所有题目，都在以前考过十几二十次，"新瓶装旧酒"而已。

来看一道 2019 年的真题：

新常态下，消费需求发生深刻变化，消费拉开档次，个性化、多样化消费渐成主流。在相当一部分消费者那里，对产品质量的追求压倒了对价格的考虑。供给侧结构性改革，说到底是满足需求。低质量的产能必然会过剩，而顺应市场需求不断更新换代的产能不会过剩。

根据以上陈述，可以得出以下哪项？

(A)只有质优价高的产品才能满足需求。

(B)顺应市场需求不断更新换代的产能不是低质量的产能。

(C)低质量的产能不能满足个性化需求。

(D)只有不断更新换代的产品才能满足个性化、多样化消费的需求。

(E)新常态下，必须进行供给侧结构性改革。

此题考查的是箭头的串联，你可以在近 12 年真题中找到 30 余道相似题（受篇幅所限，老吕不再一一列举）。

再看一道 2018 年的真题：

唐代韩愈在《师说》中指出："孔子曰：三人行，则必有我师。是故弟子不必不如师，师不必贤于弟子，闻道有先后，术业有专攻，如是而已。"

根据上述韩愈的观点，可以得出以下哪项？

(A)有的弟子必然不如师。

(B)有的弟子可能不如师。

(C)有的师不可能贤于弟子。

(D)有的弟子可能不贤于师。

(E)有的师可能不贤于弟子。

此题考查的是简单命题的负命题,你可以在近12年真题中找到约10道相似题(受篇幅所限,老吕不再一一列举)。

再看一道2016年的真题:

近年来,越来越多的机器人被用于在战场上执行侦察、运输、拆弹等任务,甚至将来冲锋陷阵的都不再是人,而是形形色色的机器人。人类战争正在经历自核武器诞生以来最深刻的革命。有专家据此分析指出,机器人战争技术的出现可以使人类远离危险,更安全、更有效率地实现战争目标。

以下哪项如果为真,最能质疑上述专家的观点?

(A)现代人类掌控机器人,但未来机器人可能会掌控人类。
(B)因不同国家之间军事科技实力的差距,机器人战争技术只会让部分国家远离危险。
(C)机器人战争技术有助于摆脱以往大规模杀戮的血腥模式,从而让现代战争变得更为人道。
(D)掌握机器人战争技术的国家为数不多,将来战争的发生更为频繁也更为血腥。
(E)全球化时代的机器人战争技术要消耗更多资源,破坏生态环境。

此题考查的是对措施目的的削弱,你可以在近12年真题中找到10余道相似题(受篇幅所限,老吕不再一一列举)。

可见,逻辑备考的关键,也是题型总结,也就是搞定母题。

3. 写作的命题大方向不变

首先,论证有效性分析是典型的套路化文章,常见的逻辑谬误都有固定的写作套路,而且,也都曾在真题里出现过。

常见的论证有效性分析母题如下:

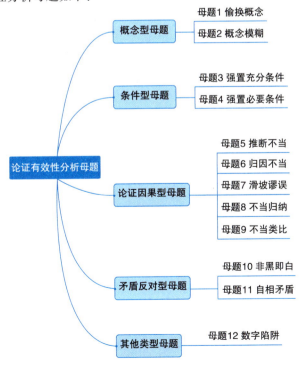

其次，论说文真题看起来变化多端，实际上考的都是管理者素养、企业管理、社会治理三个方向。本质上来说，都是对考生管理决策能力的考查，因此，论说文母题的思路如下：

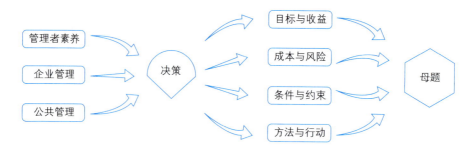

综上所述，我们把最新版的《老吕综合真题超精解》分为"试卷版"和"母题分类版"两个版本共4本书，就是为了满足大家的模考和总结需要。这套书的使用思路如下：

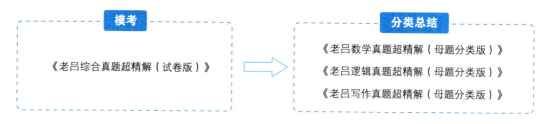

最后，真题是考研备考的重中之重，希望这套书能帮助大家考上梦想中的名校，实现你的人生理想。让我们一起努力，让我们一直努力！加油！

吕建刚

目录
Contents

第1部分　形式逻辑

第1章　复言命题

题型1　充分必要条件 / 3
　变化1　简单充分必要条件问题 / 3
　变化2　复杂充分必要条件问题 / 7

题型2　并且、或者、要么 / 10
　变化1　并且、或者、要么的理解 / 10
　变化2　德摩根定律 / 11
　变化3　并且、或者、要么的关系 / 14

题型3　箭头＋德摩根 / 15
　变化1　箭头与德摩根定律的结合使用 / 15
　变化2　无箭头指向陷阱 / 22

题型4　"∨"与"→"的互换 / 22
　变化1　箭头与或者互换公式的考查 / 23
　变化2　补充条件题 / 24

题型5　箭头的串联 / 24
　变化1　普通箭头的串联 / 25
　变化2　带"有的"的串联问题 / 39

题型6　假言命题的负命题 / 45
　变化1　假言命题负命题的基本问题 / 45
　变化2　串联＋负命题 / 51

题型7　二难推理 / 52
　变化1　选言型二难推理 / 53
　变化2　联言型二难推理 / 60

题型 8　复言命题的真假话问题 / 60
　　变化 1　题干中有矛盾 / 61
　　变化 2　题干中无矛盾 / 62

第 2 章　简单命题及概念

题型 9　对当关系 / 67

题型 10　替换法解简单命题的负命题 / 71
　　变化 1　替换法解简单命题的负命题 / 71
　　变化 2　简单命题的负命题的其他应用 / 73

题型 11　隐含三段论 / 75
　　变化 1　隐含三段论 / 75
　　变化 2　隐含三段论＋负命题 / 76
　　变化 3　隐含三段论＋串联 / 77

题型 12　简单命题的真假话问题 / 78
　　变化 1　题干中有矛盾的真假话问题 / 78
　　变化 2　题干中无矛盾的真假话问题 / 79

题型 13　定义题 / 82

题型 14　概念间的关系 / 85

第 2 部分　论证逻辑

第 3 章　论证

题型 15　论证的削弱 / 89
　　变化 1　论证的削弱 / 89
　　变化 2　归纳论证的削弱 / 96
　　变化 3　类比论证的削弱 / 100

题型 16　论证的支持 / 101
　　变化 1　论证的支持 / 101
　　变化 2　搭桥法 / 110
　　变化 3　归纳论证的支持 / 114
　　变化 4　类比论证的支持 / 114

题型 17　论证的假设 / 115

变化 1　论证的假设：搭桥法 / 116
变化 2　论证的假设：其他假设 / 121

题型 18　论证的推论 / 124
变化 1　一般推论题 / 125
变化 2　概括论点题 / 136

题型 19　论证的评价 / 139
变化 1　论证的评价：逻辑漏洞 / 139
变化 2　论证的评价：论证与反驳方法 / 144
变化 3　论证的评价：论证结构 / 147
变化 4　论证的评价：评价题 / 148

题型 20　论证的争议：争论焦点题 / 151

第 4 章　因果关系

题型 21　因果关系的削弱 / 156
变化 1　因果关系的削弱：找原因 / 156
变化 2　因果关系的削弱：推测结果 / 161
变化 3　因果关系的削弱：求异法 / 166
变化 4　因果关系的削弱：百分比对比型 / 170
变化 5　因果关系的削弱：共变法 / 171

题型 22　因果关系的支持 / 174
变化 1　因果关系的支持：找原因 / 174
变化 2　因果关系的支持：求因果五法 / 178
变化 3　因果关系的支持：预测结果 / 184

题型 23　因果关系的假设 / 187
变化 1　因果关系的假设：找原因 / 187
变化 2　因果关系的假设：推断结果型 / 189

题型 24　找原因：解释题 / 189
变化 1　解释现象 / 190
变化 2　解释差异 / 196

第 5 章　措施目的

题型 25　措施目的的削弱 / 201

题型 26　措施目的的支持 / 209

题型 27　措施目的的假设 / 211

第6章 结构相似题

题型 28 形式逻辑型结构相似题 / 216

题型 29 论证逻辑型结构相似题 / 223

第7章 数量关系

题型 30 数量关系的推理 / 236
　　变化 1　一类对象的两次或三次分类问题 / 236
　　变化 2　配对问题 / 240
　　变化 3　集合间（概念间）的关系问题 / 241
　　变化 4　平均值与加权平均值问题 / 242
　　变化 5　比率与增长率问题 / 245
　　变化 6　其他数字问题 / 247

题型 31 数量关系的削弱 / 248
　　变化 1　平均值陷阱 / 249
　　变化 2　比率陷阱 / 250

题型 32 数量关系的假设 / 252

题型 33 数量关系的解释 / 254

第3部分　综合推理

第8章 综合推理

题型 34 排序题 / 259
　　变化 1　排序题 / 259
　　变化 2　排序＋匹配题 / 263

题型 35 方位题 / 263
　　变化 1　一字型方位题 / 264
　　变化 2　围桌而坐与东南西北 / 269

题型 36 简单匹配题 / 273
　　变化 1　简单匹配 / 273
　　变化 2　可能符合题干 / 276

题型 37 复杂匹配与其他综合推理 / 279
　　变化 1　选人问题 / 279
　　变化 2　两组元素的匹配 / 283
　　变化 3　三组元素的匹配 / 300
　　变化 4　其他综合推理 / 304

真题考点题型对照表

《老吕逻辑真题超精解(母题分类版)》	《老吕逻辑要点精编(母题篇)》
题型1　充分必要条件	题型1　充分与必要
题型2　并且、或者、要么	题型2　并且、或者、要么
题型3　箭头+德摩根	题型3　箭头+德摩根
题型4　"∨"与"→"的互换	题型4　"∨"与"→"的互换
题型5　箭头的串联	题型5　箭头的串联
题型6　假言命题的负命题	题型6　假言命题的负命题
题型7　二难推理	题型7　二难推理
题型8　复言命题的真假话问题	题型8　复言命题的真假话问题
题型9　对当关系	题型9　对当关系
题型10　替换法解简单命题的负命题	题型10　替换法解简单命题的负命题
题型11　隐含三段论	题型11　隐含三段论
题型12　简单命题的真假话问题	题型12　简单命题的真假话问题
题型13　定义题	题型13　定义题
题型14　概念间的关系	题型14　概念间的关系
题型15　论证的削弱	题型15　论证型削弱题
题型16　论证的支持	题型19　论证型支持题
题型17　论证的假设	题型22　论证型假设题
题型18　论证的推论	题型28　一般推论题+题型29　概括结论题
题型19　论证的评价	题型30　评论逻辑漏洞+题型31　评论逻辑技法+题型33　评价题
题型20　论证的争议：争论焦点题	题型32　争论焦点题
题型21　因果关系的削弱	题型16　因果型削弱题

续表

《老吕逻辑真题超精解(母题分类版)》	《老吕逻辑要点精编(母题篇)》
题型 22　因果关系的支持	题型 20　因果型支持题
题型 23　因果关系的假设	题型 23　因果型假设题
题型 24　找原因：解释题	题型 26　解释现象
题型 25　措施目的的削弱	题型 17　措施目的型削弱题
题型 26　措施目的的支持	题型 21　措施目的型支持题
题型 27　措施目的的假设	题型 24　措施目的型假设题
题型 28　形式逻辑型结构相似题	题型 34　形式逻辑型结构相似题
题型 29　论证逻辑型结构相似题	题型 35　论证逻辑型结构相似题
题型 30　数量关系的推理	题型 38　数字推理题
题型 31　数量关系的削弱	题型 18　数据陷阱型削弱题
题型 32　数量关系的假设	题型 25　数字型假设题
题型 33　数量关系的解释	题型 27　解释数量关系
题型 34　排序题	题型 36　排序题
题型 35　方位题	题型 37　方位题
题型 36　简单匹配题	题型 39　简单匹配题
题型 37　复杂匹配与其他综合推理	题型 40　复杂匹配与题组

注意：本书题型更多知识讲解和练习详见《老吕逻辑要点精编(母题篇)》和《老吕逻辑母题800练》对应的题型。

第 1 部分

形式逻辑

第1章 复言命题

题型 1 充分必要条件

命题概率

近12年真题命题数量12道,平均每年1道。

母题变化

变化 1 简单充分必要条件问题

解题思路

(1) 充分条件。

A 是 B 的充分条件,记作 A→B,读作"A 推 B",是指假如事件 A 发生了,事件 B 一定发生。 典型关联词:"如果……那么……"。

(2) 必要条件。

A 是 B 的必要条件,记作 A←B,说明 A 的发生对于 B 的发生是必要的,不可或缺的;若是没有 A,则一定没有 B,即¬A→¬B。 典型关联词:"只有……才……"。

(3) 充分必要条件。

A 是 B 的充分必要条件,记作 A⟷B,读作"A 当且仅当 B"或者"A 等价于 B",指前提 A 对于 B 这个结论既是充分的又是必要的。 若 A 发生,则 B 一定发生;若 A 不发生,则 B 也不发生。 反之,若 B 发生,则 A 一定发生;若 B 不发生,则 A 也不发生。

(4) "¬A→B"公式。

① (除非 A,否则 B) = (¬A→B)。

② (A,否则 B) = (¬A→B)。

③ (B,除非 A) = (¬A→B)。

(5) 逆否原则。

逆否命题等价于原命题,即:"A→B"等价于"¬A⟵¬B"。

(6) 箭头指向原则。

已知一个假言命题为真,判断另外一个假言命题的真假时,遵守箭头指向原则:有箭头指向则为真,没有箭头指向则可能为真可能为假。

典型真题

1. (2012年管理类联考真题)① 经理说："有了自信不一定赢。"董事长回应说："但是没有自信一定会输。"

以下哪项与董事长的意思最为接近？

(A) 不输即赢，不赢即输。　　　　　　(B) 如果自信，则一定会赢。

(C) 只有自信，才可能不输。　　　　　(D) 除非自信，否则不可能输。

(E) 只有赢了，才可能更自信。

【解析】董事长：¬自信→输＝¬输→自信。

(A) 项，¬输→赢，¬赢→输，与董事长的意思不同。

(B) 项，充分条件前推后，自信→赢，与董事长的意思不同。

(C) 项，必要条件后推前，自信←¬输，与董事长的意思相同。

(D) 项，"除非""否则"去"除""否"，箭头直接向右划，故"¬自信→¬输"，与董事长的意思不同。

(E) 项，必要条件后推前，赢←自信，与董事长的意思不同。

【答案】(C)

2. (2013年管理类联考真题) 国际足联一直坚称，世界杯冠军队所获得的"大力神"杯是实心的纯金奖杯。某教授经过精密测量和计算认为，世界杯冠军奖杯——实心的"大力神"杯不可能是纯金制成的，否则球员根本不可能将它举过头顶并随意挥舞。

以下哪项与这位教授的意思最为接近？

(A) 若球员能够将"大力神"杯举过头顶并随意挥舞，则它很可能是空心的纯金杯。

(B) 只有"大力神"杯是实心的，它才可能是纯金的。

(C) 若"大力神"杯是实心的纯金杯，则球员不可能将它举过头顶并随意挥舞。

(D) 只有球员能够将"大力神"杯举过头顶并随意挥舞，它才是由纯金制成，并且不是实心的。

(E) 若"大力神"杯是由纯金制成，则它肯定是空心的。

【解析】某教授："大力神"杯不可能是实心的纯金杯，否则球员不可能将它举过头顶并随意挥舞。

等价于：¬不是实心的纯金杯→不可能将它举过头顶并随意挥舞。

即：若"大力神"杯是实心的纯金杯，则球员不可能将它举过头顶并随意挥舞。

故 (C) 项正确。

其余各项均不正确。

【答案】(C)

3. (2018年管理类联考真题) 若要人不知，除非己莫为；若要人不闻，除非己莫言。为之而欲人不知，言之而欲人不闻，此犹捕雀而掩目，盗钟而掩耳者。

根据以上陈述，可以得出以下哪项结论？

(A) 若己不言，则人不闻。

---

① 本书选用的管理类联考真题中，2009年及2009年以后的1月真题统称为"管理类联考真题"；10月真题统称为"在职MBA联考真题"。

(B) 若己为，则人会知；若己言，则人会闻。

(C) 若能做到盗钟而掩耳，则可言之而人不闻。

(D) 若己不为，则人不知。

(E) 若能做到捕雀而掩目，则可为之而人不知。

【解析】题干：

(1) 若要人不知，除非己莫为，即：如果不想人知，那么就莫为。

符号化：人不知→己莫为，等价于：己为→人知。

(2) 若要人不闻，除非己莫言，即：如果不想人闻，那么就莫言。

符号化：人不闻→己莫言，等价于：己言→人闻。

故（B）项符合题干，其余各项均不符合。

【答案】(B)

4. （2018年管理类联考真题）某次学术会议的主办方发出会议通知：只有论文通过审核才能收到会议主办方发出的邀请函，本次学术会议只欢迎持有主办方邀请函的科研院所的学者参加。

根据以上通知，可以得出以下哪项？

(A) 本次学术会议不欢迎论文没有通过审核的学者参加。

(B) 论文通过审核的学者都可以参加本次学术会议。

(C) 论文通过审核并持有主办方邀请函的学者，本次学术会议都欢迎其参加。

(D) 有些论文通过审核但未持有主办方邀请函的学者，本次学术会议欢迎其参加。

(E) 论文通过审核的学者有些不能参加本次学术会议。

【解析】题干：收到邀请函→论文通过审核；本次学术会议欢迎→收到邀请函∧科研院所的学者。

由题干，本次学术会议只欢迎收到邀请函的学者，即只欢迎论文通过审核的学者，即不欢迎论文没有通过审核的学者，故（A）项正确。

(B)、(C)、(E) 项均可真可假，(D) 项为假。

【答案】(A)

5. （2009年在职MBA联考真题）董事长：如果提拔小李，就不提拔小孙。

以下哪项符合董事长的意思？

(A) 如果不提拔小孙，就要提拔小李。

(B) 不能小李和小孙都提拔。

(C) 不能小李和小孙都不提拔。

(D) 除非提拔小李，否则不提拔小孙。

(E) 只有提拔小孙，才能提拔小李。

【解析】董事长：小李→¬小孙＝小孙→¬小李＝¬小李∨¬小孙＝¬(小李∧小孙)。

即：不能小李和小孙都提拔，故（B）项与董事长的意思相符。

(A) 项，¬小孙→小李，与董事长的意思不符。

(C) 项，¬(¬小李∧¬小孙)＝小李∨小孙，与董事长的意思不符。

(D) 项，¬小李→小孙，与董事长的意思不符。

（E）项，小李→小孙，与董事长的意思不符。

【答案】(B)

6. （2009年在职MBA联考真题） 任何国家，只有稳定，才能发展。

以下各项都符合题干的条件，除了：

（A）任何国家，如果得到发展，则一定稳定。

（B）任何国家，除非稳定，否则不能发展。

（C）任何国家，不可能稳定但不发展。

（D）任何国家，或者稳定，或者不发展。

（E）任何国家，不可能发展但不稳定。

【解析】题干：稳定←发展＝¬稳定→¬发展。

（A）项，发展→稳定，符合题干。

（B）项，¬稳定→¬发展，符合题干。

（C）项，¬（稳定∧¬发展）＝¬稳定∨发展＝稳定→发展，不符合题干。

（D）项，稳定∨¬发展＝¬稳定→¬发展，符合题干。

（E）项，¬（发展∧¬稳定）＝¬发展∨稳定＝发展→稳定，符合题干。

【答案】(C)

7. （2011年在职MBA联考真题） 某国外著名学术期刊发表的一篇研究论文揭示：人在生气时体内会产生一系列的反应，使得心跳加快，内分泌失常，引起血压升高，消化系统紊乱，严重的可能引起呕吐甚至晕厥，日后还会引起皮肤雀斑增多。张三希望孩子能上名牌大学，如果看到成绩不如意，就会生闷气。

基于题干的论断，以下哪项如果为真，最能推出张三生气的结论？

（A）张三的血压有所升高。

（B）张三的血压升高，而且呕吐了。

（C）张三的血压升高，呕吐并伴有晕厥，而且皮肤的雀斑也增多了。

（D）张三的儿子在学期期末考试中，有两门功课成绩下降了。

（E）张三的儿子参加学校运动会1500米比赛，只得到第5名。

【解析】题干：张三如果看到孩子的成绩不如意，就会生闷气。

（D）项，说明孩子的成绩不如意，能推出张三生气的结论。

【答案】(D)

8. （2014年在职MBA联考真题） 所有免试进入北京大学攻读硕士学位的本科生，都已经获得所在学校的推荐资格。

以下哪项的意思和以上断言完全一样？

（A）没有获得所在学校推荐资格的本科生，不能免试去北京大学攻读硕士学位。

（B）免试去南洋大学攻读硕士学位的本科生，可能没有获得所在学校的推荐资格。

（C）获得了所在学校推荐资格的本科生，并不一定能进入大学攻读硕士学位。

（D）除了北京大学，本科生还可以免试去其他学校攻读硕士学位。

(E) 提前毕业的本科生，也有可能进入北京大学攻读硕士学位。

【解析】题干：免试进入北京大学攻读硕士学位→推荐资格；

等价于：¬推荐资格→¬免试进入北京大学攻读硕士学位，故（A）项为真。

【答案】（A）

变化 2　复杂充分必要条件问题

解题思路

近年的命题出现两种倾向：

（1）形式逻辑论证化。就是一道题的题干看起来很长，看起来考的是论证逻辑，但实际上考的是形式逻辑。对于这样的题，抓住关键词求解即可，如"如果，那么""只有，才"等。

（2）形式逻辑陷阱化。很多题的题干里面会设置一些陷阱来迷惑考生，尤其是偷换概念。如"预报二月初北京有雨雪天气"与"二月初北京有雨雪天气"。

典型真题

9.（2015 年管理类联考真题） 有关数据显示，2011 年全球新增 870 万结核病患者，同时有 140 万患者死亡。因为结核病对抗生素有耐药性，所以对结核病的治疗一直都进展缓慢。如果不能在近几年消除结核病，那么还会有数百万人死于结核病。如果要控制这种流行病，就要有安全、廉价的疫苗。目前有 12 种新疫苗正在测试之中。

根据以上信息，可以得出以下哪项？

(A) 2011 年结核病患者死亡率已达 16.1%。

(B) 有了安全、廉价的疫苗，我们就能控制结核病。

(C) 如果解决了抗生素的耐药性问题，结核病治疗将会获得突破性进展。

(D) 只有在近几年消除结核病，才能避免数百万人死于这种疾病。

(E) 新疫苗一旦应用于临床，将有效控制结核病的传播。

【解析】题干有以下信息：

①结核病对抗生素有耐药性 —导致→ 对结核病的治疗一直进展缓慢。

②不能在近几年消除结核病→会有数百万人死于结核病。

③控制这种流行病→有安全、廉价的疫苗。

题干信息②等价于：¬会有数百万人死于结核病→在近几年消除结核病，故（D）项正确。

其余各项均不正确。

【答案】（D）

10.（2015 年管理类联考真题） 为进一步加强对不遵守交通信号等违法行为的执法管理，规范执法程序，确保执法公正，某市交警支队要求：凡属交通信号指示不一致、有证据证明救助危难等情形，一律不得录入道路交通违法信息系统；对已录入信息系统的交通违法记录，必须完善异议受理、核查、处理等工作规范，最大限度地减少执法争议。

根据上述交警支队的要求，可以得出以下哪项？

（A）有些因救助危难而违法的情形，如果仅有当事人说辞但缺乏当时现场的录音录像证明，就应录入道路交通违法信息系统。

（B）对已录入系统的交通违法记录，只有倾听群众异议，加强群众监督，才能最大限度地减少执法争议。

（C）如果汽车使用了行车记录仪，就可以提供现场实时证据，大大减少被录入道路交通违法信息系统的可能性。

（D）因信号灯相位设置和配时不合理等造成交通信号不一致而引发的交通违法情形，可以不录入道路交通违法信息系统。

（E）只要对已录入系统的交通违法记录进行异议受理、核查和处理，就能最大限度地减少执法争议。

【解析】将题干信息形式化：

①交通信号指示不一致→不得录入。

②有证据证明救助危难→不得录入。

③已录入信息→完善异议受理、核查、处理等工作规范，最大限度地减少执法争议。

题干信息②等价于：录入→¬有证据证明救助危难，故由"无证据证明救助危难等情形"无法推出任何结论，故（A）项可真可假。

由题干信息③可知，题干没有涉及"完善异议受理、核查、处理等工作规范"与"最大限度地减少执法争议"之间的关系，当然也就无法确定二者之间是充分条件还是必要条件，故（B）、（E）项可真可假。

（C）项，题干没有提及，可真可假。

（D）项，由题干信息①知，此项为真。

【答案】（D）

11. （2015年管理类联考真题）张云、李华、王涛都收到了明年二月初赴北京开会的通知。他们可以选择乘坐飞机、高铁与大巴等交通工具进京。他们对这次进京方式有如下考虑：

（1）张云不喜欢坐飞机，如果有李华同行，他就选择乘坐大巴。

（2）李华不计较方式，如果高铁比飞机便宜，他就选择乘坐高铁。

（3）王涛不在乎价格，除非预报二月初北京有雨雪天气，否则他就选择乘坐飞机。

（4）李华和王涛家住得较近，如果航班时间合适，他们将一同乘飞机出行。

如果上述3人的考虑都得到满足，则可以得出以下哪项？

（A）如果李华没有选择乘坐高铁或飞机，则他肯定和张云一起乘坐大巴进京。

（B）如果张云和王涛乘坐高铁进京，则二月初北京有雨雪天气。

（C）如果三人都乘坐飞机进京，则飞机票价比高铁便宜。

（D）如果王涛和李华乘坐飞机进京，则二月初北京没有雨雪天气。

（E）如果三人都乘坐大巴进京，则预报二月初北京有雨雪天气。

【解析】题干中有以下判断：

(1) 张云：李华同行→大巴。
(2) 李华：高铁比飞机便宜→高铁。
(3) 王涛：¬预报雨雪→飞机。
(4) 李华和王涛：航班合适→飞机。
由（3）知，(5) 王涛：¬飞机→预报雨雪。

(A) 项，李华没有选择乘坐高铁或飞机，则由题干"他们可以选择乘坐飞机、高铁与大巴等交通工具进京"可知，李华不一定会乘坐大巴，而且未必与张云一起乘坐大巴进京，可真可假。

(B) 项，可知王涛没有乘坐飞机，由（5）知，"预报"二月初北京有雨雪天气，但此项说"有雨雪天气"，可真可假。

(C) 项，李华乘坐飞机进京，即没有乘坐高铁，由（2）知：¬高铁→¬高铁比飞机便宜。故飞机比高铁便宜或者价格一样，可真可假。

(D) 项，可知王涛乘坐飞机，由（3）知，可真可假。

(E) 项，可知王涛没有乘坐飞机，则"预报"二月初北京有雨雪天气，由（5）知，为真。

【答案】(E)

12. (2018年管理类联考真题) 人民既是历史的创造者，也是历史的见证者；既是历史的"剧中人"，又是历史的"剧作者"。离开人民，文艺就会变成无根的浮萍、无病的呻吟、无魂的躯壳。关照人民的生活、命运、情感，表达人民的心愿、心情、心声，我们的作品才会在人民中传之久远。

根据以上陈述，可以得出以下哪项？
(A) 只有不离开人民，文艺才不会变成无根的浮萍、无病的呻吟、无魂的躯壳。
(B) 历史的创造者都不是历史的"剧中人"。
(C) 历史的创造者都是历史的见证者。
(D) 历史的"剧中人"都是历史的"剧作者"。
(E) 我们的作品只要表达人民的心愿、心情、心声，就会在人民中传之久远。

【解析】题干：
①离开人民→会变成无根的浮萍、无病的呻吟、无魂的躯壳，等价于：¬会变成无根的浮萍、无病的呻吟、无魂的躯壳→¬离开人民。
②作品传之久远→关照人民的生活、命运、情感，表达人民的心愿、心情、心声。

(A) 项，¬会变成无根的浮萍、无病的呻吟、无魂的躯壳→¬离开人民，与①相同，为真。

(E) 项，由②可知，没有箭头指向，可真可假。

题干只说了人民是历史的创造者、见证者、"剧中人"和"剧作者"，并没有提及这四个角色之间的关系，故 (B)、(C)、(D) 项均不能判断真假。

【答案】(A)

题型 2 并且、或者、要么

命题概率

近 12 年真题命题数量 9 道，平均每年 0.75 道。

母题变化

变化 1 并且、或者、要么的理解

解题思路

（1）A∧B，读作"A 并且 B"，是指事件 A 和事件 B 同时发生。
（2）A∨B，读作"A 或者 B"，是指事件 A 和事件 B 至少发生一个。
（3）A∀B，读作"A 要么 B"，是指事件 A 和事件 B 发生且仅发生一个。
（4）A、B 至少一真 =（A∨B）；
　　A、B 至多一真 =（¬A∨¬B）；
　　不是 A，就是 B =（¬A→B）=（A∨B）。

典型真题

1.（2009 年管理类联考真题）张珊喜欢喝绿茶，也喜欢喝咖啡。他的朋友中没有人既喜欢喝绿茶，又喜欢喝咖啡，但他的所有朋友都喜欢喝红茶。

如果上述断定为真，则以下哪项不可能为真？
（A）张珊喜欢喝红茶。
（B）张珊的所有朋友都喜欢喝咖啡。
（C）张珊的所有朋友喜欢喝的茶在种类上完全一样。
（D）张珊有一个朋友既不喜欢喝绿茶，也不喜欢喝咖啡。
（E）张珊喜欢喝的饮料，他有一个朋友都喜欢喝。

【解析】题干断定：
①张珊喜欢喝绿茶∧张珊喜欢喝咖啡。
②张珊的朋友中没有人既喜欢喝绿茶，又喜欢喝咖啡，等价于：朋友不喜欢喝绿茶∨朋友不喜欢喝咖啡，即张珊喜欢喝的饮料，他的朋友至少有一种不喜欢。

可得：张珊喜欢喝的饮料，他的朋友不会都喜欢喝。因此，（E）项不可能为真。
其余各项均可能为真。

【答案】（E）

2. （2020 年管理类联考真题）表 1-1 显示了某城市过去一周的天气情况：

表 1-1

星期一	星期二	星期三	星期四	星期五	星期六	星期日
东南风 1～2 级 小雨	南风 4～5 级 晴	无风 小雪	北风 1～2 级 阵雨	无风 晴	西风 3～4 级 阴	东风 2～3 级 中雨

以下哪项对该城市这一周天气情况的概括最为准确？

（A）每日或者刮风，或者下雨。

（B）每日或者刮风，或者晴天。

（C）每日或者无风，或者无雨。

（D）若有风且风力超过 3 级，则该日是晴天。

（E）若有风且风力不超过 3 级，则该日不是晴天。

【解析】选项排除法：

（A）项，刮风∨下雨，与星期三、星期五的天气情况不符。

（B）项，刮风∨晴天，与星期三的天气情况不符。

（C）项，无风∨无雨，与星期一、星期四、星期日的天气情况不符。

（D）项，有风且风力超过 3 级→晴天，与星期六的天气情况不符。

故（E）项正确。

【答案】（E）

变化 2　德摩根定律

> **解题思路**
>
> 德摩根定律：
>
> ① ¬（A∧B）=（¬A∨¬B）。
>
> ② ¬（A∨B）=（¬A∧¬B）。
>
> ③ ¬（A∀B）=（¬A∧¬B）∀（A∧B）。

典型真题

3. （2012 年管理类联考真题）《文化新报》记者小白周四去某市采访陈教授与王研究员。次日，其同事小李问小白："昨天你采访到那两位学者了吗？"小白说："不，没么顺利。"小李又问："那么，你一个都没采访到？"小白说："也不是。"

以下哪项最可能是小白周四采访所发生的情况？

（A）小白采访到了两位学者。

（B）小白采访了陈教授，但没有采访王研究员。

（C）小白根本没有去采访两位学者。

(D) 两位采访对象都没有接受采访。

(E) 小白采访到了一位,但没有采访到另一位。

【解析】题干:¬(陈∧王),等价于:¬陈∨¬王,即二人至少有一个没采访到。

并非一个也没采访到,即¬(¬陈∧¬王),等价于:陈∨王,即二人至少采访到了一个。

故可知,小白采访到了一位,没有采访到另外一位,即(E)项正确。

【答案】(E)

4. (2012年管理类联考真题) 2010年上海世博会盛况空前,200多个国家场馆和企业主题馆让人目不暇接,大学生王刚决定在学校放暑假的第二天前往世博会参观。前一天晚上,他特别上网查看了各位网友对相关热门场馆选择的建议,其中最吸引王刚的有三条:

(1) 如果参观沙特馆,就不参观石油馆。

(2) 石油馆和中国国家馆择一参观。

(3) 中国国家馆和石油馆不都参观。

实际上,第二天王刚的世博会行程非常紧凑,他没有接受上述三条建议中的任何一条。

关于王刚所参观的热门场馆,以下哪项描述正确?

(A) 参观沙特馆、石油馆,没有参观中国国家馆。

(B) 沙特馆、石油馆、中国国家馆都参观了。

(C) 沙特馆、石油馆、中国国家馆都没有参观。

(D) 没有参观沙特馆,参观石油馆和中国国家馆。

(E) 没有参观石油馆,参观沙特馆和中国国家馆。

【解析】题干有以下判断:

①参观沙特馆→¬参观石油馆。

②参观石油馆∨参观中国国家馆。

③¬参观中国国家馆∨¬参观石油馆。

没有接受①,推出:④参观沙特馆∧参观石油馆。

没有接受②,推出:石油馆和中国国家馆都参观,或者石油馆和中国国家馆都没有参观,结合④可知:沙特馆、石油馆、中国国家馆都参观了。

另外,根据没有接受③,也可以推出:中国国家馆和石油馆都参观了。

故(B)项正确。

【答案】(B)

5. (2019年管理类联考真题) 下面6张卡片,如图1-1所示,一面印的是汉字(动物或者花卉),一面印的是数字(奇数或者偶数)。

图1-1

对于上述6张卡片,如果要验证"每张至少有一面印的是偶数或者花卉",至少需要翻看几张卡片？

(A) 2。　　　　(B) 3。　　　　(C) 4。　　　　(D) 5。　　　　(E) 6。

【解析】题干：偶数∨花卉。

其矛盾命题为：非偶数∧非花卉，即奇数∧动物。

因此，需要验证"虎""7""鹰"，即3张卡片。

【答案】(B)

6. (2009年在职MBA联考真题) 并非本届世界服装节既成功又节俭。

如果上述判断是真的，则以下哪项一定为真？

(A) 本届世界服装节成功但不节俭。

(B) 本届世界服装节节俭但不成功。

(C) 本届世界服装节既不节俭也不成功。

(D) 如果本届世界服装节不节俭，则一定成功。

(E) 如果本届世界服装节节俭，则一定不成功。

【解析】题干：¬（成功∧节俭）=（¬成功∨¬节俭）=（节俭→¬成功）。

故(E)项符合题干，必然为真。

【答案】(E)

7. (2010年在职MBA联考真题) 总经理：建议小李和小孙都提拔。

董事长：我有不同意见。

以下哪项符合董事长的意思？

(A) 小李和小孙都不提拔。

(B) 提拔小李，不提拔小孙。

(C) 不提拔小李，提拔小孙。

(D) 除非不提拔小李，否则不提拔小孙。

(E) 要么不提拔小李，要么不提拔小孙。

【解析】总经理：小李∧小孙。

董事长：¬（小李∧小孙）=¬小李∨¬小孙。

(A) 项，¬小李∧¬小孙，与董事长的意思不同。

(B) 项，小李∧¬小孙，与董事长的意思不同。

(C) 项，¬小李∧小孙，与董事长的意思不同。

(D) 项，¬不提拔小李→¬提拔小孙，等价于：¬小李∨¬小孙，与董事长的意思相同。

(E) 项，¬小李∀¬小孙，与董事长的意思不同。

【答案】(D)

变化3　并且、或者、要么的关系

解题思路

①已知 A∧B 为真，说明 A、B 两个事件都发生了。因此，A∨B 为真，A∀B 为假。

②已知 A∀B 为真，说明 A、B 两个事件发生且仅发生一件。因此，A∨B 为真，A∧B 为假。

③已知 A∨B 为真，说明 A、B 两个事件至少发生一件，但到底发生了几件事，到底哪个事件发生了，都不确定。因此，A∧B 不能确定真假，A∀B 也不能确定真假。

典型真题

8.（2010年管理类联考真题） 大、小行星悬浮在太阳系边缘，极易受附近星体引力作用的影响。据研究人员计算，有时这些力量会将彗星从奥尔特星云拖出。这样，它们更有可能靠近太阳。两位研究人员据此分别做出了以下两种有所不同的断定：

①木星的引力作用要么将它们推至更小的轨道，要么将它们逐出太阳系；

②木星的引力作用或者将它们推至更小的轨道，或者将它们逐出太阳系。

如果上述两种断定只有一种为真，则可以推出以下哪项结论？

(A) 木星的引力作用将它们推至更小的轨道，并且将它们逐出太阳系。

(B) 木星的引力作用没有将它们推至更小的轨道，但是将它们逐出太阳系。

(C) 木星的引力作用将它们推至更小的轨道，但是没有将它们逐出太阳系。

(D) 木星的引力作用既没有将它们推至更小的轨道，也没有将它们逐出太阳系。

(E) 木星的引力作用如果将它们推至更小的轨道，就不会将它们逐出太阳系。

【解析】题干有两种断定：

①推至更小的轨道 ∀ 逐出太阳系。

②推至更小的轨道 ∨ 逐出太阳系。

要么→或者，故若①为真，则②也为真，与题干"两种断定只有一种为真"矛盾，故①为假。由①为假可推出：推至更小的轨道 ∧ 逐出太阳系，或者，¬推至更小的轨道 ∧ ¬逐出太阳系。

由①为假可知，②为真，故必有：推至更小的轨道 ∧ 逐出太阳系。

【答案】(A)

9.（2010年在职MBA联考真题） 某山区发生了较大面积的森林病虫害。在讨论农药的使用时，老许提出："要么使用甲胺磷等化学农药，要么使用生物农药。前者过去曾用过，价钱便宜，杀虫效果好，但毒性大；后者未曾使用过，效果不确定，价格贵。"

从老许的提议中，不可能推出的结论是：

(A) 如果使用化学农药，那么就不使用生物农药。

(B) 或者使用化学农药，或者使用生物农药，两者必居其一。

(C) 如果不使用化学农药，那么就使用生物农药。

(D) 化学农药比生物农药好，应该优先考虑使用。

(E) 化学农药和生物农药是两类不同的农药，两类农药不要同时使用。

【解析】老许：化学农药∨生物农药；可知化学农药和生物农药使用且仅使用一种。

(A) 项，化学农药和生物农药使用且仅使用一种，故如果使用化学农药，就不使用生物农药，为真。

(B) 项，化学农药∨生物农药，为真。

(C) 项，化学农药和生物农药使用且仅使用一种，故如果不使用化学农药，则一定使用生物农药，为真。

(D) 项，老许对于两种农药，只是给了一个客观评价，并没有给出倾向使用哪一种，故(D)项不正确。

(E) 项，化学农药和生物农药使用且仅使用一种，故不能两种同时使用，为真。

【答案】(D)

题型3 箭头＋德摩根

命题概率

近12年真题命题数量14道，平均每年1.17道。

母题变化

变化1 箭头与德摩根定律的结合使用

解题思路

$A \wedge B \to C$，等价于：$\neg C \to \neg (A \wedge B)$，等价于：$\neg C \to \neg A \vee \neg B$。

$A \vee B \to C$，等价于：$\neg C \to \neg (A \vee B)$，等价于：$\neg C \to \neg A \wedge \neg B$。

$A \to B \wedge C$，等价于：$\neg (B \wedge C) \to \neg A$，等价于：$\neg B \vee \neg C \to \neg A$。

$A \to B \vee C$，等价于：$\neg (B \vee C) \to \neg A$，等价于：$\neg B \wedge \neg C \to \neg A$。

典型真题

1. （2010年管理类联考真题）针对威胁人类健康的甲型H1N1流感，研究人员研制出了相应的疫苗。尽管这些疫苗是有效的，但某大学研究人员发现，阿司匹林、羟苯基乙酰胺等抑制某些酶的药物会影响疫苗的效果。这位研究人员指出："如果你服用了阿司匹林或者对乙酰氨基酚，那么你注射疫苗后就必然不会产生良好的抗体反应。"

如果小张注射疫苗后产生了良好的抗体反应，那么根据上述研究结果可以得出以下哪项结论？

（A）小张服用了阿司匹林，但没有服用对乙酰氨基酚。
（B）小张没有服用阿司匹林，但感染了 H1N1 流感病毒。
（C）小张服用了阿司匹林，但没有感染 H1N1 流感病毒。
（D）小张没有服用阿司匹林，也没有服用对乙酰氨基酚。
（E）小张服用了对乙酰氨基酚，但没有服用羟苯基乙酰胺。

【解析】题干：阿司匹林∨对乙酰氨基酚→不会产生良好的抗体反应。

等价于：产生良好的抗体反应→¬（阿司匹林∨对乙酰氨基酚）。

等价于：产生良好的抗体反应→¬阿司匹林∧¬对乙酰氨基酚。

已知，小张产生了良好的抗体反应，则小张没有服用阿司匹林，也没有服用对乙酰氨基酚。
故（D）项正确。

【答案】（D）

2.（2010年管理类联考真题） 域控制器存储了域内的账户、密码和属于这个域的计算机三项信息。当计算机接入网络时，域控制器首先要鉴别这台计算机是否属于这个域，用户使用的登录账户是否存在，密码是否正确。如果三项信息均正确，则允许登录；如果以上信息有一项不正确，那么域控制器就会拒绝这个用户从这台计算机登录。小张的登录账号是正确的，但是域控制器拒绝小张的计算机登录。

基于以上陈述，能得出以下哪项结论？

（A）小张输入的密码是错误的。
（B）小张的计算机不属于这个域。
（C）如果小张的计算机属于这个域，那么他输入的密码是错误的。
（D）只有小张输入的密码是正确的，他的计算机才属于这个域。
（E）如果小张输入的密码是正确的，那么他的计算机属于这个域。

【解析】题干：①属于这个域∧账户存在∧密码正确→允许登录。

等价于：②¬允许登录→¬属于这个域∨¬账户存在∨¬密码正确。

③¬属于这个域∨¬账户存在∨¬密码正确→¬允许登录。

现在，域控制器拒绝小张的计算机登录，由②知：或者小张的计算机不属于这个域，或者小张的账户不存在，或者小张的密码错误。

又知，小张的登录账号是正确的，所以，或者小张的计算机不属于这个域，或者小张的密码错误；等价于：如果小张的计算机属于这个域，那么他输入的密码是错误的，即（C）项正确。

【答案】（C）

3.（2010年管理类联考真题） 蟋蟀是一种非常有趣的小动物。宁夏的夏夜，草丛中传来阵阵清脆悦耳的鸣叫声。那是蟋蟀在唱歌。蟋蟀优美动听的歌声并不是出自它的好嗓子，而是来自它的翅膀。左右两翅一张一合，相互摩擦，就可以发出悦耳的响声了。蟋蟀还是建筑专家，与它那柔软的挖掘工具相比，蟋蟀的住宅真可以算得上是伟大的工程了。在其住宅门口，有一个收拾得非常舒适的平台。夏夜，除非下雨或者刮风，否则蟋蟀肯定会在这个平台上唱歌。

根据以上陈述，以下哪项是蟋蟀在无雨的夏夜所做的？

（A）修建住宅。

(B) 收拾平台。
(C) 在平台上唱歌。
(D) 如果没有刮风，它就在抢修工程。
(E) 如果没有刮风，它就在平台上唱歌。

【解析】题干：夏夜，除非下雨或者刮风，否则蟋蟀肯定会在这个平台上唱歌。

符号化：¬（下雨∨刮风）∧夏夜→蟋蟀唱歌，等价于：¬下雨∧¬刮风∧夏夜→蟋蟀唱歌。

所以，无雨的夏夜，如果不刮风，则蟋蟀在平台上唱歌。

【答案】（E）

4. (2012年管理类联考真题) 某公司规定，在一个月内，除非每个工作日都出勤，否则任何员工都不可能既获得当月的绩效工资，又获得奖励工资。

以下哪项与上述规定的意思最为接近？

(A) 在一个月内，任何员工如果所有工作日不缺勤，必然既获得当月的绩效工资，又获得奖励工资。
(B) 在一个月内，任何员工如果所有工作日不缺勤，都有可能既获得当月的绩效工资，又获得奖励工资。
(C) 在一个月内，任何员工如果有某个工作日缺勤，仍有可能获得当月的绩效工资，或者获得奖励工资。
(D) 在一个月内，任何员工如果有某个工作日缺勤，必然或者得不到当月的绩效工资，或者得不到奖励工资。
(E) 在一个月内，任何员工如果所有工作日不缺勤，必然既得不到当月的绩效工资，又得不到奖励工资。

【解析】题干：¬每个工作日都出勤→¬（获绩效工资∧获奖励工资）。

等价于：¬每个工作日都出勤→¬获绩效工资∨¬获奖励工资。

所以，如果不是每个工作日都出勤，则或者不能获得绩效工资，或者不能获得奖励工资。

故（D）项正确。

【答案】（D）

5. (2015年管理类联考真题) 如果把一杯酒倒进一桶污水中，你得到的是一桶污水；如果把一杯污水倒进一桶酒中，你得到的仍然是一桶污水。在任何组织中，都可能存在几个难缠人物，他们存在的目的似乎就是把事情搞砸。如果一个组织不加强内部管理，一个正直能干的人进入某低效的部门就会被吞没，而一个无德无才者很快就能将一个高效的部门变成一盘散沙。

根据以上信息，可以得出以下哪项？

(A) 如果组织中存在几个难缠人物，很快就会把组织变成一盘散沙。
(B) 如果不将一杯污水倒进一桶酒中，你就不会得到一桶污水。
(C) 如果一个正直能干的人在低效部门没有被吞没，则该部门加强了内部管理。
(D) 如果一个正直能干的人进入组织，就会使组织变得更为高效。
(E) 如果一个无德无才的人把组织变成一盘散沙，则该组织没有加强内部管理。

【解析】将题干信息形式化：

①一杯酒倒进一桶污水中→你得到一桶污水。

②一杯污水倒进一桶酒中→你得到一桶污水。

③¬加强内部管理→正直能干的人进入某低效的部门就会被吞没∧无德无才者很快就能将一个高效的部门变成一盘散沙。

题干信息③等价于：正直能干的人进入某低效的部门不会被吞没∨无德无才者没有将一个高效的部门变成一盘散沙→加强内部管理。

(C)项，¬正直能干的人进入某低效的部门就会被吞没→加强内部管理，正确。

其余各项均不正确。

【答案】(C)

6. (2016年管理类联考真题) 企业要建设科技创新中心，就要推进与高校、科研院所的合作，这样才能激发自主创新的活力。一个企业只有搭建服务科技创新发展战略的平台、科技创新与经济发展对接的平台以及聚集创新人才的平台，才能催生重大科技成果。

根据上述信息，可以得出以下哪项？

(A) 如果企业搭建科技创新与经济发展对接的平台，就能激发其自主创新的活力。

(B) 如果企业搭建了服务科技创新发展战略的平台，就能催生重大科技成果。

(C) 能否推进与高校、科研院所的合作决定企业是否具有自主创新的活力。

(D) 如果企业没有搭建聚集创新人才的平台，就无法催生重大科技成果。

(E) 如果企业推进与高校、科研院所的合作，就能激发其自主创新的活力。

【解析】题干：

①激发自主创新的活力→建设科技创新中心→推进与高校、科研院所的合作。

②催生重大科技成果→战略平台∧对接平台∧创新人才平台，等价于：¬战略平台∨¬对接平台∨¬创新人才平台→¬催生重大科技成果。

(D)项，¬创新人才平台→¬催生重大科技成果，正确。

其余各项均不正确。

【答案】(D)

7. (2018年管理类联考真题) 张教授：利益并非只是物质利益，应该把信用、声誉、情感甚至某种喜好等都归入利益的范畴。根据这种对"利益"的广义理解，如果每一个体在不损害他人利益的前提下，尽可能满足其自身的利益需求，那么由这些个体组成的社会就是一个良善的社会。

根据张教授的观点，可以得出以下哪项？

(A) 如果一个社会不是良善的，那么其中肯定存在个体损害他人利益或自身利益需求没有尽可能得到满足的情况。

(B) 尽可能满足每一个体的利益需求，就会损害社会的整体利益。

(C) 只有尽可能满足每一个体的利益需求，社会才可能是良善的。

(D) 如果有些个体通过损害他人利益来满足自身的利益需求，那么社会就不是良善的。

(E) 如果某些个体的利益需求没有尽可能得到满足，那么社会就不是良善的。

【解析】张教授：每一个体在不损害他人利益的前提下∧尽可能满足其自身的利益需求→良善的社会。

逆否可得：如果一个社会不是良善的，那么其中肯定存在个体损害他人利益或自身利益需求没有尽可能得到满足的情况。故（A）项正确。

【答案】(A)

8.（2020年管理类联考真题）领导干部对于各种批评和意见应采取"有则改之，无则加勉"的态度，营造"言者无罪，闻者足戒"的氛围，只有这样，人们才能知无不言，言无不尽。领导干部只有从谏如流并为说真话者撑腰，才能做到"兼听则明"或作出科学决策；只有乐于和善于听取各种不同意见，才能营造风清气正的政治生态。

根据以上信息，可以得出以下哪项？

(A) 领导干部必须善待批评，从谏如流，为说真话者撑腰。
(B) 大多数领导干部对于批评和意见能够采取"有则改之，无则加勉"的态度。
(C) 领导干部如果不能从谏如流，就不能作出科学决策。
(D) 只有营造"言者无罪，闻者足戒"的氛围，才能形成风清气正的政治生态。
(E) 领导干部只有乐于和善于听取各种不同意见，人们才能知无不言，言无不尽。

【解析】题干：

①人们知无不言，言无不尽→领导干部对批评和意见采取"有则改之，无则加勉"的态度。

②兼听则明∨作出科学决策→从谏如流∧为说真话者撑腰。

③营造风清气正的政治生态→乐于和善于听取各种不同意见。

②等价于：¬从谏如流∨¬为说真话者撑腰→¬兼听则明∧¬作出科学决策，故（C）项正确。

其余各项均不正确。

【答案】(C)

9.（2020年管理类联考真题）因业务需要，某公司欲将甲、乙、丙、丁、戊、己、庚7个部门合并到丑、寅、卯3个子公司。已知：

(1) 一个部门只能合并到一个子公司。
(2) 若丁和丙中至少有一个未合并到丑公司，则戊和甲均合并到丑公司。
(3) 若甲、己、庚中至少有一个未合并到卯公司，则戊合并到寅公司且丙合并到卯公司。

根据上述信息，可以得出以下哪项？

(A) 甲、丁均合并到丑公司。
(B) 乙、戊均合并到寅公司。
(C) 乙、丙均合并到寅公司。
(D) 丁、丙均合并到丑公司。
(E) 庚、戊均合并到卯公司。

【解析】题干：

①¬丁丑∨¬丙丑→戊丑∧甲丑，等价于：（丁丑∧丙丑）∨（戊丑∧甲丑）。

②¬甲卯∨¬己卯∨¬庚卯→戊寅∧丙卯，等价于：（甲卯∧己卯∧庚卯）∨（戊寅∧丙

卯），即"甲卯∧己卯∧庚卯"和"戊寅∧丙卯"至少一真。

若"戊丑∧甲丑"为真，则"甲卯∧己卯∧庚卯"和"戊寅∧丙卯"均为假，故与题干条件②矛盾。因此"戊丑∧甲丑"不可能为真。

再由题干条件①中的两个选言肢至少一真（用①逆否也可），可知"丁丑∧丙丑"为真，即(D)项正确。

【答案】(D)

10. (2014 年在职 MBA 联考真题) 近年来，欧美等海外留学市场持续升温，越来越多的国人把自己的孩子送出去。与此同时，部分学成归国人员又陷入了求职困境之中，成为"海待"一族。有权威人士指出："作为一名拥有海外学位的求职者，如果你具有真才实学和基本的社交能力，并且能够在择业过程中准确定位的话，那么你不可能成为'海待'。"大田是在英国取得硕士学位的归国人员，他还没有找到工作。

根据上述论述，能够推出以下哪项结论？
(A) 大田具有真才实学和基本的社交能力，但是定位不准确。
(B) 大田或者不具有真才实学，或者缺乏基本的社交能力，或者没有能在择业过程中准确定位。
(C) 大田不具有真才实学和基本的社交能力，但是定位准确。
(D) 大田不具有真才实学和基本的社交能力，并且没有准确定位。
(E) 大田虽然不具有真才实学，但是他的社交能力很强，而且定位很准确。

【解析】将题干信息符号化：真才实学∧基本社交能力∧准确自我定位→¬"海待"。

其逆否命题为："海待"→¬真才实学∨¬基本社交能力∨¬准确自我定位。

可知，(B)项正确。

【答案】(B)

11. (2014 年在职 MBA 联考真题) 只要这个社会中继续有骗子存在并且某些人心中有贪念，那么就一定有人会被骗。因此，如果社会进步到了没有一个人被骗，那么在该社会中的人们必定普遍地消除了贪念。

以下哪项最能支持上述论证？
(A) 贪念越大越容易被骗。
(B) 社会进步了，骗子也就不复存在了。
(C) 随着社会的进步，人的素质将普遍提高，贪念也将逐渐被消除。
(D) 不管什么社会，骗子总是存在的。
(E) 骗子的骗术就在于巧妙地利用了人们的贪念。

【解析】题干中的前提：①存在骗子∧某些人有贪念→有人被骗。

题干中的结论：没有人被骗→所有人没有贪念。

将①逆否可得：②没有人被骗→所有人没有贪念∨不存在骗子。

又因为：所有人没有贪念∨不存在骗子＝存在骗子→所有人没有贪念，故需要补充条件：存在骗子，即(D)项正确。

【答案】(D)

12.（2014年在职MBA联考真题）李丽和王佳是好朋友，同在一家公司上班，常常在一起喝下午茶。她们发现常去喝下午茶的人或者喜欢红茶，或者喜欢花茶，或者喜欢绿茶。李丽喜欢绿茶，王佳不喜欢花茶。

根据以上陈述，以下哪项必定为真？

Ⅰ．王佳如果喜欢红茶，就不喜欢绿茶。
Ⅱ．王佳如果不喜欢绿茶，就一定喜欢红茶。
Ⅲ．常去喝下午茶的人如果不喜欢红茶，就一定喜欢绿茶或花茶。
Ⅳ．常去喝下午茶的人如果不喜欢绿茶，就一定喜欢红茶和花茶。

（A）仅Ⅱ和Ⅳ。　　　　　　　（B）仅Ⅱ、Ⅲ和Ⅳ。　　　　　　　（C）仅Ⅲ。
（D）仅Ⅰ。　　　　　　　　　（E）仅Ⅱ和Ⅲ。

【解析】将题干信息形式化：

①常去喝下午茶的人→红茶∨花茶∨绿茶。
②红茶∨花茶∨绿茶＝¬花茶→红茶∨绿茶。

由题干信息"王佳不喜欢花茶"可知，③王佳→红茶∨绿茶。

Ⅰ项，相容选言命题可以同真，故此项可真可假。

Ⅱ项，由③可知，红茶∨绿茶＝¬绿茶→红茶，为真。

Ⅲ项，由②可知，红茶∨花茶∨绿茶＝¬红茶→花茶∨绿茶，为真。

Ⅳ项，由②可知，红茶∨花茶∨绿茶＝¬绿茶→红茶∨花茶，"或者"不能推"并且"，即不能得到"红茶∧花茶"，故此项可真可假。

【答案】（E）

13.（2014年在职MBA联考真题）教育制度有两个方面，一是义务教育，一是高等教育。一种合理的教育制度，要求每个人都享有义务教育的权利并且有通过公平竞争获得高等教育的机会。

以下哪个选项符合题干的意思？

（A）一种不能使每个人都能上大学的教育制度是不合理的。
（B）一种保证每个人都享有义务教育权利的教育制度是合理的。
（C）一种不能使每个人都享有义务教育权利的教育制度是不合理的。
（D）合理的教育制度还应该有更多的要求。
（E）一种能使每个人都有公平机会上大学的教育制度是合理的。

【解析】将题干信息符号化：

①合理→权利∧公平，逆否得：②¬权利∨¬公平→¬合理。

故（C）项：¬权利→¬合理，符合题干的意思。

其余各项均不符合题干的意思。

【答案】（C）

变化 2 无箭头指向陷阱

解题思路

已知 A∨B∨C→D，那么，由 D 推不出任何信息。很多同学误认为可以由 D 推出 A、B、C 至少发生一个，这是错误的。

典型真题

14.（2009 年管理类联考真题） 除非年龄在 50 岁以下，并且能持续游泳 3 000 米以上，否则不能参加下个月举行的花样横渡长江活动。同时，高血压和心脏病患者不能参加。老黄能持续游泳 3 000 米以上，但没有被批准参加这项活动。

以上断定能推出以下哪项结论？

Ⅰ．老黄的年龄至少 50 岁。
Ⅱ．老黄患有高血压。
Ⅲ．老黄患有心脏病。

（A）仅Ⅰ。
（B）仅Ⅱ。
（C）仅Ⅲ。
（D）Ⅰ、Ⅱ和Ⅲ至少有一。
（E）Ⅰ、Ⅱ和Ⅲ都不能从题干推出。

【解析】题干有两个判断：

①¬（50 岁以下∧游 3 000 米以上）→¬ 横渡长江。
②高血压∨心脏病→¬ 横渡长江。

根据箭头指向原则，"¬ 横渡长江"后面没有任何箭头，所以，从"老黄没有被批准参加横渡长江活动"，推不出任何结论。

故（E）项正确。

【答案】（E）

题型 4 "∨"与"→"的互换

命题概率

近 12 年真题命题数量 2 道，平均每年 0.17 道。

母题变化

变化1　箭头与或者互换公式的考查

解题思路

①箭头变或者公式：$(A→B) = (\neg A \vee B)$。

②或者变箭头公式：$(A \vee B) = (\neg A → B) = (\neg B → A)$。

需要注意：这两个公式现在已经较少单独考查，但是，在复杂的形式逻辑题中，这两个公式大量被使用。

典型真题

1.（2009年管理类联考真题）小李考上了清华，或者小孙没考上北大。

增加以下哪项条件，能推出小李考上了清华？

（A）小张和小孙至少有一人未考上北大。

（B）小张和小李至少有一人未考上清华。

（C）小张和小孙都考上了北大。

（D）小张和小李都未考上清华。

（E）小张和小孙都未考上北大。

【解析】题干：小李清华∨¬小孙北大＝小孙北大→小李清华。

可知，如果小孙考上了北大，则可推出小李考上了清华。

（C）项中，小张和小孙都考上了北大，必有小孙考上了北大，则可推出小李考上了清华。

【答案】（C）

2.（2014年管理类联考真题）这两个《通知》或者属于规章或者属于规范性文件，任何人均无权依据这两个《通知》将本来属于当事人选择公证的事项规定为强制公证的事项。

根据以上信息，可以得出以下哪项？

（A）规章或者规范性文件既不是法律，也不是行政法规。

（B）规章或规范性文件或者不是法律，或者不是行政法规。

（C）这两个《通知》如果一个属于规章，那么另一个属于规范性文件。

（D）这两个《通知》如果都不属于规范性文件，那么就属于规章。

（E）将本来属于当事人选择公证的事项规定为强制公证的事项属于违法行为。

【解析】题干：规章∨规范性文件＝¬规范性文件→规章。

故两个《通知》如果不属于规范性文件，则属于规章，即（D）项为真。

注意：（A）、（B）项中出现的"行政法规"和（E）项中出现的"违法行为"，题干均没有提到，属于主观臆断，排除。

【答案】（D）

变化 2 补充条件题

解题思路

题干：$A \wedge B \rightarrow C$，通过什么条件，可得$\neg A$？

解析：$(A \wedge B \rightarrow C) = (\neg C \rightarrow \neg A \vee \neg B)$；

又有 $(\neg A \vee \neg B) = (B \rightarrow \neg A)$；

故有，C不发生，可知$\neg A$和$\neg B$至少发生一个，如果又已知B发生了，可得$\neg A$。

即，已知$\neg C \wedge B$，可得$\neg A$。

3. 如果甲和乙考试都没有及格的话，那么丙考试一定及格了。①

上述前提再增加以下哪项，就可以推出"甲考试及格了"的结论？

(A) 丙考试及格了。

(B) 丙考试没有及格。

(C) 乙考试没有及格。

(D) 乙和丙考试都没有及格。

(E) 乙和丙考试都及格了。

【解析】题干：$\neg 甲 \wedge \neg 乙 \rightarrow 丙 = \neg 丙 \rightarrow 甲 \vee 乙$。

故由丙考试没有及格，可知甲或者乙考试及格了。

又由：$甲 \vee 乙 = \neg 乙 \rightarrow 甲$。

故再加上条件：乙考试没有及格，可得甲考试及格了。

综上，$\neg 丙 \wedge \neg 乙 \rightarrow 甲$。

【答案】(D)

题型 5 箭头的串联

命题概率

近12年真题命题数量40道，平均每年3.33道。

---

① 试题没有标明出处的均为练习题，之后不再一一说明。

母题变化

变化 1　普通箭头的串联

解题思路

解题步骤如下：

①符号化。

用箭头表达题干中的每个判断。

②串联。

将箭头统一成右箭头"→"并串联成"A→B→C→D"的形式（注意，不能串联的箭头就不需要串联）。

③逆否。

如有必要，写出其逆否命题：¬D→¬C→¬B→¬A。

④判断选项真假。

根据箭头指向原则，判断选项的真假。

典型真题

1. (2009年管理类联考真题) 中国要拥有一流的国家实力，必须有一流的教育。只有拥有一流的国家实力，中国才能做出应有的国际贡献。

以下各项都符合题干的意思，除了：

(A) 中国难以做出应有的国际贡献，除非拥有一流的教育。
(B) 只要中国拥有一流的教育，就能做出应有的国际贡献。
(C) 如果中国拥有一流的国家实力，就不会没有一流的教育。
(D) 不能设想中国做出了应有的国际贡献，但缺乏一流的教育。
(E) 中国面临选择：或者放弃应尽的国际义务，或者创造一流的教育。

【解析】题干中有以下判断：

①国家实力→教育。

②国家实力←国际贡献。

②、①串联得：国际贡献→国家实力→教育。

逆否得：¬教育→¬国家实力→¬国际贡献。

(A) 项，¬教育→¬国际贡献，与题干相同。
(B) 项，教育→国际贡献，不符合题干的意思。
(C) 项，国家实力→教育，与题干相同。
(D) 项，¬(国际贡献∧¬教育)=¬国际贡献∨教育=国际贡献→教育，与题干相同。
(E) 项，¬国际贡献∨教育=国际贡献→教育，与题干相同。

【答案】(B)

2. (2010年管理类联考真题) 相互尊重是相互理解的基础，相互理解是相互信任的前提。在人与人的相互交往中，自重、自信也是非常重要的，没有一个人尊重不自重的人，没有一个人信任他所不尊重的人。

以上陈述可以推出以下哪项结论？

(A) 不自重的人也不被任何人信任。
(B) 相互信任才能相互尊重。
(C) 不自信的人也不自重。
(D) 不自信的人也不被任何人信任。
(E) 不自信的人也不受任何人尊重。

【解析】题干有以下断定：

①相互理解→相互尊重。

②相互信任→相互理解。

③¬自重→¬被尊重。

④¬被尊重→¬被信任。

③、④串联得：¬自重→¬被尊重→¬被信任，故（A）项为真。

②、①串联得：相互信任→相互理解→相互尊重。

(B) 项，相互尊重→相互信任，无箭头指向，可真可假。

题干中没有提到不自信会怎么样，所以（C）、（D）、（E）项均可能为真，也可能为假。

【答案】(A)

3. (2010年管理类联考真题) 在本年度篮球联赛中，长江队主教练发现，黄河队五名主力队员之间的上场配置有如下规律：

(1) 若甲上场，则乙也要上场。

(2) 只有甲不上场，丙才不上场。

(3) 要么丙不上场，要么乙和戊中有人不上场。

(4) 除非丙不上场，否则丁上场。

若乙不上场，则以下哪项配置合乎上述规律？

(A) 甲、丙、丁同时上场。
(B) 丙不上场，丁、戊同时上场。
(C) 甲不上场，丙、丁都上场。
(D) 甲、丁都上场，戊不上场。
(E) 甲、丁、戊都不上场。

【解析】题干有以下断定：

①甲→乙=¬乙→¬甲。

②¬甲←¬丙=甲→丙。

③¬丙∀(¬乙∨¬戊)。

④丙→丁。

⑤¬乙。

由①、⑤得，¬甲；由③、⑤得，丙；又由④得，丁。

由选项排除法可知，只有（C）项满足上面的三个结论。

【答案】(C)

4. (2011年管理类联考真题) 张教授的所有初中同学都不是博士；通过张教授而认识其哲学研究所同事的都是博士；张教授的一个初中同学通过张教授认识了王研究员。

以下哪项能作为结论从上述断定中推出？

(A) 王研究员是张教授的哲学研究所同事。

(B) 王研究员不是张教授的哲学研究所同事。

(C) 王研究员是博士。

(D) 王研究员不是博士。

(E) 王研究员不是张教授的初中同学。

【解析】题干中有以下判断：

①张教授的初中同学→¬博士。

②通过张教授认识其研究所同事的人→博士，等价于：¬博士→¬通过张教授认识其研究所同事。

③张教授的初中同学通过张教授认识了王研究员。

①、②串联可得：张教授的初中同学→¬博士→¬通过张教授认识其研究所同事。

再结合③可知，王研究员不是张教授在研究所的同事，故（B）项正确。

【答案】(B)

5. (2012年管理类联考真题) 只有通过身份认证的人才允许上公司内网，如果没有良好的业绩就不可能通过身份认证，张辉有良好的业绩而王维没有良好的业绩。

如果上述断定为真，则以下哪项一定为真？

(A) 允许张辉上公司内网。　　(B) 不允许王维上公司内网。

(C) 张辉通过身份认证。　　　(D) 有良好的业绩就允许上公司内网。

(E) 没有通过身份认证，就说明没有良好的业绩。

【解析】题干有以下判断：

①允许上内网→通过身份认证，等价于：¬通过身份认证→¬允许上内网。

②¬良好的业绩→¬通过身份认证。

③张辉有良好的业绩。

④王维没有良好的业绩。

由②、①串联得：⑤¬良好的业绩→¬通过身份认证→¬允许上内网；

逆否得：⑥允许上内网→通过身份认证→良好的业绩。

由④、⑤知，王维不允许上内网，故（B）项为正确选项。

"良好的业绩"后面无箭头，故由"张辉有良好的业绩"不能推出任何结论。

【答案】(B)

6. (2012年管理类联考真题) 王涛和周波是理科（1）班的同学，他们是无话不说的好朋友。他们发现班里每一个人或者喜欢物理或者喜欢化学。王涛喜欢物理，周波不喜欢化学。

根据以上陈述，以下哪项一定为真？

Ⅰ. 周波喜欢物理。

Ⅱ. 王涛不喜欢化学。

Ⅲ. 理科（1）班不喜欢物理的人喜欢化学。

Ⅳ. 理科（1）班一半人喜欢物理，一半人喜欢化学。

（A）仅Ⅰ。　　　　　　　　　（B）仅Ⅲ。

（C）仅Ⅰ和Ⅱ。　　　　　　　（D）仅Ⅰ和Ⅲ。

（E）仅Ⅱ、Ⅲ和Ⅳ。

【解析】题干中有以下判断：

①喜欢物理∨喜欢化学，等价于：¬喜欢物理→喜欢化学，等价于：¬喜欢化学→喜欢物理。

②王涛喜欢物理。

③周波不喜欢化学。

由①、③可知：周波喜欢物理，故Ⅰ项必然为真。

由①可知：¬喜欢物理→喜欢化学，故Ⅲ项必然为真。

其余两项由题干无法推出，故可真可假。

综上，（D）项正确。

【答案】（D）

7~8题基于以下题干：

互联网好比一个复杂多样的虚拟世界，每台联网主机上的信息又构成一个微观虚拟世界。若在某主机上可以访问本主机的信息，则称该主机相通于自身；若主机 x 能通过互联网访问主机 y 的信息，则称 x 相通于 y。已知代号分别为甲、乙、丙、丁的四台互联网主机有如下信息：

（1）甲主机相通于任一不相通于丙的主机。

（2）丁主机不相通于丙。

（3）丙主机相通于任一相通于甲的主机。

7.（2013年管理类联考真题） 若丙主机不相通于自身，则以下哪项一定为真？

（A）甲主机相通于乙，乙主机相通于丙。

（B）若丁主机相通于乙，则乙主机相通于甲。

（C）只有甲主机不相通于丙，丁主机才相通于乙。

（D）丙主机不相通于丁，但相通于乙。

（E）甲主机相通于丁，也相通于丙。

【解析】题干有以下信息：

①某主机不相通于丙→甲通于此主机。

②丁不相通于丙。

③某主机相通于甲→丙相通于此主机。

由①、②知，甲相通于丁。

又已知丙不相通于丙，则由①知，甲相通于丙。

综上，甲相通于丁，也相通于丙，故（E）项正确。

【答案】（E）

8. (2013年管理类联考真题) 若丙主机不相通于任何主机,则以下哪项一定为假?

(A) 丁主机不相通于甲。

(B) 若丁主机相通于甲,则乙主机相通于甲。

(C) 若丁主机不相通于甲,则乙主机相通于甲。

(D) 甲主机相通于乙。

(E) 乙主机相通于自身。

【解析】已知丙主机不相通于任何主机,又由③,可知④任何主机都不相通于甲,故乙、丁都不相通于甲。

(C) 项,丁不相通于甲→乙相通于甲,等价于:丁相通于甲∨乙相通于甲,与④矛盾。

故若题干为真,则(C)项必为假。

【答案】(C)

9. (2013年管理类联考真题) 在某次综合性学术年会上,物理学会作学术报告的人都来自高校;化学学会作学术报告的有些来自高校,但是大部分来自中学;其他作学术报告的人均来自科学院。来自高校的学术报告者都具有副教授以上职称,来自中学的学术报告者都具有中教高级以上职称。李默、张嘉参加了这次综合性学术年会,李默并非来自中学,张嘉并非来自高校。

以上陈述如果为真,可以得出以下哪项结论?

(A) 张嘉不是物理学会的。

(B) 李默不是化学学会的。

(C) 张嘉不具有副教授以上职称。

(D) 李默如果作了学术报告,那么他不是化学学会的。

(E) 张嘉如果作了学术报告,那么他不是物理学会的。

【解析】题干存在以下论断:

①物理∧作报告→高校。

②化学∧作报告→高校∨中学。

③(¬物理∧¬化学)∧作报告→科学院。

④高校∧作报告→副教授。

⑤中学∧作报告→中教高级。

⑥李默→¬中学。

⑦张嘉→¬高校。

论断①等价于:⑧¬高校→¬物理∨¬作报告。

由⑦、⑧串联得:张嘉→¬高校→¬物理∨¬作报告。

¬物理∨¬作报告,等价于:作报告→¬物理。

即:张嘉如果作了学术报告,那么他就不是物理学会的,故(E)项正确。

【答案】(E)

10. (2015年管理类联考真题) 10月6日晚上,张强要么去电影院看了电影,要么拜访了他的朋友秦玲。如果那天晚上张强开车回家,他就没去电影院看电影。只有张强事先与秦玲约定,张强才能去拜访她。事实上,张强不可能事先与秦玲约定。

根据以上陈述，可以得出以下哪项？
（A）那天晚上张强与秦玲一起去电影院看电影。
（B）那天晚上张强拜访了他的朋友秦玲。
（C）那天晚上张强没有开车回家。
（D）那天晚上张强没有去电影院看电影。
（E）那天晚上张强开车去电影院看电影。

【解析】题干中有以下判断：

①看电影∨拜访秦玲，可得：¬拜访秦玲→看电影。

②开车回家→¬看电影，等价于：看电影→¬开车回家。

③拜访秦玲→约定，等价于：¬约定→¬拜访秦玲。

④¬约定。

由④、③、①、②串联得：¬约定→¬拜访秦玲→看电影→¬开车回家。

故，那天晚上张强没有开车回家，即（C）项正确。

【答案】（C）

11.（2015年管理类联考真题）为防御电脑受到病毒侵袭，研究人员开发了防御病毒和查杀病毒的程序。前者启动后能使程序运行免受病毒侵袭，后者启动后能迅速查杀电脑中可能存在的病毒。某台电脑上现装有甲、乙、丙三种程序，已知：

（1）甲程序能查杀目前已知的所有病毒。

（2）若乙程序不能防御已知的一号病毒，则丙程序也不能查杀该病毒。

（3）只有丙程序能防御已知的一号病毒，电脑才能查杀目前已知的所有病毒。

（4）只有启动甲程序，才能启动丙程序。

根据上述信息，可以得出以下哪项？
（A）如果启动了丙程序，就能防御并查杀一号病毒。
（B）如果启动了乙程序，那么不必启动丙程序也能查杀一号病毒。
（C）只有启动乙程序，才能防御并查杀一号病毒。
（D）只有启动丙程序，才能防御并查杀一号病毒。
（E）如果启动了甲程序，那么不必启动乙程序也能查杀所有病毒。

【解析】题干中有以下判断：

①甲能查杀已知的所有病毒。

②¬乙防御已知的一号病毒→¬丙查杀已知的一号病毒。

③查杀已知的所有病毒→丙防御已知的一号病毒。

④启动丙→启动甲。

由④、①知：启动丙→启动甲→能查杀已知的所有病毒，故可以查杀已知的一号病毒。

又由③知，丙可以防御已知的一号病毒，故（A）项为真。

（E）项是干扰项，甲可以查杀"已知的"所有病毒，不代表能查杀"所有病毒"。

其余各项均不必然为真。

【答案】（A）

12.（2015年管理类联考真题） 一个人如果没有崇高的信仰，就不可能守住道德的底线；而一个人只有不断地加强理论学习，才能始终保持崇高的信仰。

根据以上信息，可以得出以下哪项？

（A）一个人没能守住道德的底线，是因为他首先丧失了崇高的信仰。
（B）一个人只要有崇高的信仰，就能守住道德的底线。
（C）一个人只有不断加强理论学习，才能守住道德的底线。
（D）一个人如果不能守住道德的底线，就不可能保持崇高的信仰。
（E）一个人只要不断加强理论学习，就能守住道德的底线。

【解析】将题干信息形式化：

①¬信仰→¬道德底线＝道德底线→信仰。
②信仰→理论学习。
①、②串联得：道德底线→信仰→理论学习＝¬理论学习→¬信仰→¬道德底线。
（C）项，道德底线→理论学习，正确。
其余各项均不正确。

【答案】（C）

13.（2016年管理类联考真题） 某县县委关于下周一几位领导的工作安排如下：

（1）如果李副书记在县城值班，那么他就要参加宣传工作例会。
（2）如果张副书记在县城值班，那么他就要做信访接待工作。
（3）如果王书记下乡调研，那么张副书记或李副书记就需在县城值班。
（4）只有参加宣传工作例会或做信访接待工作，王书记才不下乡调研。
（5）宣传工作例会只需分管宣传的副书记参加，信访接待工作也只需一名副书记参加。

根据上述工作安排，可以得出以下哪项？

（A）张副书记做信访接待工作。　　（B）王书记下乡调研。
（C）李副书记参加宣传工作例会。　　（D）李副书记做信访接待工作。
（E）张副书记参加宣传工作例会。

【解析】将题干信息形式化：

①李副书记值班→李副书记参加例会。
②张副书记值班→张副书记接待。
③王书记下乡→李副书记或张副书记值班。
④¬王书记下乡→王书记参加例会或王书记接待。
⑤例会只需分管宣传的副书记参加，接待也只需副书记参加。

由题干信息⑤可得，王书记没有参加宣传工作例会，也没有做信访接待工作。再由题干信息④逆否可得，王书记下乡调研。

因此，（B）项正确。

【答案】（B）

14.（2016年管理类联考真题） 生态文明建设事关社会发展方式和人民福祉。只有实行最严格的制度、最严密的法治，才能为生态文明建设提供可靠保障；如果要实行最严格的制度、最严密的法治，就要建立责任追究制度，对那些不顾生态环境盲目决策并造成严重后果者，追究其相应的责任。

根据上述信息，可以得出以下哪项？

（A）如果对那些不顾生态环境盲目决策并造成严重后果者追究相应责任，就能为生态文明建设提供可靠保障。

（B）实行最严格的制度和最严密的法治是生态文明建设的重要目标。

（C）如果不建立责任追究制度，就不能为生态文明建设提供可靠保障。

（D）只有筑牢生态环境的制度防护墙，才能造福于民。

（E）如果要建立责任追究制度，就要实行最严格的制度和最严密的法治。

【解析】题干：①保障→实行；②实行→追责。

①、②串联得：③保障→实行→追责＝┐追责→┐实行→┐保障。

（C）项，┐追责→┐保障，正确。

其余各项均不正确。

【答案】（C）

15. （2017年管理类联考真题）张立是一位单身白领，工作5年积累了一笔存款，由于该笔存款金额尚不足以购房，他考虑将其暂时分散投资到股票、黄金、基金、国债和外汇5个方面。该笔存款的投资需要满足如下条件：

（1）如果黄金投资比例高于1/2，则剩余部分投入国债和股票。

（2）如果股票投资比例低于1/3，则剩余部分不能投入外汇或国债。

（3）如果外汇投资比例低于1/4，则剩余部分投入基金或黄金。

（4）国债投资比例不能低于1/6。

根据上述信息，可以得出以下哪项？

（A）国债投资比例高于1/2。　　　（B）外汇投资比例不低于1/3。

（C）股票投资比例不低于1/4。　　（D）黄金投资比例不低于1/5。

（E）基金投资比例低于1/6。

【解析】题干：

（1）黄金投资比例高于1/2→剩余部分投入国债和股票。

（2）股票投资比例低于1/3→剩余部分不能投入外汇∧剩余部分不能投入国债。

（3）外汇投资比例低于1/4→剩余部分投入基金或黄金。

（4）国债投资比例不能低于1/6。

由（3）知，若外汇投资比例低于1/4，则剩余部分投入基金或黄金，与（4）矛盾，故外汇投资比例不低于1/4。故由（3）、（4）知，既投资国债，又投资外汇。

由（2）逆否得：剩余部分投入外汇∨剩余部分投入国债→股票投资比例不低于1/3。

可知：股票投资比例不低于1/3，必然也不低于1/4，故（C）项正确。

【答案】（C）

16. （2017年管理类联考真题）倪教授认为，我国工程技术领域可以考虑与国外先进技术合作，但任何涉及核心技术的项目决不能受制于人；我国的许多网络安全建设项目涉及信息核心技术，如果全盘引进国外先进技术而不努力自主创新，我国的网络安全将受到严重威胁。

根据倪教授的陈述，可以得出以下哪项？

（A）我国有些网络安全建设项目不能受制于人。
（B）我国许多网络安全建设项目不能与国外先进技术合作。
（C）我国工程技术领域的所有项目都不能受制于人。
（D）只要不是全盘引进国外先进技术，我国的网络安全就不会受到严重威胁。
（E）如果能做到自主创新，我国的网络安全就不会受到严重威胁。

【解析】倪教授：①任何涉及核心技术的项目→¬受制于人。

②我国的许多网络安全建设项目→涉及核心技术。

③全盘引进国外先进技术∧不努力自主创新→我国的网络安全将受到严重威胁。

②、①串联得：我国的许多网络安全建设项目→涉及核心技术→¬受制于人，故（A）项正确。

【答案】（A）

17. （2018年管理类联考真题）"二十四节气"是我国在农耕社会生产生活的时间活动指南，反映了从春到冬一年四季的气温、降水、物候的周期性变化规律。已知各节气的名称具有如下特点：

(1) 凡含"春""夏""秋""冬"字的节气各属春、夏、秋、冬季。
(2) 凡含"雨""露""雪"字的节气各属春、秋、冬季。
(3) 如果"清明"不在春季，则"霜降"不在秋季。
(4) 如果"雨水"在春季，则"霜降"在秋季。

根据以上信息，如果从春至冬每季仅列两个节气，则以下哪项是不可能的？

(A) 雨水、惊蛰、夏至、小暑、白露、霜降、大雪、冬至。
(B) 惊蛰、春分、立夏、小满、白露、寒露、立冬、小雪。
(C) 清明、谷雨、芒种、夏至、立秋、寒露、小雪、大寒。
(D) 立春、清明、立夏、立秋、寒露、小雪、大寒。
(E) 立春、谷雨、清明、夏至、处暑、白露、立冬、小雪。

【解析】根据题意，由条件（2）可知，凡含"雨"的节气属于春季，故"雨水"在春季。

条件（3）逆否与条件（4）串联可得："雨水"在春季→"霜降"在秋季→"清明"在春季。

故，"清明"在春季。

（E）项中，"清明"在夏季，所以（E）项一定不可能。

其余各选项均不违背题干条件，都可能为真。

【答案】（E）

18~19题基于以下题干：

某工厂有一员工宿舍住了甲、乙、丙、丁、戊、己、庚7人，每人每周需轮流值日一天，且每天仅安排一人值日，他们值日的安排还需满足以下条件：

(1) 乙周二或周六值日。
(2) 如果甲周一值日，那么丙周三值日且戊周五值日。

(3) 如果甲周一不值日,那么己周四值日且庚周五值日。
(4) 如果乙周二值日,那么己周六值日。

18.（2018 年管理类联考真题） 根据以上条件,如果丙周日值日,则可以得出以下哪项?
(A) 甲周日值日。　　　　　　　　(B) 乙周六值日。
(C) 丁周二值日。　　　　　　　　(D) 戊周二值日。
(E) 己周五值日。

【解析】已知丙周日值日,则丙周三不值日,由条件（2）逆否可得：甲周一不值日。
由条件（3）可得：己周四值日且庚周五值日。
故,己周六不值日,由条件（4）逆否可得：乙周二不值日。
又由条件（1）可得：乙周六值日。故（B）项正确。
【答案】(B)

19.（2018 年管理类联考真题） 如果庚周四值日,那么以下哪项一定为假?
(A) 甲周一值日。　　　　　　　　(B) 乙周六值日。
(C) 丙周三值日。　　　　　　　　(D) 戊周日值日。
(E) 己周二值日。

【解析】已知庚周四值日,则庚周五不值日,由条件（3）逆否可得：甲周一值日。
由条件（2）可得：丙周三值日且戊周五值日,所以（D）项一定为假。
【答案】(D)

20.（2019 年管理类联考真题） 新常态下,消费需求发生深刻变化,消费拉开档次,个性化、多样化消费渐成主流。在相当一部分消费者那里,对产品质量的追求压倒了对价格的考虑。供给侧结构性改革,说到底是满足需求。低质量的产能必然会过剩,而顺应市场需求不断更新换代的产能不会过剩。

根据以上陈述,可以得出以下哪项?
(A) 只有质优价高的产品才能满足需求。
(B) 顺应市场需求不断更新换代的产能不是低质量的产能。
(C) 低质量的产能不能满足个性化需求。
(D) 只有不断更新换代的产品才能满足个性化、多样化消费的需求。
(E) 新常态下,必须进行供给侧结构性改革。

【解析】题干有以下信息：
①低质量产能→过剩,等价于：¬过剩→¬低质量产能。
②顺应市场需求不断更新换代的产能→¬过剩。
②、①串联得：顺应市场需求不断更新换代的产能→¬过剩→¬低质量产能。
故（B）项正确。
【答案】(B)

21.（2020 年管理类联考真题） 某单位拟在椿树、枣树、楝树、雪松、银杏、桃树中选择 4 种栽种在庭院中。已知：

（1）椿树、枣树至少种植一种。
（2）如果种植椿树，则种植楝树但不种植雪松。
（3）如果种植枣树，则种植雪松但不种植银杏。
如果庭院中种植银杏，则以下哪项是不可能的？
（A）种植椿树。　　　　　　　　（B）种植楝树。
（C）不种植枣树。　　　　　　　（D）不种植雪松。
（E）不种植桃树。

【解析】题干：
①椿树∨枣树=¬枣树→椿树。
②椿树→楝树∧¬雪松。
③枣树→雪松∧¬银杏=银杏∨¬雪松→¬枣树。
④银杏。
④、③、①、②串联可得：银杏→¬枣树→椿树→楝树∧¬雪松。

又由题干"在椿树、枣树、楝树、雪松、银杏、桃树中选择4种栽种在庭院中"，故种植桃树，即（E）项是不可能的。

【答案】（E）

22. (2020年管理类联考真题) 人非生而知之者，孰能无惑？惑而不从师，其为惑也，终不解矣。生乎吾前，其闻道也固先乎吾，吾从而师之；生乎吾后，其闻道也亦先乎吾，吾从而师之。吾师道也，夫庸知其年之先后生于吾乎？是故无贵无贱，无长无少，道之所存，师之所存也。

根据以上信息，可以得出以下哪项？
（A）与吾生乎同时，其闻道也必先乎吾。
（B）师之所存，道之所存也。
（C）无贵无贱，无长无少，皆为吾师。
（D）与吾生乎同时，其闻道不必先乎吾。
（E）若解惑，必从师。

【解析】题干：
(1) 所有人必然有惑。
(2) 不从师→惑不得解。
(3) 生乎吾前∧闻道先乎吾→从而师之。
(4) 生乎吾后∧闻道先乎吾→从而师之。
(5) 无贵无贱，无长无少，道之所存，师之所存也。即：道之所存→师之所存。
（A）项，题干未涉及"与吾生乎同时"，可真可假。
（B）项，师之所存→道之所存，由（5）知，开箭头指向，可真可假。
（C）项，（5）的意思并不是"无论贵贱长少都是吾师"，而是"无论贵贱长少，只要你有道，都是吾师"，故此项可真可假。
（D）项，题干未涉及"与吾生乎同时"，可真可假。

(E)项，由（2）逆否可得，解惑→从师，为真。

【答案】(E)

23. **(2010年在职MBA联考真题)** 如果面粉价格继续上涨，佳食面包店的面包成本必将大幅度增加。在这种情况下，佳食面包店将会考虑以扩大饮料的经营来弥补面包销售利润的下降。但是，佳食面包店只有保证面包销售利润不下降，才可避免整体收益明显减少。

以下哪项陈述可以从上文逻辑中得出？

（A）如果佳食面包店的整体收益减少，它购买面粉的成本将继续增加。
（B）如果佳食面包店的整体收益减少，要么扩大饮料的经营，要么减少面包的销售。
（C）如果面粉的价格继续上涨，佳食面包店的整体收益将明显减少。
（D）即使佳食面包店的整体收益不减少，购买面粉的成本也不会降低。
（E）要么购买面粉的成本将继续增加，要么佳食面包店的面包销售量将增加。

【解析】题干有以下论断：
①面粉价格上涨→面包成本大幅度增加→面包销售利润下降。
②只有保证面包销售利润不下降，整体收益才不会明显减少，即整体收益不会明显减少→面包销售利润不下降，等价于：面包销售利润下降→整体收益明显减少。

由①、②可得：面粉价格上涨→整体收益明显减少，故（C）项正确。

【答案】(C)

24. **(2011年在职MBA联考真题)** 赵元的同事都是球迷，赵元在软件园工作的同学都不是球迷，李雅既是赵元的同学又是他的同事，王伟是赵元的同学但不在软件园工作，张明是赵元的同学但不是球迷。

根据以上陈述，可以得出以下哪项？

（A）王伟是球迷。　　　　　　（B）赵元不是球迷。
（C）李雅不在软件园工作。　　（D）张明在软件园工作。
（E）赵元在软件园工作。

【解析】题干存在以下论断：
①赵元的同事→球迷。
②赵元在软件园工作的同学→┐球迷＝球迷→┐赵元在软件园工作的同学。
③李雅既是赵元的同学，又是他的同事。
④王伟是赵元的同学，且不在软件园工作。
⑤张明是赵元的同学，且不是球迷。

（A）项，由题干论断④、②可知，可真可假。

（B）项，题干没有提及赵元是否是球迷，故可真可假。

（C）项，由题干论断③、①可知，李雅是球迷。再根据题干论断②可知，李雅不在软件园工作，故此项为真。

（D）项，由题干论断⑤、②可知，可真可假。

（E）项，题干没有提及赵元是否在软件园工作，故可真可假。

【答案】(C)

25. (2011年在职MBA联考真题) 某登山旅游小组成员互相帮助，建立了深厚的友谊。后加入的李佳已经获得其他成员多次救助，但是她尚未救助过任何人，救助过李佳的人均曾被王玥救助过，赵欣救助过小组的所有成员，王玥救助过的人也曾被陈蕃救助过。

根据以上陈述，可以得出以下哪项结论？
(A) 陈蕃救助过赵欣。　　(B) 王玥救助过李佳。
(C) 王玥救助过陈蕃。　　(D) 陈蕃救助过李佳。
(E) 王玥没有救助过李佳。

【解析】题干存在以下论断：
①李佳已经获得其他成员多次救助，但是她尚未救助过任何人。
②救助李佳→被王玥救助过。
③赵欣救助过小组的所有成员。
④被王玥救助过→被陈蕃救助过。
②、④串联得：救助李佳→被王玥救助过→被陈蕃救助过。
由③知，赵欣救助过李佳，故有：赵欣→救助李佳→被王玥救助过→被陈蕃救助过。
故赵欣被陈蕃救助过，即陈蕃救助过赵欣。
【答案】(A)

26. (2012年在职MBA联考真题) 信仰乃道德之本，没有信仰的道德，是无源之水、无本之木。没有信仰的人是没有道德底线的；而一个人一旦没有了道德底线，那么法律对于他也是没有约束力的。法律、道德、信仰是社会和谐运行的基本保障，而信仰是社会和谐运行的基石。

根据以上陈述，可以得出以下哪项？
(A) 道德是社会和谐运行的基石之一。
(B) 如果一个人有信仰，法律就能对他产生约束力。
(C) 只有社会和谐运行，才能产生道德和信仰的基础。
(D) 法律只对有信仰的人具有约束力。
(E) 没有道德也就没有信仰。

【解析】题干中有以下判断：
①没有信仰→没有道德。
②没有道德→没有法律约束。
③法律、道德、信仰是社会和谐运行的基本保障。
④信仰是社会和谐运行的基石。
①、②串联得：⑤没有信仰→没有道德→没有法律约束，逆否得：⑥法律约束→道德→信仰。
(A) 项，道德是社会和谐运行的基本保障，是不是"基石"，题干没有表述，可真可假。
(B) 项，信仰→法律约束，无箭头指向，可真可假。
(C) 项，产生道德和信仰的基础→社会和谐运行，可真可假。
(D) 项，法律约束→信仰，由⑥可知，为真。
(E) 项，没有道德→没有信仰，无箭头指向，可真可假。
【答案】(D)

27.（2012年在职MBA联考真题）尊重他人是一种高尚的美德，是个人内在修养的外在表现；受人尊重是一种享受，更是一种幸福。人都渴望得到他人的尊重，但只有尊重他人才能赢得他人的尊重。

根据以上陈述，可以得出以下哪项？
（A）只有具有高尚的美德才能赢得幸福。
（B）只有加强内在修养才能赢得他人尊重。
（C）不具备任何高尚的美德就不能赢得他人的尊重。
（D）尊重总是双方的，单方面的尊重是不存在的。
（E）如果你不尊重他人，就不可能得到幸福。

【解析】题干中有以下判断：
①尊重他人→美德。
②赢得他人尊重→尊重他人。
②、①串联得：赢得他人尊重→尊重他人→美德，逆否命题为：¬美德→¬尊重他人→¬赢得他人尊重。
（C）项，¬美德→¬赢得他人尊重，必为真。
其余各项均不正确。
【答案】（C）

28.（2012年在职MBA联考真题）只有不明智的人才在董嘉面前说东山郡人的坏话，董嘉的朋友施飞在董嘉面前说席佳的坏话，可是令人疑惑的是，董嘉的朋友都是非常明智的人。

根据以上陈述，可以得出以下哪项？
（A）施飞是不明智的。　　　（B）施飞不是东山郡人。
（C）席佳是董嘉的朋友。　　（D）席佳不是董嘉的朋友。
（E）席佳不是东山郡人。

【解析】题干中有以下判断：
①¬明智←说东山郡人的坏话，等价于：明智→¬说东山郡人的坏话。
②施飞说席佳的坏话。
③施飞→董嘉的朋友。
④董嘉的朋友→明智。
③、④、①串联可得：施飞→董嘉的朋友→明智→¬说东山郡人的坏话；
即：施飞不说东山郡人的坏话；但是由②知施飞说席佳的坏话，所以，席佳不是东山郡人。
【答案】（E）

29.（2012年在职MBA联考真题）所有好的评论家都喜欢格林在这次演讲中提到的每一个诗人。虽然格斯特是非常优秀的诗人，可是没有一个好的评论家喜欢他。

根据以上陈述，可以得出以下哪项？
（A）格斯特不是好的评论家。　　（B）格林喜欢格斯特。
（C）格林不喜欢格斯特。　　　　（D）有的评论家不是好的评论家。
（E）格林在这次演讲中没有提到格斯特。

【解析】题干中有以下判断：
①格林提到的诗人→好的评论家喜欢，等价于：¬好的评论家喜欢→¬格林提到的诗人。
②格斯特→¬好的评论家喜欢。
②、①串联得：格斯特→¬好的评论家喜欢→¬格林提到的诗人。
故有：格斯特不是格林提到的诗人，即格林在这次演讲中没有提到格斯特。
【答案】（E）

30. （2014年在职MBA联考真题）如果马来西亚航空公司的客机没有发生故障，也没有被恐怖组织劫持，那就一定是被导弹击落了。如果客机被导弹击落，一定会被卫星发现，如果卫星发现客机被导弹击落，一定会向媒体公布。
如果要得到"飞机被恐怖组织劫持了"这一结论，需要补充以下哪项？
（A）客机没有被导弹击落。
（B）没有导弹击落客机的报道，客机也没有发生故障。
（C）客机没有发生故障。
（D）客机发生了故障，没有导弹击落客机。
（E）客机没有发生故障，卫星发现客机被导弹击落。
【解析】将题干信息形式化：
①¬故障∧¬劫持→击落，等价于：¬击落→故障∨劫持。
②击落→卫星发现，等价于：¬卫星发现→¬击落。
③卫星发现→媒体公布，等价于：¬媒体公布→¬卫星发现。
③、②、①串联得：¬媒体公布→¬卫星发现→¬击落→故障∨劫持。
故：若有"¬媒体公布"，则有"故障∨劫持"；
又因为：故障∨劫持＝¬故障→劫持，故若再有"¬故障"，则可得"劫持"。
综上，（B）项正确。
【答案】（B）

变化2 带"有的"的串联问题

解题思路

1. 带"有的"的串联题的解题步骤如下：
①符号化。
用箭头表达题干中的每个判断。
②串联。
将箭头统一成右箭头"→"并串联成"有的 A→B→C→D"的形式（注意，"有的"放开头）。
③逆否。
如有必要，写出其逆否命题：¬D→¬C→¬B（注意，带"有的"的项不逆否）。
④判断选项真假。
根据箭头指向原则和有的互换原则，判断选项的真假。

2. 注意

①（有的 A→B）=（有的 B→A）。

②（所有 A→B）→（有的 A→B）=（有的 B→A）。

③有的 A 不是 B =（有的 A→ ¬B）=（有的 ¬B→A）。

典型真题

31.（2012年管理类联考真题）一位房地产信息员通过对某地的调查发现：护城河两岸房屋的租金都比较廉价；廉租房都坐落在凤凰山北麓；东向的房屋都是别墅；非廉租房不可能具有廉价的租金；有些单室套的两限房建在凤凰山南麓；别墅也都建在凤凰山南麓。

根据该房地产信息员的调查，以下哪项不可能存在？

(A) 东向的护城河两岸的房屋。　　(B) 凤凰山北麓的两限房。

(C) 单室套的廉租房。　　(D) 护城河两岸的单室套。

(E) 南向的廉租房。

【解析】题干存在以下断定：

①护城河两岸→租金廉价，等价于：¬租金廉价→¬护城河两岸。

②廉租房→凤凰山北麓，等价于：¬凤凰山北麓→¬廉租房。

③东向→别墅。

④¬廉租房→¬租金廉价。

⑤有的单室套的两限房→凤凰山南麓。

⑥别墅→凤凰山南麓。

由③、⑥、②、④、①串联得：东向→别墅→凤凰山南麓→¬凤凰山北麓→¬廉租房→¬租金廉价→¬护城河两岸。

所以，东向的房子都不在护城河两岸，故（A）项不可能存在。

其余各项均与题干信息不矛盾，故可能存在。

【答案】（A）

32.（2013年管理类联考真题）所有参加此次运动会的选手都是身体强壮的运动员，所有身体强壮的运动员都是极少生病的，但有一些身体不适的运动员参加了此次运动会。

以下哪项不能从上述前提中得出？

(A) 有些身体不适的选手是极少生病的。

(B) 有些极少生病的选手感到身体不适。

(C) 极少生病的选手都参加了此次运动会。

(D) 参加此次运动会的选手极少生病。

(E) 有些身体强壮的运动员感到身体不适。

【解析】题干中有以下论断：

①参加运动会→强壮。

②强壮→少生病。

③有的身体不适的→参加运动会。

③、①、②串联得：④有的身体不适的→参加运动会→强壮→少生病。

(A) 项，有的身体不适的→少生病，由④可知，为真。

(B) 项，由④可知，有的身体不适的→少生病，等价于：有的少生病→身体不适，故（B）项为真。

(C) 项，少生病→参加运动会，由④可知，可真可假。

(D) 项，参加运动会→少生病，由④可知，为真。

(E) 项，由④可知，有的身体不适的→强壮，等价于：有的强壮→身体不适，故（E）项为真。

【答案】(C)

33. (2013年管理类联考真题) 翠竹的大学同学都在某德资企业工作。溪兰是翠竹的大学同学，涧松是该德资企业的部门经理。该德资企业的员工有些来自淮安。该德资企业的员工都曾到德国研修，他们都会说德语。

以下哪项可以从以上陈述中得出？

(A) 涧松来自淮安。　　　　　　　(B) 溪兰会说德语。
(C) 翠竹与涧松是大学同学。　　　(D) 涧松与溪兰是大学同学。
(E) 翠竹的大学同学有些是部门经理。

【解析】题干中存在以下断定：

①同学→德资。

②溪兰→同学。

③涧松→德资。

④有的德资→淮安。

⑤德资→德国研修∧会德语。

由②、①、⑤串联可得：溪兰→同学→德资→德国研修∧会德语，故（B）项正确。

"有的"不能放中间，故③、④不能串联成：涧松→有的德资→淮安，故（A）项不能得出。

(C) 项和 (D) 项意思相同，但题干中溪兰和翠竹与涧松之间均没有箭头指向，故不能被推出。

同理，(E) 项也不能被推出。

【答案】(B)

34. (2014年管理类联考真题) 若一个管理者是某领域优秀的专家学者，则他一定会管理好公司的基本事务；一位品行端正的管理者可以得到下属的尊重；但是对所有领域都一知半解的人一定不会得到下属的尊重。浩瀚公司董事会只会解除那些没有管理好公司基本事务者的职务。

根据以上信息，可以得出以下哪项？

(A) 浩瀚公司董事会不可能解除品行端正的管理者的职务。

(B) 浩瀚公司董事会解除了某些管理者的职务。

(C) 浩瀚公司董事会不可能解除受下属尊重的管理者的职务。

(D) 作为某领域优秀专家学者的管理者，不可能被浩瀚公司董事会解除职务。

(E) 对所有领域都一知半解的管理者，一定会被浩瀚公司董事会解除职务。

【解析】题干有以下判断：

①有的领域优秀的专家学者→管理好基本事务。

②品行端正的管理者→可以得到下属尊重。

③对所有领域都一知半解的人→┐得到下属尊重。

④被解除→┐管理好基本事务＝管理好基本事务→┐被解除。

①、④串联得：⑤有的领域优秀的专家学者→管理好基本事务→┐被解除。

即：有的领域优秀的专家学者，不会被解除职务，故（D）项必为真。

注意（A）项不能推出，因为：

③逆否得：得到下属尊重→┐对所有领域都一知半解的人。

与②串联得：品行端正的管理者→可以得到下属尊重→┐对所有领域都一知半解的人。

"┐对所有领域都一知半解的人"并非①中的"有的领域优秀的专家学者"，故不能与①、④进行串联。

【答案】(D)

35. （2014年管理类联考真题） 兰教授认为，不善于思考的人不可能成为一名优秀的管理者，没有一个谦逊的智者学习占星术，占星家均学习占星术，但是有些占星家却是优秀的管理者。

以下哪项如果为真，最能反驳兰教授的上述观点？

(A) 有些占星家不是优秀的管理者。

(B) 有些善于思考的人不是谦逊的智者。

(C) 所有谦逊的智者都是善于思考的人。

(D) 谦逊的智者都不是善于思考的人。

(E) 善于思考的人都是谦逊的智者。

【解析】兰教授：

①┐善于思考→┐优秀的管理者，等价于：优秀的管理者→善于思考。

②没有一个谦逊的智者学习占星术，即谦逊的智者都不学习占星术，即：谦逊的智者→┐占星术。

③占星家→占星术。

④有的占星家→优秀的管理者。

由④、①串联得：有的占星家→优秀的管理者→善于思考，故有：有的占星家→善于思考，等价于：⑤有的善于思考→占星家（"有的"互换）。

由⑤、③、②串联得：有的善于思考→占星家→占星术→┐谦逊的智者，必有：⑥有的善于思考的人不是谦逊的智者。

（E）项与⑥矛盾，若（E）项为真，则兰教授的话必为假，故（E）项最能反驳兰教授的观点。

【答案】(E)

36. （2017年管理类联考真题） 任何结果都不可能凭空出现，它们的背后都是有原因的；任何背后有原因的事物均可以被人认识，而可以被人认识的事物都必然不是毫无规律的。

根据以上陈述，以下哪项一定为假？

(A) 人有可能认识所有事物。
(B) 有些结果的出现可能毫无规律。
(C) 那些可以被人认识的事物必然有规律。
(D) 任何结果出现的背后都是有原因的。
(E) 任何结果都可以被人认识。

【解析】题干：①任何结果→背后有原因。

②背后有原因→可以被认识。

③可以被认识→¬毫无规律。

①、②、③串联得：④任何结果→背后有原因→可以被认识→¬毫无规律。

(A) 项，题干没有涉及能够被人认识的事物的范围，可真可假。

(B) 项，由题干知，任何结果的出现必然不是毫无规律，故其负命题"有的结果的出现可能毫无规律"一定为假。

(C) 项，由④可知，为真。

(D) 项，由①可知，为真。

(E) 项，由④可知，为真。

【答案】(B)

37. (2018年管理类联考真题) 最终审定的项目或者意义重大或者关注度高，凡意义重大的项目均涉及民生问题。但是有些最终审定的项目并不涉及民生问题。

根据以上陈述，可以得出以下哪项？

(A) 意义重大的项目可以引起关注。
(B) 有些项目意义重大但是关注度不高。
(C) 涉及民生问题的项目有些没有引起关注。
(D) 有些项目尽管关注度高但并非意义重大。
(E) 有些不涉及民生问题的项目意义也非常重大。

【解析】将题干信息形式化：

(1) 最终审定→意义重大∨关注度高。

(2) 意义重大→涉及民生问题=不涉及民生问题→¬意义重大。

(3) 有的最终审定→不涉及民生问题。

由题干信息(3)、(2)知，有的最终审定→不涉及民生问题→¬意义重大。

再结合题干信息(1)知，最终审定∧¬意义重大→关注度高。

故有：有的项目关注度高∧¬意义重大。

【答案】(D)

38. (2018年管理类联考真题) 所有值得拥有专利的产品或设计方案都是创新，但并不是每一项创新都值得拥有专利；所有的模仿都不是创新，但并非每一个模仿者都应该受到惩罚。

根据以上陈述，以下哪项是不可能的？

(A) 有些创新者可能受到惩罚。
(B) 有些值得拥有专利的创新产品并没有申请专利。

(C) 有些值得拥有专利的产品是模仿。
(D) 没有模仿值得拥有专利。
(E) 所有的模仿者都受到了惩罚。

【解析】题干有以下信息：

(1) 值得拥有专利→创新 =¬创新→¬值得拥有专利。

(2) 不是每一项创新都值得拥有专利，即：有的创新不值得拥有专利。

(3) 模仿→¬创新。

(4) 并非每一个模仿者都应该受到惩罚，即：有的模仿者不应该受到惩罚。

(3)、(1) 串联得：模仿→¬创新→¬值得拥有专利。

逆否得：值得拥有专利→创新→¬模仿。

即：所有值得拥有专利的产品都不是模仿的，与 (C) 项矛盾，故 (C) 项为假。

(E) 项，有的模仿者"不应该"受到惩罚，并不代表有的模仿者"没有"受到惩罚，因此 (E) 项是可能的。

【答案】(C)

39. **(2012年在职MBA联考真题)** 蝴蝶是一种非常美丽的昆虫，大约有14 000种，大部分分布在美洲，尤其在亚马孙河流域品种最多，在世界其他地区除了南北极寒冷地带以外都有分布。在亚洲，台湾地区也以蝴蝶品种繁多著名。蝴蝶翅膀一般色彩鲜艳，翅膀和身体有各种花斑，头部有一对棒状或锤状触角。最大的蝴蝶翅展可达24厘米，最小的只有1.6厘米。

根据以上陈述，可以得出以下哪项？
(A) 蝴蝶的首领是昆虫的首领之一。
(B) 最大的蝴蝶是最大的昆虫。
(C) 蝴蝶品种繁多，所以各类昆虫的品种繁多。
(D) 有的昆虫翅膀色彩鲜艳。
(E) 最小的蝴蝶比最小的昆虫大。

【解析】题干中有以下判断：

①蝴蝶→昆虫。

②蝴蝶翅膀一般色彩鲜艳，符号化：③有的蝴蝶→翅膀色彩鲜艳＝有的翅膀色彩鲜艳→蝴蝶。

③、①串联得：有的翅膀色彩鲜艳→蝴蝶→昆虫，故有：④有的翅膀色彩鲜艳→昆虫。

④等价于：有的昆虫→翅膀色彩鲜艳，即有的昆虫翅膀色彩鲜艳。

故 (D) 项正确。

【答案】(D)

40. **(2013年在职MBA联考真题)** 某科研单位2013年新招聘的研究人员，或者是具有副高以上职称的"引进人才"，或者是有北京户籍的应届毕业的博士研究生。应届毕业的博士研究生都居住在博士后公寓中，"引进人才"都居住在"牡丹园"小区。

关于该单位2013年新招聘的研究人员，以下哪项判断是正确的？
(A) 居住在博士后公寓的都没有副高以上职称。
(B) 具有博士学位的都是具有北京户籍的。

(C) 居住在"牡丹园"小区的都没有博士学位。
(D) 非应届毕业的博士研究生都居住在"牡丹园"小区。
(E) 有些具有副高以上职称的"引进人才"也具有博士学位。

【解析】题干中有以下判断：
①新招聘的研究人员→"引进人才"∨北京户籍应届博士。
②应届博士→博士后公寓。
③"引进人才"→"牡丹园"小区。
由题干判断①得：④¬北京户籍应届博士→"引进人才"。
④、③串联得：¬北京户籍应届博士→"引进人才"→"牡丹园"小区，故（D）项为真。
【答案】（D）

题型6 假言命题的负命题

命题概率

近12年真题命题数量16道，平均每年1.33道。

母题变化

变化1 假言命题负命题的基本问题

解题思路

（1）假言命题的负命题是重点题型，常以削弱题的形式出现。题干常用如下方式提问：
①以下哪项如果为真，说明上述断定不成立？
②以下哪项如果为真，最能质疑题干的论述？
③如果上述命题为真，则以下哪项不可能为真？
（2）假言命题的负命题公式：¬（A→B）=（A∧¬B）。
（3）【易错点】A→B的负命题是A∧¬B，不是A→¬B。
因为：(A→B) = (¬A∨B)，(A→¬B) = (¬A∨¬B)。所以，当出现¬A时，A→B和A→¬B均为真，所以二者并非矛盾关系。

典型真题

1. （2011年管理类联考真题）某家长认为，有想象力才能进行创造性劳动，但想象力和知识是天敌。人在获得知识的过程中，想象力会消失。因为知识符合逻辑，而想象力无章可循。换句话说，知识的本质是科学，想象力的特征是荒诞。人的大脑一山不容二虎：学龄前，想象力独占鳌头，脑子被想象力占据；上学后，大多数人的想象力被知识驱逐出境，他们成为知识的附庸，但丧失了想象力，终身只能重复前人的发现。

以下哪项与该家长的上述观点矛盾？

（A）如果希望孩子能够进行创造性劳动，就不要送他们上学。

（B）如果获得了足够知识，就不能进行创造性劳动。

（C）发现知识的人是有一定想象力的。

（D）有些人没有想象力，但能进行创造性劳动。

（E）想象力被知识驱逐出境是一个逐渐的过程。

【解析】某家长认为：有想象力才能进行创造性劳动，即创造性劳动→想象力。

其矛盾命题为：创造性劳动∧¬想象力，故（D）项正确。

【答案】（D）

2. (2012年管理类联考真题) 只有具有一定文学造诣且具有生物学专业背景的人，才能读懂这篇文章。

如果上述命题为真，则以下哪项不可能为真？

（A）小张没有读懂这篇文章，但他的文学造诣是大家所公认的。

（B）计算机专业的小王没有读懂这篇文章。

（C）从未接触过生物学知识的小李读懂了这篇文章。

（D）小周具有生物学专业背景，但他没有读懂这篇文章。

（E）生物学博士小赵读懂了这篇文章。

【解析】题干：文学造诣∧生物学专业背景←读懂这篇文章，为真。

其负命题：(¬文学造诣∨¬生物学专业背景)∧读懂这篇文章，为假。

故（C）项不可能为真。

【答案】（C）

3. (2012年管理类联考真题) 小张是某公司营销部的员工。公司经理对他说："如果你争取到这个项目，我就奖励你一台笔记本电脑或者给你项目提成。"

以下哪项如果为真，说明该经理没有兑现承诺？

（A）小张没争取到这个项目，该经理没给他项目提成，但送了他一台笔记本电脑。

（B）小张没争取到这个项目，该经理没奖励他笔记本电脑，也没给他项目提成。

（C）小张争取到这个项目，该经理给他项目提成，但并未奖励他笔记本电脑。

（D）小张争取到这个项目，该经理奖励他一台笔记本电脑并且给他三天假期。

（E）小张争取到这个项目，该经理未给他项目提成，但奖励了他一台台式电脑。

【解析】公司经理：争取到项目→奖励笔记本电脑∨项目提成。

没有兑现承诺，即：争取到项目∧¬（奖励笔记本电脑∨项目提成），等价于：争取到项目∧¬奖励笔记本电脑∧¬项目提成。

即：小张争取到项目，但既没给项目提成，又没奖励笔记本电脑。

（E）项，奖励的是台式电脑，不是笔记本电脑，即小张争取到这个项目，该经理未给他项目提成，也未奖励他笔记本电脑，故该经理没有兑现承诺。

其余各项均未说明该经理没有兑现承诺。

【答案】（E）

4. (2012年管理类联考真题) 在家电产品"三下乡"活动中，某销售公司的产品受到了农村居民的广泛欢迎。该公司总经理在介绍经验时表示：只有用最流行畅销的明星产品面对农村居民，才能获得他们的青睐。

以下哪项如果为真，最能质疑总经理的论述？

(A) 某品牌电视由于其较强的防潮能力，尽管不是明星产品，仍然获得了农村居民的青睐。

(B) 流行畅销的明星产品由于价格偏高，没有赢得农村居民的青睐。

(C) 流行畅销的明星产品只有质量过硬，才能获得农村居民的青睐。

(D) 有少数娱乐明星为某些流行畅销的产品做虚假广告。

(E) 流行畅销的明星产品最适合城市中的白领使用。

【解析】总经理：明星产品←获得青睐。

其矛盾命题为：获得青睐∧¬明星产品。

(A) 项，¬明星产品∧获得青睐，与总经理的论断相互矛盾，故能质疑总经理的论述。

(B) 项，明星产品∧¬获得青睐，不能质疑总经理的论述。

(C) 项，无关选项，题干论证不涉及"产品质量"和"获得青睐"之间的关系。

(D)、(E) 项，显然均为无关选项。

【答案】(A)

5. (2013年管理类联考真题) 教育专家李教授指出：每个人在自己的一生中，都要不断地努力，否则就会像龟兔赛跑的故事一样，一时跑得快并不能保证一直领先。如果你本来基础好又能不断努力，那你肯定能比别人更早取得成功。

如果李教授的陈述为真，则以下哪项一定为假？

(A) 不论是谁，只有不断努力，才可能取得成功。

(B) 只要不断努力，任何人都可能取得成功。

(C) 小王本来基础好并且能不断努力，但也可能比别人更晚取得成功。

(D) 人的成功是有衡量标准的。

(E) 一时不成功并不意味着一直不成功。

【解析】题干：基础好∧不断努力→更早取得成功。

题目要求选择一定为假的，即找原命题的负命题：

¬（基础好∧不断努力→更早取得成功）＝（基础好∧不断努力∧¬更早取得成功）。

所以，"基础好并且能不断努力，但并非比别人更早取得成功"为假，故 (C) 项正确。

【答案】(C)

6. (2013年管理类联考真题) 足球是一项集体运动，若想不断取得胜利，每个强队都必须有一位核心队员，他总能在关键场次带领全队赢得比赛。友南是某国甲级联赛强队西海队队员，据某记者统计，在上赛季参加的所有比赛中，有友南参赛的场次，西海队胜率高达75.5%，另有16.3%的平局，8.2%的场次输球；而在友南缺阵的情况下，西海队的胜率只有58.9%，输球的比率高达23.5%。该记者由此得出结论：友南是上赛季西海队的核心队员。

以下哪项如果为真，最能质疑该记者的结论？

(A) 西海队教练表示："球队是一个整体，不存在有友南的西海队和没有友南的西海队。"

(B) 上赛季友南缺席且西海队输球的比赛都是小组赛中西海队已经确定出线后的比赛。
(C) 西海队队长表示:"没有友南我们将失去很多东西,但我们会找到解决办法。"
(D) 上赛季友南上场且西海队输球的比赛,都是西海队与传统强队对阵的关键场次。
(E) 本赛季开始以来,在友南上阵的情况下,西海队胜率暴跌20%。

【解析】核心队员:关键场次→赢得比赛。

(D)项,关键场次∧没有赢球,与题干矛盾,故若此项为真,则题干的结论为假。

【答案】(D)

7. **(2014年管理类联考真题)** 陈先生在鼓励他孩子时说道:"不要害怕暂时的困难和挫折,不经历风雨怎么见彩虹?"他孩子不服气地说:"您说的不对。我经历了那么多风雨,怎么就没见到彩虹呢?"

陈先生孩子的回答最适宜用来反驳以下哪项?
(A) 如果想见到彩虹,就必须经历风雨。
(B) 只要经历了风雨,就可以见到彩虹。
(C) 只有经历风雨,才能见到彩虹。
(D) 即使经历了风雨,也可能见不到彩虹。
(E) 即使见到了彩虹,也不是因为经历了风雨。

【解析】陈先生:¬经历风雨→¬见到彩虹,"经历风雨"是"见到彩虹"的必要条件。

陈先生的孩子:(经历风雨∧¬见到彩虹)=¬(经历风雨→见到彩虹)。

所以陈先生的孩子反驳的是:只要经历了风雨,就可以见到彩虹。他误把必要条件当成了充分条件。

故(B)项正确。

【答案】(B)

8. **(2015年管理类联考真题)** 当企业处于蓬勃上升时期,往往紧张而忙碌,没有时间和精力去设计和修建"琼楼玉宇";当企业所有的重要工作都已经完成,其时间和精力就开始集中在修建办公大楼上。所以,如果一个企业的办公大楼设计得越完美,装饰得越豪华,则该企业离解体的时间就越近;当某个企业的大楼设计和建造趋向完美之际,它的存在就逐渐失去意义。这就是所谓的"办公大楼法则"。

以下哪项如果为真,最能质疑上述观点?
(A) 某企业的办公大楼修建得美轮美奂,入住后该企业的事业蒸蒸日上。
(B) 一个企业如果将时间和精力都耗费在修建办公大楼上,则对其他重要工作就投入不足了。
(C) 建造豪华的办公大楼,往往会加大企业的运营成本,损害其实际利益。
(D) 企业办公大楼越破旧,该企业就越有活力和生机。
(E) 建造豪华的办公大楼并不需要企业投入太多的时间和精力。

【解析】题干:企业的办公大楼设计得越完美,装饰得越豪华→企业离解体的时间就越近。

(A)项,举反例(负命题),削弱题干的结论。

(B)、(C)、(D)项,支持题干。

（E）项，削弱题干的论据，但不如（A）项削弱结论的力度大。

【答案】（A）

9. **（2015年管理类联考真题）** 有人认为，任何一个机构都包括不同的职位等级或层级，每个人都隶属于其中的一个层级。如果某人在原来的级别岗位上干得出色，就会被提拔。而被提拔者得到重用后却碌碌无为，这会造成机构效率低下，人浮于事。

以下哪项如果为真，最能质疑上述观点？

（A）不同岗位的工作方法是不同的，对新岗位要有一个适应过程。
（B）部门经理王先生业绩出众，被提拔为公司总经理后工作依然出色。
（C）个人晋升常在一定程度上影响所在机构的发展。
（D）李明的体育运动成绩并不理想，但他进入管理层后却干得得心应手。
（E）王副教授教学和科研能力都很强，而晋升为正教授后却表现平平。

【解析】题干：出色→被提拔→碌碌无为。
（B）项，举反例，被提拔∧¬碌碌无为，削弱题干。
其余各项均不能削弱题干。

【答案】（B）

10. **（2016年管理类联考真题）** 在某届洲际杯足球大赛中，第一阶段某小组单循环赛共有4支队伍参加，每支队伍需要在这一阶段比赛三场。甲国足球队在该小组的前两轮比赛中一平一负。在第三轮比赛之前，甲国足球队教练在新闻发布会上表示："只有我们在下一场比赛中取得胜利并且本组的另外一场比赛打成平局，我们才有可能从这个小组出线。"

如果甲国足球队教练的陈述为真，则以下哪项是不可能的？

（A）第三轮比赛该小组两场比赛都分出了胜负，甲国足球队从小组出线。
（B）甲国足球队第三场比赛取得了胜利，但他们未能从小组出线。
（C）第三轮比赛甲国足球队取得了胜利，该小组另一场比赛打成平局，甲国足球队未能从小组出线。
（D）第三轮比赛该小组另外一场比赛打成平局，甲国足球队从小组出线。
（E）第三轮比赛该小组两场比赛都打成了平局，甲国足球队未能从小组出线。

【解析】甲国足球队教练：出线→下一场比赛胜利∧另一场比赛平局。
不可能为真，即找矛盾命题：出线∧¬（下一场比赛胜利∧另一场比赛平局）。
（A）项，出线∧¬另一场比赛平局，与题干矛盾，是正确选项。
根据足球教练的陈述，其余各项均可能为真。

【答案】（A）

11. **（2009年在职MBA联考真题）** 在报考研究生的应届生中，除非学习成绩名列前三位，并且有两位教授推荐，否则不能成为免试推荐生。

以下哪项如果为真，说明上述决定没有得到贯彻？

Ⅰ. 余涌学习成绩名列第一，并且有两位教授推荐，但未能成为免试推荐生。
Ⅱ. 方宁成为免试推荐生，但只有一位教授推荐。

Ⅲ．王宜成为免试推荐生，但学习成绩不在前三名。
(A) 仅Ⅰ。　　　　　　　　　(B) 仅Ⅰ和Ⅱ。
(C) 仅Ⅱ和Ⅲ。　　　　　　　(D) Ⅰ、Ⅱ和Ⅲ。
(E) 以上都不正确。

【解析】题干：¬（成绩名列前三位∧有两位教授推荐）→¬免试推荐生；
等价于：（¬成绩名列前三位∨¬有两位教授推荐）→¬免试推荐生；
其负命题为：（¬成绩名列前三位∨¬有两位教授推荐）∧免试推荐生。
所以，Ⅱ、Ⅲ项如果为真，则否定了题干中的决定，故（C）项正确。
【答案】(C)

12. **(2009年在职MBA联考真题)** 小张承诺：如果天不下雨，我一定去看足球赛。

以下哪项如果为真，说明小张没有兑现承诺？

Ⅰ．天没下雨，小张没去看足球赛。

Ⅱ．天下雨，小张去看了足球赛。

Ⅲ．天下雨，小张没去看足球赛。

(A) 仅Ⅰ。　　　　　　　　　(B) 仅Ⅱ。
(C) 仅Ⅲ。　　　　　　　　　(D) 仅Ⅰ和Ⅱ。
(E) Ⅰ、Ⅱ和Ⅲ。

【解析】小张：¬天下雨→看足球赛；
其负命题为：¬天下雨∧¬看足球赛。
所以，如果天没下雨，并且小张没看足球赛，则说明小张没有兑现承诺，即（A）项正确。
【答案】(A)

13. **(2014年在职MBA联考真题)** 在乌克兰局势协调小组明斯克会谈前夕，"顿涅茨克人民共和国"和"卢甘斯克人民共和国"发言人宣布了自己的谈判立场：如果乌克兰当局不承认其领土和俄语的特殊地位，并且不停止其在东南部的军事行动，就无法解决冲突。此外两个"共和国"还坚持要求赦免所有民兵武装参与者和政治犯。有乌克兰观察人士评论说："难道我们承认了这两个所谓'共和国'的特殊地位，赦免了民兵武装，就能够解决冲突吗？"

乌克兰观察人士的评论最适合用来反驳以下哪项？

(A) 即使乌克兰当局承认两个"共和国"领土和俄语的特殊地位，并且赦免所有民兵武装参与者和政治犯，也可能还是无法解决冲突。

(B) 即使解决了冲突，也不一定是因为乌克兰当局承认两个"共和国"领土和俄语的特殊地位。

(C) 如果要解决冲突，乌克兰当局就必须承认两个"共和国"领土和俄语的特殊地位，并且赦免所有民兵武装参与者和政治犯。

(D) 只要乌克兰当局承认两个"共和国"领土和俄语的特殊地位，并且赦免所有民兵武装参与者和政治犯，就能够解决冲突。

(E) 只有乌克兰当局承认两个"共和国"领土和俄语的特殊地位，并且赦免所有民兵武装参与者和政治犯，才能够解决冲突。

【解析】乌克兰观察人士：（承认∧赦免）∧不能解决；

其矛盾命题是：承认∧赦免→能解决，即（D）项正确。

【答案】(D)

14. (2014年在职MBA联考真题) 在今年夏天的足球运动员转会市场上，只有在世界杯期间表现出色并且在俱乐部也有优异表现的人，才能获得众多俱乐部的青睐和追逐。

如果以上陈述为真，则以下哪项不可能为真？

(A) 老将克洛泽在世界杯上以16球打破了罗纳尔多15球的世界杯进球记录，但是仍然没有获得众多俱乐部的青睐。

(B) J罗获得了世界杯金靴，他同时凭借着俱乐部的优异表现在众多俱乐部追逐的情况下，成功转会皇家马德里。

(C) 罗伊斯因伤未能代表德国队参加巴西世界杯，但是他在德甲俱乐部赛场上有着优异表现，在转会市场上得到了皇家马德里、巴塞罗那等顶级豪门的青睐。

(D) 多特蒙德头号射手莱万多夫斯基成功转会到拜仁慕尼黑。

(E) 克罗斯没有获得金靴，但因为表现突出，同样成功转会皇家马德里。

【解析】题干：青睐→世界杯表现出色∧俱乐部表现优异。

要找不可能为真的选项，即找题干的矛盾命题：¬（青睐→世界杯表现出色∧俱乐部表现优异）＝青睐∧（¬世界杯表现出色∨¬俱乐部表现优异）。

（C）项，青睐∧¬世界杯表现出色，为正确答案。

【答案】(C)

变化2　串联＋负命题

解题思路

如果题干可以串联成 A→B→C→D 的形式，那么 A∧¬B、A∧¬C、A∧¬D 均与题干矛盾。

典型真题

15. (2013年管理类联考真题) 专业人士预测：如果粮食价格保持稳定，那么蔬菜价格也保持稳定；如果食用油价格不稳，那么蔬菜价格也将出现波动。老李由此断定：粮食价格保持稳定，但是肉类食品价格将上涨。

根据上述专业人士的预测，以下哪项如果为真，最能对老李的观点提出质疑？

(A) 如果食用油价格稳定，那么肉类食品价格会上涨。

(B) 如果食用油价格稳定，那么肉类食品价格不会上涨。

(C) 如果肉类食品价格不上涨，那么食用油价格将会上涨。

(D) 如果食用油价格出现波动，那么肉类食品价格不会上涨。

(E) 只有食用油价格稳定，肉类食品价格才不会上涨。

【解析】专业人士存在以下论断：

①粮稳→菜稳。

②￢油稳→￢菜稳，等价于：菜稳→油稳。

由①、②知：③粮稳→菜稳→油稳。

老李：粮稳∧肉涨。

(B) 项，油稳→￢肉涨，再由③知：粮稳→菜稳→油稳→￢肉涨，即，粮稳→￢肉涨，与老李的观点是矛盾命题，故能削弱老李的观点。

【答案】(B)

16. （2015年管理类联考真题）张教授指出，明清时期科举考试分为四级，即院试、乡试、会试、殿试。院试在县府举行，考中者称为"生员"；乡试每三年在各省省城举行一次，生员才有资格参加，考中者称为"举人"，举人第一名称为"解元"；会试于乡试后第二年在京城礼部举行，举人才有资格参加，考中者称为"贡士"，贡士第一名称为"会元"；殿试在会试当年举行，由皇帝主持，贡士才有资格参加，录取分为三甲，一甲三名，二甲、三甲各若干名，统称为"进士"，一甲第一名称为"状元"。

根据张教授的陈述，以下哪项是不可能的？

(A) 未中解元者，不曾中会元。

(B) 中举者，不曾中进士。

(C) 中状元者曾为生员和举人。

(D) 中会元者，不曾中举。

(E) 可有连中三元者（解元、会元、状元）。

【解析】张教授：

①中生员者，才能中举人；中举人者，才能中贡士；中贡士者，才能中进士。

②举人第一名称为"解元"；贡士第一名称为"会元"；进士第一名称为"状元"。

形式化为：进士（状元）→贡士（会元）→举人（解元）→生员。

(D) 项，会元∧￢举人，不可能为真。

其余各项均有可能为真。

【答案】(D)

题型7　二难推理

命题概率

近12年真题命题数量13道，平均每年1.08道。

第 1 章　复言命题

母题变化

变化 1　选言型二难推理

解题思路

你找男朋友有两个选择，或者找小宝，或者找晓明。如果选小宝，太黑；如果选晓明，太矮，所以你面临二难选择：或者找个黑男友，或者找个矮男友。

我们将这个例子符号化：

同理，我们有以下公式：

公式（1）
$$A \vee \neg A;$$
$$A \to B;$$
$$\underline{\neg A \to B;}$$
$$\text{所以，} B。$$

公式（2）
$$A \to B, \text{等价于：} \neg B \to \neg A;$$
$$\underline{A \to \neg B, \text{等价于：} B \to \neg A;}$$
$$\text{所以，} \neg A。$$

公式（3）
$$A \vee B;$$
$$A \to C;$$
$$\underline{B \to D;}$$
$$\text{所以，} C \vee D。$$

典型真题

1.（2009 年管理类联考真题）在潮湿的气候中仙人掌很难成活，在寒冷的气候中柑橘很难生长。在某省的大部分地区，仙人掌和柑橘至少有一种不难成活或生长。

如果上述断定为真，则以下哪项一定为假？

(A) 该省的一半地区，既潮湿又寒冷。
(B) 该省的大部分地区炎热。
(C) 该省的大部分地区潮湿。
(D) 该省的某些地区既不寒冷也不潮湿。

(E) 柑橘在该省的所有地区都无法生长。

【解析】题干有如下判断：

①潮湿→仙人掌难成活，等价于：¬仙人掌难成活→¬潮湿。

②寒冷→柑橘难生长，等价于：¬柑橘难生长→¬寒冷。

③某省大部分地区：¬仙人掌难成活∨¬柑橘难生长。

由二难推理的公式（3）可知：某省大部分地区：¬潮湿∨¬寒冷。

(A) 项与题干结论矛盾，必然为假。

【答案】(A)

2. (2010年管理类联考真题) 太阳风中的一部分带电粒子可以到达 M 星表面，将足够的能量传递给 M 星表面粒子，使后者脱离 M 星表面，逃逸到 M 星大气中。为了判定这些逃逸的粒子，科学家们通过三个实验获得了如下信息：

实验一：或者是 X 粒子，或者是 Y 粒子。

实验二：或者不是 Y 粒子，或者不是 Z 粒子。

实验三：如果不是 Z 粒子，就不是 Y 粒子。

根据上述三个实验，以下哪项一定为真？

(A) 这种粒子是 X 粒子。　　　　(B) 这种粒子是 Y 粒子。

(C) 这种粒子是 Z 粒子。　　　　(D) 这种粒子不是 X 粒子。

(E) 这种粒子不是 Z 粒子。

【解析】题干有以下断定：

①X∨Y，等价于：¬Y→X。

②¬Y∨¬Z，等价于：Z→¬Y。

③¬Z→¬Y。

根据二难推理公式（1），由②、③得，¬Y。

再由①得：¬Y→X。故该粒子为 X 粒子。

【答案】(A)

3. (2010年管理类联考真题) 某中药配方有如下要求：

(1) 如果有甲药材，那么也要有乙药材。

(2) 如果没有丙药材，那么必须有丁药材。

(3) 人参和天麻不能都有。

(4) 如果没有甲药材而有丙药材，则需要有人参。

如果含有天麻，则关于该中药配方的断定哪项为真？

(A) 含有甲药材。　　　　　　　(B) 含有丙药材。

(C) 没有丙药材。　　　　　　　(D) 没有乙药材和丁药材。

(E) 含有乙药材或丁药材。

【解析】题干有以下断定：

①甲→乙。

②¬丙→丁。

(E) 一定要购买唢呐。

【解析】由题干条件（1）可知，¬二胡∨¬箫＝箫→¬二胡。

由题干条件（4）可知，箫→¬笛子。

串联得：箫→¬二胡∧¬笛子。

因此，若购买箫，则不购买二胡和笛子，再由题干条件（2）可知，笛子、二胡和古筝至少购买一种，故购买古筝。

若不购买箫，根据题干条件（3）可知，购买了古筝和唢呐，即也购买古筝。

综上所述，由二难推理可得：一定购买古筝。所以（D）项，二胡∨古筝，为真。

【答案】(D)

8. （2018年管理类联考真题）某国拟在甲、乙、丙、丁、戊、己6种农作物中进口几种，用于该国庞大的动物饲料产业。考虑到一些农作物可能含有违禁成分，以及它们之间存在的互补或可替代等因素，该国对进口这些农作物有如下要求：

(1) 它们当中不含违禁成分的都进口。
(2) 如果甲或乙有违禁成分，就进口戊和己。
(3) 如果丙含有违禁成分，那么丁就不进口了；如果进口戊，就进口乙和丁。
(4) 如果不进口丁，就进口丙；如果进口丙，就不进口丁。

根据上述要求，以下哪项所列的农作物是该国可以进口的？

(A) 甲、乙、丙。　　　　　　(B) 乙、丙、丁。
(C) 甲、戊、己。　　　　　　(D) 甲、丁、己。
(E) 丙、戊、己。

【解析】将题干信息形式化：
(1) 不含违禁→进口。
(2) 甲违禁或乙违禁→进口戊∧进口己。
(3) 丙违禁→不进口丁；进口戊→进口乙∧进口丁。
(4) 不进口丁→进口丙；进口丙→不进口丁。

由题干信息（3）、（1）知：进口丁→丙不违禁→进口丙，逆否得：不进口丙→丙违禁→不进口丁。

由题干信息（4）知，进口丙→不进口丁。

故，由二难推理可得：不进口丁。再由题干信息（4）知，进口丙。

由题干信息（3）、（2）、（1）知，不进口丁→不进口戊→甲不违禁∧乙不违禁→进口甲∧进口乙。

综上，故（A）项正确。

【答案】(A)

9. （2019年管理类联考真题）本保险柜所有密码都是4个阿拉伯数字和4个英文字母的组合，已知：

(1) 若4个英文字母不连续排列，则密码组合中的数字之和大于15。
(2) 若4个英文字母连续排列，则密码组合中的数字之和等于15。

(3) 密码组合中的数字之和或者等于18，或者小于15。

根据上述信息，以下哪项是可能的密码组合？

(A) 1adbe356。　　　　　　　(B) 37ab26dc。

(C) 2acgf716。　　　　　　　(D) 58bcde32。

(E) 18ac42de。

【解析】方法一：选项排除法。

题目中都是不确定性条件，代入选项排除即可。

(A) 项，4个英文字母连续排列，数字之和等于15，与条件(3)矛盾，排除。

(B) 项，4个英文字母不连续排列，且数字之和等于18，符合干条件。

(C) 项，4个英文字母连续排列，但数字之和不等于15，与条件(2)矛盾，排除。

(D) 项，4个英文字母连续排列，但数字之和不等于15，与条件(2)矛盾，排除。

(E) 项，4个英文字母不连续排列，但数字之和不大于15，与条件(1)矛盾，排除。

方法二：二难推理。

根据二难推理，由条件(1)、(2) 可知，密码组合中的数字之和大于15或者等于15。

再结合条件(3) 可得：密码组合中的数字之和等于18。

再由条件(2) 逆否可得：4个英文字母不连续排列。

故 (B) 项正确。

【答案】(B)

10. (2009年在职MBA联考真题) 小李考上了清华，或者小孙未考上北大。如果小张考上了北大，则小孙也考上了北大；如果小张未考上北大，则小李考上了清华。

如果上述断定为真，则以下哪项一定为真？

(A) 小李考上了清华。　　　　(B) 小张考上了北大。

(C) 小李未考上清华。　　　　(D) 小张未考上北大。

(E) 以上断定都不一定为真。

【解析】题干有以下断定：

①小李清华∨¬小孙北大，等价于：小孙北大→小李清华。

②小张北大→小孙北大。

③¬小张北大→小李清华。

由②、①串联可得：小张北大→小孙北大→小李清华，故有：④小张北大→小李清华。

所以，根据二难推理的公式(1)，由③、④得：小李必然考上清华。故 (A) 项一定为真。

【答案】(A)

11. (2011年在职MBA联考真题) 公司派张、王、李、赵4人到长沙参加某经济论坛，他们4人选了飞机、汽车、轮船和火车4种各不相同的出行方式。已知：

(1) 明天或者刮风或者下雨。

(2) 如果明天刮风，那么张就选择火车出行。

(3) 假设明天下雨，那么王就选择火车出行。

(4) 假如李、赵不选择火车出行，那么李、王也都不会选择飞机或者汽车出行。

③¬（人参∧天麻），等价于：¬人参∨¬天麻，等价于：天麻→¬人参。
④（¬甲∧丙）→人参，等价于：¬人参→甲∨¬丙。
⑤天麻。
由⑤、③、④串联得：⑥天麻→¬人参→甲∨¬丙。
根据二难推理的公式（3），由⑥、①、②得：乙∨丁。
故，该中药配方含有乙药材或丁药材，即（E）项正确。

【答案】（E）

4. （2011年管理类联考真题）在恐龙灭绝6 500万年后的今天，地球正面临着又一次物种大规模灭绝的危机。截至20世纪末，全球大约有20%的物种灭绝。现在，大熊猫、西伯利亚虎、北美玳瑁、巴西红木等许多珍稀物种面临着灭绝的危险。有三位学者对此作了预测：
学者一：如果大熊猫灭绝，则西伯利亚虎也将灭绝。
学者二：如果北美玳瑁灭绝，则巴西红木不会灭绝。
学者三：或者北美玳瑁灭绝，或者西伯利亚虎不会灭绝。
如果三位学者的预测都为真，则以下哪项一定为假？
（A）大熊猫和北美玳瑁都将灭绝。
（B）巴西红木将灭绝，西伯利亚虎不会灭绝。
（C）大熊猫和巴西红木都将灭绝。
（D）大熊猫将灭绝，巴西红木不会灭绝。
（E）巴西红木将灭绝，大熊猫不会灭绝。

【解析】题干存在以下断定：
①大熊猫灭绝→西伯利亚虎灭绝。
②北美玳瑁灭绝→¬巴西红木灭绝。
③北美玳瑁灭绝∨¬西伯利亚虎灭绝。

方法一：串联法。
由③得，④西伯利亚虎灭绝→北美玳瑁灭绝。
①、④、②串联得：大熊猫灭绝→西伯利亚虎灭绝→北美玳瑁灭绝→¬巴西红木灭绝。
所以，大熊猫灭绝与巴西红木灭绝不会同时发生，故（C）项必然为假。

方法二：二难推理。
①等价于：⑤¬西伯利亚虎灭绝→¬大熊猫灭绝。
根据二难推理公式（3），由③、⑤、②可得：¬大熊猫灭绝∨¬巴西红木灭绝，等价于：¬（大熊猫灭绝∧巴西红木灭绝）。
所以，大熊猫与巴西红木不会都灭绝，故（C）项必然为假。

【答案】（C）

5. （2012年管理类联考真题）李明、王兵、马云三位股民对股票A和股票B分别作了如下预测：
李明：只有股票A不上涨，股票B才不上涨。
王兵：股票A和股票B至少有一个不上涨。

马云：股票 A 上涨当且仅当股票 B 上涨。

若三人的预测都为真，则以下哪项符合他们的预测？

(A) 股票 A 上涨，股票 B 不上涨。　　(B) 股票 A 不上涨，股票 B 上涨。

(C) 股票 A 和股票 B 均上涨。　　(D) 股票 A 和股票 B 均不上涨。

(E) 只有股票 A 上涨，股票 B 才不上涨。

【解析】题干中有以下信息：

① 李明：¬A←¬B，即：¬B→¬A。

② 王兵：¬A∨¬B，等价于：B→¬A。

③ 马云：A↔B，等价于：¬A↔¬B。

根据二难推理的公式（2），由①、②知：¬A，再由③可知，¬A∧¬B，即股票 A 和股票 B 均不上涨。

故（D）项正确。

【答案】(D)

6.（2014年管理类联考真题） 某国大选在即，国际政治专家陈研究员预测：选举结果或者是甲党控制政府，或者是乙党控制政府。如果甲党赢得对政府的控制权，该国将出现经济问题；如果乙党赢得对政府的控制权，该国将陷入军事危机。

根据陈研究员的上述预测，可以得出以下哪项？

(A) 该国可能不会出现经济问题，也不会陷入军事危机。

(B) 如果该国出现经济问题，那么甲党赢得了对政府的控制权。

(C) 该国将出现经济问题，或者将陷入军事危机。

(D) 如果该国陷入了军事危机，那么乙党赢得了对政府的控制权。

(E) 如果该国出现了经济问题并且陷入了军事危机，那么甲党与乙党均赢得了对政府的控制权。

【解析】题干中有以下判断：

① 甲党控制∨乙党控制。

② 甲党控制→经济问题。

③ 乙党控制→军事危机。

根据二难推理的公式（3），则必有：经济问题∨军事危机。故（C）项正确。

【答案】(C)

7.（2017年管理类联考真题） 某民乐小组拟购买几种乐器，购买要求如下：

（1）二胡、箫至多购买一种。

（2）笛子、二胡和古筝至少购买一种。

（3）箫、古筝、唢呐至少购买两种。

（4）如果购买箫，则不购买笛子。

根据以上要求，可以得出以下哪项？

(A) 至多可以购买三种乐器。　　(B) 箫、笛子至少购买一种。

(C) 至少要购买三种乐器。　　(D) 古筝、二胡至少购买一种。

根据以上陈述，可以得出以下哪项结论？

(A) 赵选择汽车出行。　　　　(B) 赵不选择汽车出行。

(C) 李选择轮船出行。　　　　(D) 张选择飞机出行。

(E) 王选择轮船出行。

【解析】题干存在以下断定：

①刮风∨下雨。

②刮风→张火车。

③下雨→王火车。

④李、赵不选择火车出行→李、王都不会选择飞机或者汽车出行。

根据二难推理的公式（3），由①、②、③可知：张火车∨王火车。

所以，李、赵不选择火车出行，由④可知，李、王都不会选择飞机或者汽车出行。

由以上分析可知，李不选择火车、飞机、汽车出行，故李选择轮船出行，即（C）项正确。

【答案】(C)

12.（**2012 年在职 MBA 联考真题**）某中药制剂中，人参或者党参至少必须有一种，同时还需满足以下条件：

(1) 如果有党参，就必须有白术。

(2) 白术、人参至多只能有一种。

(3) 若有人参，就必须有首乌。

(4) 若有首乌，就必须有白术。

如果以上为真，则该中药制剂中一定包含以下哪两种药物？

(A) 人参和白术。　　　　(B) 党参和白术。

(C) 首乌和党参。　　　　(D) 白术和首乌。

(E) 党参和人参。

【解析】题干中有以下判断：

①人参∨党参，等价于：¬人参→党参。

②党参→白术。

③"至多只能有一种"的意思为"≤1"，即白术和人参只有其中的一种，或者两种都没有。故有：¬白术∨¬人参，等价于：白术→¬人参。

④人参→首乌。

⑤首乌→白术。

由④、⑤串联得：⑥人参→首乌→白术。

由①、②串联得：⑦¬人参→党参→白术。

根据二难推理的公式（1），由⑥、⑦可得：该中药制剂中一定包含白术。

由③、①串联得：白术→¬人参→党参，故该中药制剂中一定包含党参。

综上，该中药制剂中一定包含白术和党参，即（B）项正确。

【答案】(B)

变化2　联言型二难推理

解题思路

$$A \wedge B;$$
$$A \to C;$$
$$B \to D;$$
$$\text{所以，} C \wedge D 。$$

典型真题

13. （2012年管理类联考真题）如果他勇于承担责任，那么他就一定会直面媒体，而不是选择逃避；如果他没有责任，那么他就一定会聘请律师，捍卫自己的尊严。可是事实上，他不仅没有聘请律师，现在逃得连人影都不见。

根据以上陈述，可以得出以下哪项结论？

（A）即使他没有责任，也不应该选择逃避。
（B）虽然选择了逃避，但是他可能没有责任。
（C）如果他有责任，那么他应该勇于承担责任。
（D）如果他不敢承担责任，那么说明他责任很大。
（E）他不仅有责任，而且他没有勇气承担责任。

【解析】题干有以下论断：

①勇于承担责任→¬逃避，等价于：逃避→¬勇于承担责任。
②¬责任→聘请律师，等价于：¬聘请律师→责任。
③¬聘请律师∧逃避。

根据二难推理公式，由③、②、①可知：责任∧¬勇于承担责任，即：他不仅有责任，而且他没有勇气承担责任。故（E）项正确。

【答案】(E)

题型8　复言命题的真假话问题

命题概率

近12年真题命题数量9道，平均每年0.75道。

母题变化

变化1 题干中有矛盾

解题思路

给出几个人说的几句话，然后告知这些话里面有几个为真几个为假，由此判断选项的真假。如果题干中有矛盾，则用找矛盾法。解题步骤如下：

第一步：符号化。

第二步：找矛盾。

①A 与 ¬A。

②A→B 与 A∧¬B。

③A∧B 与 ¬A∨¬B。

④A∨B 与 ¬A∧¬B。

⑤A∀B 与 (A∧B)∀(¬A∧¬B)。

第三步：矛盾关系必有一真必有一假，可根据真命题的个数，推知其他命题的真假。

第四步：根据命题的真假，判断真实情况，即可判断各选项的真假。

典型真题

1. （2011年管理类联考真题）某集团公司有四个部门，分别生产冰箱、彩电、电脑和手机。根据前三个季度的数据统计，四个部门经理对2010年全年的赢利情况作了如下预测：

冰箱部门经理：今年手机部门会赢利。

彩电部门经理：如果冰箱部门今年赢利，那么彩电部门就不会赢利。

电脑部门经理：如果手机部门今年没赢利，那么电脑部门也没赢利。

手机部门经理：今年冰箱和彩电部门都会赢利。

全年数据统计完成后，发现上述四个预测只有一个符合事实。

关于该公司各部门的全年赢利情况，以下除哪项外，均可能为真？

(A) 彩电部门赢利，冰箱部门没赢利。

(B) 冰箱部门赢利，电脑部门没赢利。

(C) 电脑部门赢利，彩电部门没赢利。

(D) 冰箱部门和彩电部门都没赢利。

(E) 冰箱部门和电脑部门都赢利。

【解析】题干有以下判断：

①冰箱部门经理：手机部门赢利。

②彩电部门经理：冰箱部门赢利→¬彩电部门赢利，等价于：¬冰箱部门赢利∨¬彩电部门赢利。

③电脑部门经理：¬手机部门赢利→¬电脑部门赢利。

④手机部门经理：冰箱部门赢利∧彩电部门赢利。

判断②和④是矛盾的，必有一真一假，题干说四个判断只有一个为真，故判断①和③必为假。

由判断①为假，可知：手机部门没有赢利。

由判断③为假，可知：手机部门没有赢利∧电脑部门赢利。

所以，电脑部门没有赢利必然为假，即（B）项必然为假，其余各项均可能为真。

【答案】（B）

2. （2010年在职MBA联考真题）小张、小王、小李、小赵四人进入乒乓球半决赛。甲、乙、丙、丁四位教练对半决赛结果有如下预测：

甲：小张未进决赛，除非小李进决赛。

乙：小张进决赛，小李未进决赛。

丙：如果小王进决赛，则小赵未进决赛。

丁：小王和小李都未进决赛。

如果四位教练的预测只有一个不对，则以下哪项一定为真？

（A）甲的预测错，小张进决赛。　　　　（B）乙的预测对，小李未进决赛。

（C）丙的预测对，小王未进决赛。　　　　（D）丁的预测错，小王进决赛。

（E）甲和乙的预测都对，小李未进决赛。

【解析】将题干信息符号化：

甲：¬小李进决赛→¬小张进决赛，等价于：小李进决赛∨¬小张进决赛。

乙：小张进决赛∧¬小李进决赛。

丙：小王进决赛→¬小赵进决赛，等价于：¬小王进决赛∨¬小赵进决赛。

丁：¬小王进决赛∧¬小李进决赛。

找矛盾：甲、乙两人的预测矛盾，二者必有一真一假。

再根据题干信息"四位教练的预测只有一个不对"，可知丙和丁的预测均为真。

故小王和小李都未进决赛，所以，（C）项一定为真。

【答案】（C）

变化2　题干中无矛盾

解题思路

如果题干中无矛盾，常用解题方法如下。

（1）找"至少一真"或"至少一假"。

有的题目中没有矛盾关系，则可根据以下知识解题：

①A与A→B（等价于¬A∨B），至少一真。

②A与¬A∧B，至少一假。

（2）假设法。

假设其中一个命题为真，看是否推出与题干矛盾的结论，如果能推出矛盾，则说明此命题为假。

（3）选项排除法。

典型真题

3.（2011年管理类联考真题）近日，某集团高层领导研究了发展方向问题。

王总经理认为：既要发展纳米技术，也要发展生物医药技术。

赵副总经理认为：只有发展智能技术，才能发展生物医药技术。

李副总经理认为：如果发展纳米技术和生物医药技术，那么也要发展智能技术。

最后经过董事会研究，只有其中一位的意见被采纳。

根据以上陈述，以下哪项符合董事会的研究决定？

(A) 发展纳米技术和智能技术，但是不发展生物医药技术。

(B) 发展生物医药技术和纳米技术，但是不发展智能技术。

(C) 发展智能技术和生物医药技术，但是不发展纳米技术。

(D) 发展智能技术，但是不发展纳米技术和生物医药技术。

(E) 发展生物医药技术、智能技术和纳米技术。

【解析】题干有以下论断（只有一句为真）：

王总经理：纳米 ∧ 生物医药。

赵副总经理：智能 ← 生物医药，等价于：¬生物医药 ∨ 智能。

李副总经理：纳米 ∧ 生物医药 → 智能，等价于：¬纳米 ∨ ¬生物医药 ∨ 智能。

如果赵副总经理为真，则李副总经理必为真，与题干"只有一位的意见被采纳"矛盾，所以赵副总经理必为假。故发展生物医药技术并且不发展智能技术。

假设发展纳米技术，则王总经理为真，李副总经理为假；

假设不发展纳米技术，则王总经理为假，李副总经理为真。

故王总经理和李副总经理无法判断真假，且纳米技术可能发展，可能不发展。

综上，(B) 项正确。

【答案】(B)

4.（2012年管理类联考真题）临江市地处东部沿海，下辖临东、临西、江南、江北四个区。近年来，文化旅游产业成为该市新的经济增长点。2010年，该市一共吸引了全国数十万人次游客前来参观旅游。12月底，关于该市四个区当年吸引游客人次多少的排名，各位旅游局局长作了如下预测：

临东区旅游局局长：如果临西区第三，那么江北区第四。

临西区旅游局局长：只有临西区不是第一，江南区才是第二。

江南区旅游局局长：江南区不是第二。

江北区旅游局局长：江北区第四。

最终的统计表明，只有一位局长的预测符合事实，则临东区当年吸引游客人次的排名是：

(A) 第一。　　　　　　　　(B) 第二。

(C) 第三。　　　　　　　　(D) 第四。

(E) 在江北区之前。

【解析】题干有以下判断：

①临东区旅游局局长：临西区第三 → 江北区第四，等价于：¬临西区第三 ∨ 江北区第四。

②临西区旅游局局长：江南区第二→¬临西区第一，等价于：¬江南区第二∨¬临西区第一。

③江南区旅游局局长：¬江南区第二。

④江北区旅游局局长：江北区第四。

做假设，找矛盾：

假设③为真，则②也为真，与"题干中只有一个断定为真"矛盾，故③为假，得：⑤江南区第二。

同理，如果④为真，则①也为真，故④为假，得：⑥江北区不是第四。

综上，可知要么①为真，要么②为真。

再次做假设：

假设①为真，则②为假，即江南区第二并且临西区第一；再由⑥可知，江北区第三，故临东区第四。

假设②为真，则①为假，即临西区第三并且江北区不是第四；故江北区第一、江南区第二、临西区第三、临东区第四。

所以，无论①和②哪个为真，都可推出临东区第四。故（D）项正确。

【答案】（D）

5. **（2013年管理类联考真题）** 某金库发生了失窃案，公安机关侦查确定，这是一起典型的内盗案，可以断定金库管理员甲、乙、丙、丁中至少有一人是作案者。办案人员对四人进行了询问，四人的回答如下：

甲："如果乙不是窃贼，我也不是窃贼。"

乙："我不是窃贼，丙是窃贼。"

丙："甲或者乙是窃贼。"

丁："乙或者丙是窃贼。"

后来事实表明，他们四人中只有一人说了真话。

根据以上陈述，以下哪项一定为假？

(A) 丙说的是假话。　　　　　　(B) 丙不是窃贼。

(C) 乙不是窃贼。　　　　　　　(D) 丁说的是真话。

(E) 甲说的是真话。

【解析】 题干有以下判断：

甲：¬乙→¬甲＝乙∨¬甲。

乙：¬乙∧丙。

丙：甲∨乙。

丁：乙∨丙。

甲要么是窃贼，要么不是窃贼，必有一真，故甲、丙说的话必有一真。

由题干"四个人中只有一人说了真话"可知，乙、丁说的话为假。

（D）项，"丁说的是真话"为假。

【答案】（D）

6. (2016年管理类联考真题) 在某项目招标过程中,赵嘉、钱宜、孙斌、李汀、周武、吴纪6人作为各自公司代表参与投标,有且只有一人中标。关于究竟谁是中标者,招标小组中有3位成员各自谈了自己的看法:

(1) 中标者不是赵嘉就是钱宜。

(2) 中标者不是孙斌。

(3) 周武和吴纪都没有中标。

经过深入调查,发现上述3人中只有一人的看法是正确的。

根据以上信息,以下哪项中的3人都可以确定没有中标?

(A) 赵嘉、孙斌、李汀。 (B) 赵嘉、钱宜、李汀。
(C) 孙斌、周武、吴纪。 (D) 赵嘉、周武、吴纪。
(E) 钱宜、孙斌、周武。

【解析】将题干信息符号化:

①赵嘉∨钱宜。

②¬孙斌。

③¬周武∧¬吴纪。

如果题干信息①为真,则题干信息②、③也为真,与题干"3人中只有一人的看法是正确的"矛盾,故题干信息①为假,即¬赵嘉∧¬钱宜。

如果李汀中标,则题干信息②、③也为真,因此李汀没有中标,即赵嘉、钱宜、李汀都没有中标。

【答案】(B)

7. (2019年管理类联考真题) 某大学有位女教师默默资助一偏远山区的贫困家庭长达15年。记者多方打听,发现做好事者是该大学传媒学院甲、乙、丙、丁、戊5位教师中的一位。在接受记者采访时,5位教师都很谦虚,他们是这么对记者说的:

甲:"这件事是乙做的。"

乙:"我没有做,是丙做了这件事。"

丙:"我并没有做这件事。"

丁:"我也没有做这件事,是甲做的。"

戊:"如果甲没有做,则丁也不会做。"

记者后来得知,上述5位教师中只有一人说的话符合真实情况。

根据以上信息,可以得出做这件好事的人是:

(A) 甲。   (B) 乙。   (C) 丙。
(D) 丁。   (E) 戊。

【解析】题干有以下信息:

(1) 乙。

(2) ¬乙∧丙。

(3) ¬丙。

(4) ¬丁∧甲。

(5) ¬甲→¬丁,等价于:甲∨¬丁。

假设丙资助,则题干信息(2)和(5)均正确,与题干"5位教师中只有一人说的话符合真实情况"矛盾,所以丙没有资助,即¬丙。

因此，题干信息（3）为真，其余判断均为假。

由题干信息（5）为假，可知：¬甲∧丁，故做好事的人是丁。

【答案】(D)

8.（2012年在职MBA联考真题）有五支球队参加比赛，对于比赛结果，观众有如下议论：

（1）冠军队不是山南队，就是江北队。

（2）冠军队既不是山北队，也不是江南队。

（3）冠军队只能是江南队。

（4）冠军队不是山南队。

比赛结果显示，只有一条议论是正确的。那么获得冠军的队是：

(A) 山南队。　　(B) 江南队。　　(C) 山北队。

(D) 江北队。　　(E) 江东队。

【解析】题干中有以下判断：

①¬山南队→江北队，等价于：山南队∨江北队。

②¬山北队∧¬江南队。

③江南队。

④¬山南队。

山南队要么是冠军要么不是冠军，可知①、④一定有一真。

根据题干"只有一条议论是正确的"，可知②、③均为假。

由②为假可知：山北队∨江南队，等价于：¬江南队→山北队。

由③为假可知：¬江南队。

故山北队是冠军队，即（C）项正确。

【答案】(C)

9.（2014年在职MBA联考真题）经过多轮淘汰赛后，甲、乙、丙、丁四名选手争夺最后的排名，排名不设并列名次。分析家预测：

Ⅰ. 第一名或者是甲，或者是乙。

Ⅱ. 如果丙不是第一名，丁也不是第一名。

Ⅲ. 甲不是第一名。

如果分析家的预测中只有一句是对的，则第一名是：

(A) 丙。　　(B) 乙。　　(C) 推不出。

(D) 丁。　　(E) 甲。

【解析】将题干信息符号化：

①甲∨乙。

②¬丙→¬丁。

③¬甲。

如果甲是第一名，则题干信息①为真；如果甲不是第一名，则题干信息③为真。故题干信息①和③至少一真。

又由题干"分析家的预测中只有一句是对的"，可知题干信息②为假。

由题干信息②为假得：¬(¬丙→¬丁)＝¬丙∧丁，故丁为第一名，即（D）项正确。

【答案】(D)

第 2 章　简单命题及概念

题型 9　对当关系

命题概率

近 12 年真题命题数量 5 道，平均每年 0.42 道。

母题变化

解题思路

1. 性质命题的对当关系图（如图 2-1 所示）

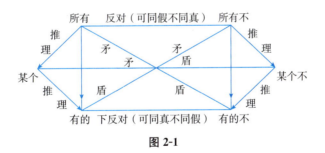

图 2-1

2. 模态命题的对当关系图（如图 2-2 所示）

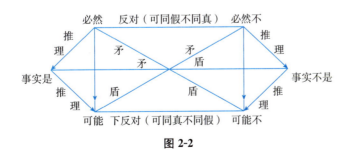

图 2-2

3. 四种关系

（1）矛盾关系（一真一假）

"A" 与 "¬A"

"所有"与"有的不"
"所有不"与"有的"
"必然"与"可能不"
"必然不"与"可能"

（2）反对关系（至少一假）

两个所有，至少一假；两个必然，至少一假。

（3）下反对关系（至少一真）

两个有的，至少一真；两个可能，至少一真。

（4）推理关系

所有→某个→有的
所有不→某个不→有的不
必然→事实→可能
必然不→事实不→可能不

典型真题

1. （2011年管理类联考真题）只有公司相应部门的所有员工都考评合格了，该部门的员工才能得到年终奖金；财务部有些员工考评合格了；综合部所有员工都得到了年终奖金；行政部的赵强考评合格了。

如果以上陈述为真，则以下哪项可能为真？

Ⅰ. 财务部员工都考评合格了。

Ⅱ. 赵强得到了年终奖金。

Ⅲ. 综合部有些员工没有考评合格。

Ⅳ. 财务部员工没有得到年终奖金。

(A) 仅Ⅰ和Ⅱ。　　　　　　　　　(B) 仅Ⅱ和Ⅲ。

(C) 仅Ⅰ、Ⅱ和Ⅳ。　　　　　　　(D) 仅Ⅰ、Ⅱ和Ⅲ。

(E) 仅Ⅱ、Ⅲ和Ⅳ。

【解析】题干存在以下论断：

①该部门所有员工都得到年终奖金→该部门所有员工都考评合格。

②财务部有的员工考评合格。

③综合部所有员工都得到了年终奖金。

④行政部的赵强考评合格。

Ⅰ项，可能为真。根据断定②，财务部有的员工考评合格了，可能是财务部所有员工考评合格。

Ⅱ项，可能为真。根据断定①和④，赵强是否得到年终奖金是不确定的，故可能为真。

Ⅲ项，不可能为真。根据断定①和③，可知综合部所有员工都考评合格了。

Ⅳ项，可能为真。根据断定①和②，财务部是否得到年终奖金是不确定的，故可能为真。

【答案】(C)

2. （2013年管理类联考真题）根据某位国际问题专家的调查统计可知：有的国家希望与某些国家结盟，有三个以上的国家不希望与某些国家结盟；至少有两个国家希望与每个国家建交，有的国家不希望与任一国家结盟。

根据上述统计可以得出以下哪项？
（A）每个国家都有一些国家希望与之建交。
（B）每个国家都有一些国家希望与之结盟。
（C）有些国家之间希望建交，但是不希望结盟。
（D）至少有一个国家，既有国家希望与之结盟，也有国家不希望与之结盟。
（E）至少有一个国家，既有国家希望与之建交，也有国家不希望与之建交。

【解析】由"至少有两个国家希望与每个国家建交"可知，每个国家都有一些国家希望与之建交，故（A）项正确。

【答案】（A）

3. （2017年管理类联考真题）爱书成痴注定会藏书。大多数藏书家也会读一些自己收藏的书；但有些藏书家却因喜爱书的价值和精致装帧而购书收藏，至于阅读则放到了自己以后闲暇的时间，而一旦他们这样想，这些新购的书就很可能不被阅读了。但是，这些受到"冷遇"的书只要被友人借去一本，藏书家就会失魂落魄，整日心神不安。

根据上述信息，可以得出以下哪项？
（A）有些藏书家将自己的藏书当作友人。
（B）有些藏书家喜欢闲暇时读自己的藏书。
（C）有些藏书家会读遍自己收藏的书。
（D）有些藏书家不会立即读自己新购的书。
（E）有些藏书家从不读自己收藏的书。

【解析】题干：
①大多数藏书家也会读一些自己收藏的书。
②有些藏书家将阅读放到了自己以后闲暇的时间。
③有些藏书家新购的书就很可能不被阅读了。
④受到"冷遇"的书只要被友人借去一本，藏书家就会失魂落魄，整日心神不安。
（A）项，无关选项，题干没有涉及此项。
（B）项，由③可知，有的藏书家新购的书在闲暇时可能不被阅读，"有的不"为真无法断定"有的"的真假。
（C）项，由①可知，"有的藏书家也会'读一些'自己收藏的书"，由此无法确定"有的藏书家会'读遍'自己收藏的书"的真假。
（D）项，由②可知，此项为真。
（E）项，由①可知，"有的"为真，无法得知"有的不"的真假。

【答案】（D）

4. （2018年管理类联考真题）盛夏时节的某一天，某市早报刊载了由该市专业气象台提供的全国部分城市当天的天气预报，择其内容如表2-1所示：

表 2-1

天津	阴	上海	雷阵雨	昆明	小雨
呼和浩特	阵雨	哈尔滨	少云	乌鲁木齐	晴
西安	中雨	南昌	大雨	香港	多云
南京	雷阵雨	拉萨	阵雨	福州	阴

根据上述信息,以下哪项作出的论断最为准确?

(A) 由于所列城市盛夏天气变化频繁,所以上面所列的9类天气一定就是所有的天气类型。

(B) 由于所列城市并非我国的所有城市,所以上面所列的9类天气一定不是所有的天气类型。

(C) 由于所列城市在同一天不一定展示所有的天气类型,所以上面所列的9类天气可能不是所有的天气类型。

(D) 由于所列城市在同一天可能展示所有的天气类型,所以上面所列的9类天气一定是所有的天气类型。

(E) 由于所列城市分处我国的东南西北中,所以上面所列的9类天气一定就是所有的天气类型。

【解析】题干仅仅给出了"部分"城市一天的天气,因此,不能判断"所有"天气类型。故(C)项正确。

【答案】(C)

5. (2014年在职MBA联考真题) 社区组织的活动有两种类型:养生型和休闲型。组织者对所有参加者的统计发现:社区老人有的参加了所有养生型的活动,有的参加了所有休闲型的活动。

根据这个统计,以下哪项一定为真?

(A) 社区组织的有些活动没有社区老人参加。

(B) 有些社区老人没有参加社区组织的任何活动。

(C) 社区组织的任何活动都有社区老人参加。

(D) 社区的中年人也参加了社区组织的活动。

(E) 有些社区老人参加了社区组织的所有活动。

【解析】题干有以下信息:

①社区组织的活动有两种类型:养生型和休闲型。

②社区有的老人参加了所有养生型的活动。

③社区有的老人参加了所有休闲型的活动。

可见,所有养生型的活动和所有休闲型的活动都有老人参加,即所有的社区活动都有老人参加,故(C)项正确。

【答案】(C)

题型 10　替换法解简单命题的负命题

命题概率

近12年真题命题数量8道，平均每年0.67道。

母题变化

变化1　替换法解简单命题的负命题

解题思路

求简单命题的负命题的等价命题，使用关键词替换法即可迅速求解。具体口诀如下：

"不" ＋ "原命题"，等价于，去掉原命题前面的"不"，再将"原命题"进行如下变化：

肯定变否定，否定变肯定；
并且变或者，或者变并且；
所有变有的，有的变所有；
必然变可能，可能变必然。

典型真题

1. （2009年管理类联考真题）对本届奥运会所有奖牌获得者进行了尿样化验，没有发现兴奋剂使用者。

如果以上陈述为假，则以下哪项一定为真？

Ⅰ．或者有的奖牌获得者没有化验尿样，或者在奖牌获得者中发现了兴奋剂使用者。

Ⅱ．虽然有的奖牌获得者没有化验尿样，但还是发现了兴奋剂使用者。

Ⅲ．如果对所有的奖牌获得者进行了尿样化验，则一定发现了兴奋剂使用者。

(A) 仅Ⅰ。　　　　　　　　　　(B) 仅Ⅱ。
(C) 仅Ⅲ。　　　　　　　　　　(D) 仅Ⅰ和Ⅲ。
(E) 仅Ⅰ和Ⅱ。

【解析】题干：①并非（对所有奖牌获得者进行了尿样化验∧没有发现兴奋剂使用者）。

①等价于：②没有对所有的奖牌获得者进行尿样化验∨发现了兴奋剂使用者。

②等价于：有的奖牌获得者没有进行尿样化验∨发现了兴奋剂使用者，故Ⅰ项必为真。

Ⅱ项的含义为：有的奖牌获得者没有进行尿样化验∧发现了兴奋剂使用者，"或者"不能推出"并且"，所以，Ⅱ项可真可假。

②又等价于：③对所有的奖牌获得者进行尿样化验→发现了兴奋剂使用者，故Ⅲ项必为真。

【答案】(D)

2. （2012年管理类联考真题）近期国际金融危机对毕业生的就业影响非常大，某高校就业中心的陈老师希望广大考生能够调整自己的心态和预期。他在一次就业指导会上提到，有些同学对自己的职业定位还不够准确。

如果陈老师的陈述为真，则以下哪项不一定为真？

Ⅰ．不是所有人对自己的职业定位都准确。
Ⅱ．不是所有人对自己的职业定位都不够准确。
Ⅲ．有些人对自己的职业定位准确。
Ⅳ．所有人对自己的职业定位都不够准确。

(A) 仅Ⅱ和Ⅳ。
(B) 仅Ⅲ和Ⅳ。
(C) 仅Ⅱ和Ⅲ。
(D) 仅Ⅰ、Ⅱ和Ⅲ。
(E) 仅Ⅱ、Ⅲ和Ⅳ。

【解析】陈老师：有的同学对自己的职业定位不够准确。

Ⅰ项，不是所有人对自己的职业定位都准确，等价于：有的同学对自己的职业定位不够准确，为真。

Ⅱ项，不是所有人对自己的职业定位都不够准确，等价于：有的同学对自己的职业定位准确，与Ⅲ项相同；再根据口诀"两个有的，必有一真；一假另必真，一真另不定"，题干为真，故Ⅱ项、Ⅲ项可真可假。

Ⅳ项，"有的"不能推"所有"，可真可假。

故（E）项正确。

【答案】(E)

3. （2013年管理类联考真题）某公司人力资源管理部人士指出：由于本公司招聘职位有限，在本次招聘考试中不可能所有的应聘者都被录用。

基于以下哪项可以得出该人士的上述结论？

(A) 在本次招聘考试中必然有应聘者被录用。
(B) 在本次招聘考试中可能有应聘者被录用。
(C) 在本次招聘考试中可能有应聘者不被录用。
(D) 在本次招聘考试中必然有应聘者不被录用。
(E) 在本次招聘考试中可能有应聘者被录用，可能有应聘者不被录用。

【解析】

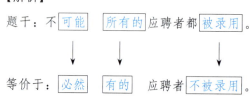

故（D）项正确。

【答案】(D)

4. （2018年管理类联考真题）唐代韩愈在《师说》中指出："孔子曰：三人行，则必有我师。是故弟子不必不如师，师不必贤于弟子，闻道有先后，术业有专攻，如是而已。"

根据上述韩愈的观点，可以得出以下哪项？

（A）有的弟子必然不如师。　　（B）有的弟子可能不如师。

（C）有的师不可能贤于弟子。　　（D）有的弟子可能不贤于师。

（E）有的师可能不贤于弟子。

【解析】韩愈：

弟子不必不如师＝弟子不一定不如师＝弟子可能如师；

师不必贤于弟子＝师不一定贤于弟子＝师可能不贤于弟子。

故（E）项，有的师可能不贤于弟子，正确。

【答案】（E）

5. （2009年在职MBA联考真题）所有的错误决策都不可能不付出代价，但有的错误决策可能不造成严重后果。

如果上述断定为真，则以下哪项一定为真？

（A）有的正确决策也可能付出代价，但所有的正确决策都不可能造成严重后果。

（B）有的错误决策必然要付出代价，但所有的错误决策都不一定造成严重后果。

（C）所有的正确决策都不一定付出代价，但有的正确决策也可能造成严重后果。

（D）有的错误决策必然要付出代价，但所有的错误决策都可能不造成严重后果。

（E）所有的错误决策都必然要付出代价，但有的错误决策不一定造成严重后果。

【解析】

【答案】（E）

变化2　简单命题的负命题的其他应用

解题思路

利用简单命题的负命题（矛盾命题）进行推理即可。

典型真题

6. （2012年管理类联考真题）近期流感肆虐，一般流感患者可采用抗病毒药物治疗。虽然并不是所有流感患者均需接受达菲等抗病毒药物的治疗，但不少医生仍强烈建议老人、儿童等易出现严重症状的患者用药。

如果以上陈述为真，则以下哪项不可能为真？

Ⅰ．有些流感患者需接受达菲等抗病毒药物的治疗。

Ⅱ．并非有的流感患者不需接受抗病毒药物的治疗。

Ⅲ．老人、儿童等易出现严重症状的患者不需要用药。

（A）仅Ⅰ。　　　　　　　　　　（B）仅Ⅱ。
（C）仅Ⅲ。　　　　　　　　　　（D）仅Ⅱ和Ⅲ。
（E）Ⅰ、Ⅱ和Ⅲ。

【解析】题干：不是所有流感患者均需接受达菲等抗病毒药物的治疗。

等价于：有的流感患者不需接受达菲等抗病毒药物的治疗。

Ⅰ项，"有的"和"有的不"是下反对关系，一真另不定，故可真可假。

Ⅱ项，等价于：所有流感患者均需接受抗病毒药物的治疗，与题干矛盾，不可能为真。

Ⅲ项，由题干知：不少医生"强烈建议"老人、儿童等易出现严重症状的患者用药，但这种"强烈建议"未必正确，因此，"老人、儿童等易出现严重症状的患者不需要用药"有可能为真。

【答案】(B)

7. (2014年管理类联考真题) 学者张某说："问题本身并不神秘，因与果不仅是哲学家的事。每个凡夫俗子一生之中都将面临许多问题，但分析问题的方法与技巧却很少有人掌握，无怪乎华尔街的分析大师们趾高气扬、身价百倍。"

以下哪项如果为真，最能反驳张某的观点？

（A）有些凡夫俗子可能不需要掌握分析问题的方法与技巧。
（B）有些凡夫俗子一生之中将要面临的问题并不多。
（C）凡夫俗子之中很少有人掌握分析问题的方法与技巧。
（D）掌握分析问题的方法与技巧对多数人来说很重要。
（E）华尔街的分析大师们大都掌握分析问题的方法与技巧。

【解析】张某：

①每个凡夫俗子一生之中都将面临许多问题。

②分析问题的方法与技巧却很少有人掌握。

③华尔街的分析大师们趾高气扬、身价百倍。

（B）项，"有些凡夫俗子一生之中将要面临的问题并不多"与①矛盾，故若（B）项为真，则张某的话必为假。

【答案】(B)

8. (2014年管理类联考真题) 孙先生的所有朋友都声称，他们知道某人每天抽烟至少两盒，而且持续了40年，但身体一直不错，不过可以确信的是，孙先生并不知道有这样的人，在他的朋友中也有像孙先生这样不知情的。

根据以上信息，最可能得出以下哪项？

（A）抽烟的多少和身体健康与否无直接关系。
（B）朋友之间的交流可能会夸张，但没有人想故意说谎。
（C）孙先生的每位朋友知道的烟民一定不是同一个人。
（D）孙先生的朋友中有人没有说真话。
（E）孙先生的大多数朋友没有说真话。

【解析】题干中"孙先生的所有朋友都声称，他们知道某人每天抽烟至少两盒"与"在他的朋友中也有不知情的"，这两个判断矛盾，说明他的朋友中有人说谎，故（D）项正确。

【答案】（D）

题型 11　隐含三段论

命题概率

近 12 年真题命题数量 5 道，平均每年 0.42 道。

母题变化

◆ 变化 1　隐含三段论

解题思路

　　隐含三段论是一种常见题型，常用假设题的形式出现。它是在使用串联规则时，少了某个前提条件，要求我们补充这个前提条件。

　　隐含三段论常见以下命题形式：

　　（1）A→B，因此，A→C。要求补充一个条件，使上述结论成立。

　　显然需要补充：B→C，串联得：A→B→C。

　　（2）有的 A→B，因此，有的 A→C。要求补充一个条件，使上述结论成立。

　　显然需要补充：B→C，串联得：有的 A→B→C。

　　（3）有的 A→B，因此，有的 B→C。要求补充一个条件，使上述结论成立。

　　由"有的 A→B"="有的 B→A"；需要补充：A→C，串联得：有的 B→A→C。

典型真题

1. （2012 年管理类联考真题）有些通信网络的维护涉及个人信息安全，因而，不是所有通信网络的维护都可以外包。

以下哪项可以使上述论证成立？

(A) 所有涉及个人信息安全的都不可以外包。
(B) 有些涉及个人信息安全的不可以外包。
(C) 有些涉及个人信息安全的可以外包。
(D) 所有涉及国家信息安全的都不可以外包。
(E) 有些通信网络的维护涉及国家信息安全。

【解析】题干中的前提：有的通信网络维护→涉及个人信息安全。

题干中的结论等价于：有的通信网络维护→不可以外包。

所以，需要补充条件：涉及个人信息安全→不可以外包，即可得到：有的通信网络维护→涉及个人信息安全→不可以外包。

故（A）项正确。

【答案】（A）

2. **（2014年在职MBA联考真题）** 有些高校教师具有海外博士学位，所以，有些海外博士具有很高的水平。

以下哪项能够保证上述论断的准确？

（A）所有高校教师都具有很高的水平。
（B）并非所有的高校教师都有很高的水平。
（C）有些高校教师具有很高的水平。
（D）所有水平高的教师都具有海外博士学位。
（E）有些高校教师没有海外博士学位。

【解析】 题干中的前提：有些高校教师具有海外博士学位，等价于：有的海外博士是高校教师。

补充一个条件：所有高校教师都具有很高的水平［即（A）项］。

与题干中的前提进行串联，可得：有的海外博士→高校教师→很高水平，即可得到题干中的结论：有些海外博士具有很高的水平。

【答案】（A）

变化2　隐含三段论＋负命题

解题思路

利用三段论的知识和简单命题的负命题口诀即可求解。

典型真题

3. **（2015年管理类联考真题）** 有些阔叶树是常绿植物，因此，所有阔叶树都不生长在寒带地区。

以下哪项如果为真，最能反驳上述结论？

（A）常绿植物不都是阔叶树。
（B）寒带的某些地区不生长阔叶树。
（C）有些阔叶树不生长在寒带地区。
（D）常绿植物都不生长在寒带地区。
（E）常绿植物都生长在寒带地区。

【解析】 题干中的结论：所有阔叶树都不生长在寒带地区。

只需要证明：有的阔叶树生长在寒带地区，即可反驳题干的结论。

题干中的前提：有的阔叶树→常绿植物；补充（E）项：常绿植物→寒带地区。

故有：有的阔叶树→常绿植物→寒带地区，故（E）项正确。

【答案】（E）

4. （2011年在职MBA联考真题）有些低碳经济是绿色经济，因此，低碳经济都是高技术经济。

以下哪项如果为真，最能反驳上述论证？

(A) 绿色经济都不是高技术经济。　　(B) 绿色经济有些是高技术经济。
(C) 有些低碳经济不是绿色经济。　　(D) 有些绿色经济不是低碳经济。
(E) 低碳经济就是绿色经济。

【解析】题干中的前提：①有的低碳经济→绿色经济。

题干中的结论：低碳经济是高技术经济。

此结论的矛盾命题为：有的低碳经济不是高技术经济，即：②有的低碳经济→┐高技术经济。

若（A）项成立，则有：③绿色经济→┐高技术经济。

①、③串联可得：有的低碳经济→绿色经济→┐高技术经济，故可得到题干结论的矛盾命题（即②）。故（A）项最能反驳题干中的论证。

【答案】（A）

变化3　隐含三段论＋串联

> **解题思路**
> 先串联，再使用隐含三段论。

典型真题

5. （2019年管理类联考真题）得道者多助，失道者寡助。寡助之至，亲戚畔之。多助之至，天下顺之。以天下之所顺，攻亲戚之所畔，故君子有不战，战必胜矣。

以下哪项是上述论证所蕴含的前提？

(A) 得道者多，则天下太平。　　(B) 君子是得道者。
(C) 得道者必胜失道者。　　(D) 失道者必定得不到帮助。
(E) 失道者亲戚畔之。

【解析】题干中的论据：

(1) 得道者→多助→天下顺之。
(2) 失道者→寡助→亲戚畔之。
(3) 以天下之所顺，攻亲戚之所畔→必胜。

即：得道者→多助→天下顺之→必胜。

题干中的结论：君子战必胜。

故需补充：君子→得道者，即（B）项正确。

【答案】（B）

题型 12　简单命题的真假话问题

命题概率

近 12 年真题命题数量 6 道，平均每年 0.5 道。

母题变化

变化 1　题干中有矛盾的真假话问题

解题思路

简单命题的真假话问题的命题方法为：给出几个人说的几句话，然后告知这些话里有几个为真、几个为假，由此判断选项的真假。

如果题干中有矛盾，解题步骤如下：

第一步：找矛盾。
①A 与 ¬A。
②"所有"与"有的不"。
③"所有不"与"有的"。
④"必然"与"可能不"。
⑤"必然不"与"可能"。

第二步：通过矛盾关系必有一真一假，确定其他断定的真假情况。
第三步：通过其他断定的真假情况，进行求解。

典型真题

1. （2010 年管理类联考真题）小东在玩"勇士大战"游戏，进入第二关时，界面出现四个选项。第一个选项是"选择任意选项都需要支付游戏币"，第二个选项是"选择本项后可以得到额外游戏奖励"，第三个选项是"选择本项后游戏不会进行下去"，第四个选项是"选择某个选项不需要支付游戏币"。

如果四个选项中的陈述只有一句为真，则以下哪项一定为真？
（A）选择任意选项都需要支付游戏币。
（B）选择任意选项都不需要支付游戏币。
（C）选择任意选项都不能得到额外游戏奖励。
（D）选择第二个选项后可以得到额外游戏奖励。
（E）选择第三个选项后游戏能继续进行下去。

【解析】找矛盾：第一个选项和第四个选项的陈述矛盾，必有一真一假。
推真假：已知四个选项中的陈述只有一句为真，故第二个选项和第三个选项的陈述均为假。

判断真实情况：由第二个选项的陈述为假，可知选择第二个选项后不能得到额外的游戏奖励；由第三个选项的陈述为假，可知选择第三个选项后游戏能进行下去。

故（E）项正确。

【答案】（E）

2. (2016年管理类联考真题) 郝大爷过马路时不幸摔倒昏迷，所幸有小伙子及时将他送往医院救治。郝大爷病情稳定后，有4位陌生的小伙子陈安、李康、张幸、汪福来医院看望他。郝大爷问他们究竟是谁送他来医院的，他们的回答如下：

陈安：我们4人都没有送您来医院。

李康：我们4人中有人送您来医院。

张幸：李康和汪福至少有一人没有送您来医院。

汪福：送您来医院的人不是我。

后来证实上述4人中有两人说真话，有两人说假话。

根据上述信息，可以得出以下哪项？

(A) 说真话的是李康和张幸。　　(B) 说真话的是陈安和张幸。
(C) 说真话的是李康和汪福。　　(D) 说真话的是张幸和汪福。
(E) 说真话的是陈安和汪福。

【解析】题干有如下信息：

陈安：4人都没有送您来医院。

李康：4人中有人送您来医院。

张幸：¬李康 ∨ ¬汪福。

汪福：¬汪福。

陈安和李康的话互为矛盾关系，必有一真一假。汪福的话如果为真，则张幸的话也为真，与题干"4人中有两人说真话，有两人说假话"矛盾，因此汪福的话为假，张幸的话为真。

由汪福的话为假可得：送郝大爷来医院的是汪福。再根据"某个→有的"，可知李康的话为真。

因此，说真话的是张幸和李康。

【答案】（A）

变化2　题干中无矛盾的真假话问题

> **解题思路**
>
> 如果题干中找不到矛盾，解题思路如下：
> ①找反对关系（至少一假）
> 　　"所有"与"所有不"；"必然"与"必然不"。
> ②找下反对关系（至少一真）
> 　　"有的"与"有的不"；"可能"与"可能不"。

③找推理关系（上真下必真）

所有→某个→有的

所有不→某个不→有的不

必然→事实→可能

必然不→事实不→可能不

典型真题

3.（2009年管理类联考真题）甲、乙、丙和丁四人进入某围棋邀请赛半决赛，最后要决出一名冠军。张、王和李三人对结果作了如下预测：

张：冠军不是丙。

王：冠军是乙。

李：冠军是甲。

已知张、王、李三人中恰有一人的预测正确，则以下哪项为真？

(A) 冠军是甲。　　　　　　(B) 冠军是乙。

(C) 冠军是丙。　　　　　　(D) 冠军是丁。

(E) 无法确定冠军是谁。

【解析】假设王的预测正确，即冠军是乙，则张的预测也正确，这与题干"张、王、李三人中恰有一人的预测正确"相矛盾。因此，王的预测错误，即冠军不是乙。

同理，假设李的预测正确，即冠军是甲，则张的预测也正确，这与题干"张、王、李三人中恰有一人的预测正确"相矛盾。因此，李的预测错误，即冠军不是甲。

所以，张的预测正确，即冠军不是丙，从而可知冠军是丁。

【答案】(D)

4.（2009年管理类联考真题）关于甲班体育达标测试，三位老师有如下预测：

张老师说："不会所有人都不及格。"

李老师说："有人会不及格。"

王老师说："班长和学习委员都能及格。"

如果三位老师中只有一人的预测正确，则以下哪项一定为真？

(A) 班长和学习委员都没及格。

(B) 班长和学习委员都及格了。

(C) 班长及格，但学习委员没及格。

(D) 班长没及格，但学习委员及格了。

(E) 以上各项都不一定为真。

【解析】题干有以下信息：

张老师：不会所有人都不及格，等价于：有的人及格。

李老师：有人不及格。

王老师：班长及格∧学习委员及格。

张老师和李老师的预测为下反对关系，故必有一真。又已知三位老师中只有一人的预测正确，故王老师的预测错误，即¬（班长及格∧学习委员及格）=¬班长及格∨¬学习委员及格。所以，李老师的预测"有人不及格"为真，故张老师的预测为假。

由张老师的预测为假可得：并非有的人及格＝所有人都没有及格，故班长和学习委员都没有及格。

【答案】（A）

5. (2015年管理类联考真题) 某次讨论会共有18名参会者。已知：
(1) 至少有5名青年教师是女性。
(2) 至少有6名女教师已过中年。
(3) 至少有7名女青年是教师。
如果上述三句话两真一假，那么关于参会人员可以得出以下哪项？
(A) 青年教师至少有5名。　　(B) 男教师至多有10名。
(C) 女青年都是教师。　　　　(D) 女青年至少有7名。
(E) 青年教师都是女性。

【解析】已知三句话为两真一假，故（1）、(3) 至少有一句是真话。无论哪一句为真，青年女教师的人数都至少有5名，故青年教师至少有5名，即（A）项正确。

【答案】（A）

6. (2009年在职MBA联考真题) 一批人报考电影学院，其中：
(1) 有些考生通过了初试。
(2) 有些考生没有通过初试。
(3) 何梅与方宁没有通过初试。
如果上述三个断定中有一个为真，则以下哪项关于这批考生的断定一定为真？
(A) 何梅通过了初试，但方宁没有通过。
(B) 方宁通过了初试，但何梅没有通过。
(C) 所有考生都通过了初试。
(D) 所有考生都没有通过初试。
(E) 以上各选项都不一定为真。

【解析】找下反对关系：题干断定（1）和题干断定（2）为下反对关系，必有一真。

推真假：由题干"三个断定中有一个为真"，可知题干断定（3）为假。

判断真实情况：由题干断定（3）为假，可知何梅与方宁至少有一人通过了初试。故题干断定（1）为真，题干断定（2）为假。

由题干断定（2）为假，可得：并非（有的考生没有通过初试）＝所有的考生都通过了初试。

【答案】（C）

题型 13　定义题

命题概率

近12年真题命题数量5道，平均每年0.42道。

母题变化

解题思路

（1）定义。

定义是对概念的描述。它包含被定义项、联项和定义项。

为了使定义下得正确，必须遵守以下规则：

①定义项的外延和被定义项的外延必须完全相等。

②定义项中不得直接或间接地包含被定义项，否则就会犯"循环定义"的错误。

③定义不应包括含混的概念，不能用隐喻，这样的定义才是明确清晰的。

④定义不应当是否定的，特别是不能用否定形式给正概念下定义。

（2）定义题的解法。

一般将选项和题干中的定义要素一一对应即可。

典型真题

1.（2009年管理类联考真题）一个善的行为，必须既有好的动机，又有好的效果。如果是有意伤害他人，或是无意伤害他人，但这种伤害的可能性是可以预见的，在这两种情况下，对他人造成伤害的行为都是恶的行为。

以下哪项叙述符合题干的断定？

（A）P先生写了一封试图挑拨E先生与其女友之间关系的信。P的行为是恶的，尽管这封信起到了与他的动机截然相反的效果。

（B）为了在新任领导面前表现自己，争夺一个晋升名额，J先生利用业余时间解决积压的医疗索赔案件。J的行为是善的，因为S小姐的医疗索赔请求因此得到了及时的补偿。

（C）在上班途中，M女士把自己的早餐汉堡包给了街上的一个乞丐。乞丐由于急于吞咽而被意外地噎死了。所以，M女士无意中实施了一个恶的行为。

（D）大雪过后，T先生帮邻居铲除了门前的积雪，但不小心在台阶上留下了冰。他的邻居因此摔了一跤。因此，一个善的行为导致了一个坏的结果。

（E）S女士义务帮邻居照看3岁的小孩。小孩在S女士不注意时跑到马路上结果被车撞了。尽管S女士无意伤害这个小孩，但她的行为还是恶的。

【解析】题干断定：

①善的行为→好的动机∧好的效果。

②无论是否有意伤害他人，只要伤害的可能性是可以预见的，则对他人造成伤害的行为都是恶的行为，即伤害的可能性可以预见∧伤害了他人→恶的行为。

(A) 项，P 先生虽然有伤害他人的动机，但事实上并未造成伤害，根据题干断定②，不能推断其行为是恶的。

(B) 项，J 先生利用业余时间解决积压的医疗索赔案件，是为了在新任领导面前表现自己，争夺一个晋升名额，故 J 先生没有好的动机，根据题干断定①，可知 J 先生的行为不是一个善的行为。

(C) 项，M 女士的行为造成的伤害不可预见，根据题干断定②，不能推断其行为是恶的。

(D) 项，T 先生具有好的动机（即帮邻居铲除门前的积雪），但不具有好的效果（即他的邻居因此摔了一跤），故根据题干断定①，不能推断其行为是一个善的行为。

(E) 项，S 女士对小孩的伤害虽然是无意的，但这种伤害的可能性是可以预见的，根据题干断定②，可知她的行为是恶的。

综上，(E) 项符合题干的断定。

【答案】(E)

2. (2010 年管理类联考真题) 在某次思维训练课上，张老师提出"尚左数"这一概念的定义：在连续排列的一组数字中，如果一个数字左边的数字都比其大（或无数字），且其右边的数字都比其小（或无数字），则称这个数字为尚左数。

根据张老师的定义，在 8、9、7、6、4、5、3、2 这列数字中，以下哪项包含了该列数字中所有的尚左数？

(A) 4、5、7 和 9。 　　　　　(B) 2、3、6 和 7。
(C) 3、6、7 和 8。 　　　　　(D) 5、6、7 和 8。
(E) 2、3、6 和 8。

【解析】尚左数：一个数字左边的数字都比其大（或无数字）∧该数字右边的数字都比其小（或无数字）。

根据定义，显然 (B) 项正确。

【答案】(B)

3. (2013 年管理类联考真题) 根据学习在动机形成和发展中所起的作用，人的动机可分为原始动机和习得动机两种。原始动机是与生俱来的动机，它是以人的本能需要为基础的；习得动机是指后天获得的各种动机，即经过学习产生和发展起来的各种动机。

根据以上陈述，以下哪项最可能属于原始动机？

(A) 尊敬老人，孝敬父母。 　　　　(B) 尊师重教，崇文尚武。
(C) 不入虎穴，焉得虎子。 　　　　(D) 窈窕淑女，君子好逑。
(E) 宁可食无肉，不可居无竹。

【解析】原始动机是"与生俱来"的动机，只有 (D) 项是"与生俱来"的人的本能。故 (D) 项正确。

【答案】(D)

4. (2017 年管理类联考真题) "自我陶醉人格"，是以过分重视自己为主要特点的人格障碍。它有多种具体特征：过高估计自己的重要性，夸大自己的成就；对批评反应强烈，希望他人注意自己和羡慕自己；经常沉溺于幻想中，把自己看成是特殊的人；人际关系不稳定，嫉妒他人，损人利己。

以下各项自我陈述中，除了哪项均能体现上述"自我陶醉人格"的特征？

(A) 我是这个团队的灵魂,一旦我离开了这个团队,他们将一事无成。
(B) 他有什么资格批评我?大家看看,他的能力连我的一半都不到。
(C) 我的家庭条件不好,但不愿意被别人看不起,所以我借钱买了一部智能手机。
(D) 这么重要的活动竟然没有邀请我参加,组织者的人品肯定有问题,不值得跟这样的人交往。
(E) 我刚接手别人很多年没有做成的事情,我跟他们完全不在一个层次,相信很快就会将事情搞定。

【解析】题干:"自我陶醉人格"的特征:
①过高估计自己的重要性,夸大自己的成就。
②对批评反应强烈,希望他人注意自己和羡慕自己。
③经常沉溺于幻想中,把自己看成是特殊的人。
④人际关系不稳定,嫉妒他人,损人利己。
(A) 项,符合特征①。
(B) 项,符合特征②。
(C) 项,不符合"自我陶醉人格"的特征。
(D) 项,符合特征③、④。
(E) 项,符合特征③。
【答案】(C)

5. (2020年管理类联考真题) 某语言学爱好者欲基于无涵义语词、有涵义语词构造合法的语句。已知:
(1) 无涵义语词有 a、b、c、d、e、f,有涵义语词有 W、Z、X。
(2) 如果两个无涵义语词通过一个有涵义语词连接,则它们构成一个有涵义语词。
(3) 如果两个有涵义语词直接连接,则它们构成一个有涵义语词。
(4) 如果两个有涵义语词通过一个无涵义语词连接,则它们构成一个合法的语句。
根据上述信息,以下哪项是合法的语句?
(A) aWbcdXeZ。 (B) aWbcdaZe。
(C) fXaZbZWb。 (D) aZdacdfX。
(E) XWbaZdWc。

【解析】(A) 项,根据题干条件 (1) 和 (2),可知 aWb、dXe 分别构成一个有涵义语词,又根据题干条件 (3),可知 dXeZ 构成一个有涵义语词,再根据题干条件 (4),可知 aWb 与 dXeZ 由 c 连接,构成一个合法的语句。
(B) 项,根据题干条件 (1) 和 (2),可知 aWb、aZe 分别构成一个有涵义语词,但两者之间由两个无涵义语词连接,不满足题干条件 (4)。
(C) 项,根据题干条件 (1) 和 (2),可知 fXa 构成一个有涵义语词,根据题干条件 (2) 和 (3),可知 bZWb 构成一个有涵义语词,但两者之间由一个有涵义语词连接,不满足题干条件 (4)。
(D) 项,根据题干条件 (1) 和 (2),可知 aZd 构成一个有涵义语词,aZd 与 X 这两个有涵义语词之间有四个无涵义语词,不满足题干条件 (4)。
(E) 项,根据题干条件 (1)、(2)、(3),可知 ZdWc 构成一个有涵义语词,ZdWc 与 XW 这两个有涵义语词之间有两个无涵义语词连接,不满足题干条件 (4)。
【答案】(A)

题型 14　概念间的关系

命题概率

近 12 年真题命题数量 3 道，平均每年 0.25 道。

母题变化

解题思路

（1）概念间的关系。

①全同：两个概念的外延完全相同，称为全同关系。

②种属：一个概念 A（种）的外延包含于另外一个概念 B（属）的外延，称为种属关系，也称为从属关系或者包含于关系。

③交叉：两个概念在外延上有且只有一部分是重合的，称为交叉关系。

④全异：全异关系是指两个概念的外延没有重合。它包括两种：矛盾关系和反对关系。

（2）概念的划分。

将概念进行分类，称为概念的划分。概念的划分要遵守以下原则：

①每次划分只能根据一个标准。

②各子类外延之和与原概念的外延全同。

③各子类的外延应是全异关系。

典型真题

1.（2012 年管理类联考真题）概念 A 和概念 B 之间有交叉关系，当且仅当：

（1）存在对象 x，x 既属于 A 又属于 B；

（2）存在对象 y，y 属于 A 但是不属于 B；

（3）存在对象 z，z 属于 B 但是不属于 A。

根据上述定义，以下哪项中加横线的两个概念之间有交叉关系？

（A）国画按题材分主要有人物画、花鸟画、山水画等，按技法分主要有工笔画和写意画等。

（B）《盗梦空间》除了是最佳影片的有力争夺者外，它在技术类奖项的争夺中也将有所斩获。

（C）洛邑小学 30 岁的食堂总经理为了改善伙食，在食堂放了几个意见本，征求学生们的意见。

（D）在微波炉清洁剂中加入漂白剂，就会释放出氯气。

（E）高校教师包括教授、副教授、讲师和助教等。

【解析】（A）项中的两个概念的外延有重合，是交叉关系。

（B）项，《盗梦空间》和最佳影片关系不定，如果《盗梦空间》最终是唯一的最佳影片，二者就是全同关系；如果不是，二者就是全异关系。

（C）、（D）项中的两个概念是全异关系。

（E）项中的两个概念是种属关系，教授包含于高校教师。

【答案】（A）

2. （2011年在职MBA联考真题）2010年，某国学校为教师提供培训的具体情况为：38%的公立学校有1%～25%的教师参加，18%的公立学校有26%～50%的教师参加，13%的公立学校有51%～75%的教师参加，30%的公立学校有76%甚至更多的教师参加。与此相对照，37%的农村学校有1%～25%的教师参加，20%的农村学校有26%～50%的教师参加，12%的农村学校有51%～75%的教师参加，29%的农村学校有76%甚至更多的教师参加。这说明，该国农村学校教师和城市、市郊以及城镇的学校教师接受培训的概率相当。

以下哪项如果为真，最能反驳上述论证？

（A）教师培训的内容丰富多彩，各不相同。
（B）教师培训的条件差异性很大，效果也不相同。
（C）有些教师既在公立学校任职，也在农村学校兼职。
（D）教师培训的时间，公立学校一般较长，农村学校一般较短。
（E）农村也有许多公立学校，市郊也有许多农村学校。

【解析】题干：通过公立学校教师与农村学校教师的数据对比，得出"农村学校教师和城市、市郊以及城镇的学校教师接受培训的概率相当"的结论。

题干中的问题是概念的划分标准不统一，学校按主办方划分可以分为公立学校和私立学校，按地理位置划分可分为农村、乡镇、市郊和城市学校。

（E）项指出题干中对学校的划分有重合之处。

【答案】（E）

3. （2012年在职MBA联考真题）在某科室公开选拔副科长的招录考试中，共有甲、乙、丙、丁、戊、己、庚7人报名。根据统计，7人的最高学历分别是本科和博士，其中博士毕业的有3人；女性3人。已知：甲、乙、丙的学历层次相同，己、庚的学历层次不同；戊、己、庚的性别相同，甲、丁的性别不同。最终录用的是一名女博士。

根据以上陈述，可以得出以下哪项？

（A）甲是男博士。　　　　（B）己是女博士。
（C）庚不是男博士。　　　（D）丙是男博士。
（E）丁是女博士。

【解析】由题干条件"7人的最高学历分别是本科和博士，其中博士毕业的有3人"，可知本科有4人。

由题干条件"女性3人"，可知男性有4人。

由题干条件"己、庚的学历层次不同"，可知二人必有一人是博士，一人是本科。

由题干条件"甲、乙、丙的学历层次相同"，假设他们三人是博士，再加上己或庚是博士，就有4个博士，与题干中"博士毕业的有3人"矛盾，故甲、乙、丙均为本科，所以丁、戊是博士。

同理，由题干条件"甲、丁的性别不同""戊、己、庚的性别相同""女性3人"，可知甲、丁是一男一女，戊、己、庚是男性，乙、丙是女性。

故戊是男博士；己、庚二人无论谁是博士，均是男博士。由"最终录用的是一名女博士"，可知只有丁还是博士，故丁是女博士。

【答案】（E）

第 2 部分

论证逻辑

第 3 章　论证

题型 15　论证的削弱

命题概率

近12年真题命题数量20道，平均每年1.67道。

母题变化

◆ 变化 1　论证的削弱

解题思路

用一些证据来证明一个观点的成立性的过程，称为论证。其中，证据可称为论据，被证明的观点可称为论点。基本的论证结构为：

$$论据\ A \xrightarrow{证明} 论点\ B$$

削弱一个论证的基本方法为：

（1）削弱论点。

直接说明对方论点的虚假性。

（2）削弱论据。

说明对方所使用的论据是虚假的，从而论证他的论点是虚假的。

（3）提出反面论据。

提出能够证明对方论点虚假的反面论据。

（4）削弱隐含假设。

隐含假设就是对方在论述中虽未言明，但是其结论要想成立，必须具有的一个前提。反驳隐含假设就是指出题干的论证蕴含的假设不成立。

（5）指出论据不充分。

论据虽然成立，但不足以支持结论成立。

（6）举反例。

要说明一个命题是假命题，通常可以举出一个例子，使之具备命题的条件，而不具有命题的结论，这种例子称为反例。

典型真题

1.（2009年管理类联考真题） 因为照片的影像是通过光线与胶片的接触形成的，所以每张照片都具有一定的真实性。但是，从不同角度拍摄的照片总是反映了物体某个侧面的真实，而不是全部的真实。在这个意义上，照片又是不真实的。因此，在目前的技术条件下，以照片作为证据是不恰当的，特别是在法庭上。

以下哪项如果为真，最能削弱上述论证？

（A）摄影技术是不断发展的，理论上说，全景照片可以从外观上反映物体的全部真实。

（B）任何证据只需要反映事实的某个侧面。

（C）在法庭审理中，有些照片虽然不能成为证据，但有重要的参考价值。

（D）有些照片是通过技术手段合成或伪造的。

（E）就反映真实性而言，照片的质量有很大的差别。

【解析】 题干：照片只能反映物体某个侧面的真实，而不是全部的真实 ——证明→ 以照片作为证据是不恰当的。

题干隐含一个假设：只能反映物体某个侧面的真实，就不能作为证据。

（A）项，削弱论据，但"理论上说"不代表"实际上"已经做到了，故削弱力度较弱。

（B）项，削弱隐含假设，可以削弱，力度最大。

（C）项，此项中的"参考价值"不等于题干中的"证据"，不能削弱。

（D）、（E）项显然均为无关选项。

【答案】（B）

2.（2010年管理类联考真题） 现在越来越多的人拥有了自己的轿车，但他们明显地缺乏汽车保养的基本知识。这些人会按照维修保养手册或4S店售后服务人员的提示做定期保养。可是，某位有经验的司机会告诉你，每行驶5 000公里做一次定期检查，只能检查出汽车可能存在问题的一小部分，这样的检查是没有意义的，是浪费时间和金钱。

以下哪项不能削弱该司机的结论？

（A）每行驶5 000公里做一次定期检查是保障车主安全所需要的。

（B）每行驶5 000公里做一次定期检查能发现引擎的某些主要故障。

（C）在定期检查中所做的常规维护是保证汽车正常运行所必需的。

（D）赵先生的新车未做定期检查，行驶到5 100公里时出了问题。

（E）某公司新购的一批汽车未做定期检查，均安全行驶了7 000公里以上。

【解析】 某位有经验的司机：每行驶5 000公里的定期检查只能检查出汽车可能存在问题的一小部分 ——证明→ 每行驶5 000公里的定期检查没有意义。

（A）、（B）、（C）项，均指出定期检查的好处，可以削弱题干。

（D）项，指出没做定期检查的坏处，可以削弱题干。

（E）项，指出没做定期检查也可以安全行驶，支持题干。

【答案】（E）

3. （2012年管理类联考真题）探望病人通常会送上一束鲜花，但某国曾有报道说，医院花瓶养花的水可能含有很多细菌，鲜花会在夜间与病人争夺氧气，还可能影响病房里电子设备的工作。这引起了人们对鲜花的恐慌，该国一些医院甚至禁止病房内摆放鲜花。尽管后来证实鲜花并未导致更多的病人受感染，并且权威部门也澄清，未见任何感染病例与病房里的植物有关，但这并未减轻医院对鲜花的反感。

以下除哪项外，都能减轻医院对鲜花的担心？
（A）鲜花并不比病人身边的餐具、饮料和食物带有更多可能危害病人健康的细菌。
（B）在病房里放置鲜花让病人感到心情愉悦、精神舒畅，有助于病人康复。
（C）给鲜花换水、修剪需要一定的人工，如果花瓶倒了还会导致危险发生。
（D）已有研究证明，鲜花对病房空气的影响微乎其微，可以忽略不计。
（E）探望病人所送的鲜花大都花束小、需水量少、花粉少，不会影响电子设备的工作。

【解析】题干：医院认为鲜花会给病人和医院带来各种负面影响，因此对鲜花产生恐慌和反感。

（A）、（D）、（E）项，削弱论据，表明鲜花不具有某种危害，能减轻医院的担心。

（B）项，表明鲜花具有某种好处，故能减轻医院的担心。

（C）项，支持题干，指出鲜花具有某种危害，加重了医院的担心。

【答案】（C）

4. （2013年管理类联考真题）某科研机构对市民所反映的一种奇异现象进行研究，该现象无法用已有的科学理论进行解释。助理研究员小王由此断言：该现象是错觉。

以下哪项如果为真，最可能使小王的断言不成立？
（A）所有错觉都不能用已有的科学理论进行解释。
（B）有些错觉可以用已有的科学理论进行解释。
（C）有些错觉不能用已有的科学理论进行解释。
（D）错觉都可以用已有的科学理论进行解释。
（E）已有的科学理论尚不能完全解释错觉是如何形成的。

【解析】题干：市民所反映的奇异现象无法用已有的科学理论进行解释，所以该现象是错觉。

（D）项，错觉→可以用已有的科学理论进行解释，逆否命题为：无法用已有的科学理论进行解释→不是错觉，故能削弱题干。

【答案】（D）

5. （2015年管理类联考真题）某市推出一项月度社会公益活动，市民报名踊跃。由于活动规模有限，主办方决定通过摇号抽签的方式选择参与者。第一个月中签率为1∶20；随后连创新低，到下半年的10月份已达1∶70。大多数市民屡摇不中，但从今年7月至10月，"李祥"这个名字连续4个月中签。不少市民据此认为，有人在抽签过程中作弊，并对主办方提出质疑。

以下哪项如果为真，最能消除上述市民的质疑？
（A）摇号抽签全过程是在有关部门监督下进行的。
（B）在报名的市民中，名叫"李祥"的近300人。
（C）已经中签的申请者中，叫"张磊"的有7人。

(D) 曾有一段时间，家长给孩子取名不回避重名。

(E) 在摇号系统中，每一位申请人都被随机赋予一个不重复的编码。

【解析】题干："李祥"这个名字连续4个月中签 —证明→ 有人在抽签过程中作弊。

(A) 项，诉诸权威。

(B) 项，说明中签的"李祥"未必是同一个人，削弱题干。

(C)、(D) 项，无关选项。

(E) 项，虽然此项指出每位申请人拥有不同的编码，而题干并没有说明连续4个月中签的"李祥"是否拥有相同的编码，故不能削弱题干。

【答案】(B)

6. (2016年管理类联考真题) 某市消费者权益保护条例明确规定，消费者对其所购买的商品可以"7天内无理由退货"。但这项规定出台后并未得到顺利执行，众多消费者在7天内"无理由"退货时，常常遭遇商家的阻挠，他们以商品已做特价处理、商品已经开封或使用等理由拒绝退货。

以下哪项如果为真，最能质疑商家阻挠退货的理由？

(A) 开封验货后，如果商品规格、质量等问题来自消费者本人，他们应为此承担责任。

(B) 那些做特价处理的商品，本来质量就没有保证。

(C) 如果不开封验货，就不能知道商品是否存在质量问题。

(D) 政府总偏向消费者，这对于商家来说是不公平的。

(E) 商品一旦开封或使用了，即使不存在问题，消费者也可以选择退货。

【解析】商家：商品已做特价处理、商品已经开封或使用 —证明→ 不应退货。

(A) 项，支持商家。

(B) 项，支持商家。

(C) 项，因质量问题退货是有理由的退货，而本题的论证是无理由退货，故无法削弱。

(D) 项，无关选项，题干并未提及公平问题。

(E) 项，指出即使开封或使用了也可以选择退货，削弱论证关系，力度最强。

【答案】(E)

7. (2016年管理类联考真题) 开车上路，一个人不仅需要有良好的守法意识，也需要有特别的"理性计算"：在拥堵的车流中，只要有"加塞"的，你开的车就一定要让着它；你开着车在路上正常直行，有车不打方向灯在你近旁突然横过来要撞上你，原来它想要变道，这时你也得让着它。

以下除哪项外，均能质疑上述"理性计算"的观点？

(A) 有理的让着没理的，只会助长歪风邪气，有悖于社会的法律和道德。

(B) "理性计算"其实就是胆小怕事，总觉得凡事能躲则躲，但有的事很难躲过。

(C) 一味退让也会给行车带来极大的危险，不但可能伤及自己，而且也可能伤及无辜。

(D) 即使碰上也不可怕，碰上之后如果立即报警，警方一般会有公正的裁决。

(E) 如果不让，就会碰上；碰上之后，即使自己有理，也会有许多麻烦。

【解析】开车需要"理性计算":开车在路上遇到"加塞",你开的车就一定要让着它;开车在路上遇到有车不打方向灯在你近旁突然横过来要撞上你,你开的车也得让着它。

(A)、(B)、(C)项,指出"理性计算"的缺点,质疑题干。

(D)项,指出不"理性计算"也没事,质疑题干。

(E)项,指出"理性计算"可以省去许多麻烦,支持题干。

【答案】(E)

8. (2016年管理类联考真题)根据现有的物理学定律,任何物质的运动速度都不能超过光速,但是最近一次天文观测结果向这条定律发起了挑战。距离地球遥远的IC310星系拥有一个活跃的黑洞,掉入黑洞的物质产生了伽马射线冲击波。有些天文学家发现,这束伽马射线的速度超过了光速,因为它只用了4.8分钟就穿越了黑洞边界,而光需要25分钟才能走完这段距离。由此,这些天文学家提出,光速不变定律需要修改了。

以下哪项如果为真,最能质疑上述天文学家所做的结论?

(A) 或者光速不变定律已经过时,或者天文学家的观测有误。

(B) 如果天文学家的观测没有问题,光速不变定律就需要修改。

(C) 要么天文学家的观测有误,要么有人篡改了天文观测数据。

(D) 天文观测数据可能存在偏差,毕竟IC310星系离地球很远。

(E) 光速不变定律已历经过去多次实践检验,没有出现反例。

【解析】天文学家:伽马射线只用了4.8分钟就穿越了黑洞边界,而光需要25分钟才能走完这段距离 —证明→ 伽马射线的速度超过了光速,光速不变定律需要修改了。

(A)项,光速不变定律已经过时∨天文学家的观测有误,那么"光速不变定律已经过时"还是有可能为真,不能质疑。

(B)项,无法确定天文学家的观测是否有问题,因此,也不知道光速不变定律是否需要修改,无法削弱。

(C)项,说明天文学家的观测数据有问题,而不是光速不变定律需要修改,可以削弱。

(D)项,"可能"存在偏差,可能削弱,力度较弱。

(E)项,光速不变定律在以前的实践检验中没有出现过反例,不代表它没有问题,无法削弱。

【答案】(C)

9. (2017年管理类联考真题)人们通常认为,幸福能够增进健康、有利于长寿,而不幸福则是健康状况不佳的直接原因,但最近有研究人员对3 000多人的生活状况调查后发现,幸福或者不幸福并不意味着死亡的风险会相应地变得更低或者更高。他们由此指出,疾病可能会导致不幸福,但不幸福本身并不会对健康状况造成损害。

以下哪项如果为真,最能质疑上述研究人员的论证?

(A) 幸福是个体的一种心理体验,要求被调查对象准确断定其幸福程度有一定的难度。

(B) 有些高寿老人的人生经历较为坎坷,他们有时过得并不幸福。

(C) 有些患有重大疾病的人乐观向上,积极与疾病抗争,他们的幸福感比较高。

(D) 人的死亡风险低并不意味着健康状况好，死亡风险高也不意味着健康状况差。

(E) 少数个体死亡风险的高低难以进行准确评估。

【解析】研究人员：幸福或者不幸福并不意味着死亡的风险会相应地变得更低或者更高 ——证明→ 不幸福本身并不会对健康状况造成损害。

研究人员的论据是"死亡风险"的高低，结论是对"健康状况"的损害，(D)项指出这两者的区别，拆桥法。故(D)项最能质疑上述研究人员的论证。

(A)、(E) 项，指出调查研究有一定难度，但不代表此项调查研究不可行，削弱力度弱。

(B) 项，支持题干。

(C) 项，无关选项。

【答案】(D)

10.（2019年管理类联考真题）某研究机构以约2万名65岁以上的老人为对象，调查了笑的频率与健康状态的关系。结果显示，在不苟言笑的老人中，认为自身现在的健康状态"不怎么好"和"不好"的比例分别是几乎每天都笑的老人的1.5倍和1.8倍。爱笑的老人对自我健康状态的评价往往较高。他们由此认为，爱笑的老人更健康。

以下哪项如果为真，最能质疑上述调查者的观点？

(A) 乐观的老人比悲观的老人更长寿。

(B) 病痛的折磨使得部分老人对自我健康状态的评价不高。

(C) 身体健康的老人中，女性爱笑的比例比男性高10个百分点。

(D) 良好的家庭氛围使得老年人生活更乐观、身体更健康。

(E) 老年人的自我健康评价往往和他们实际的健康状况之间存在一定的差距。

【解析】调查者：爱笑的老人"对自我健康状态的评价往往较高" ——证明→ 爱笑的老人"更健康"。

(A) 项，无关选项，题干未涉及"乐观的老人"和"悲观的老人"哪个更长寿的比较。

(B) 项，不能削弱，"部分"老人的情况难以代表"整体"的状况。

(C) 项，无关选项，题干不涉及男性和女性的比较。

(D) 项，良好的家庭氛围作为原因，使得老年人乐观（爱笑）而且健康，共因削弱。但和题干中的"对自我健康状态的评价往往较高"这一调查无关，因此削弱力度弱。

(E) 项，直接切断题干中的论据"对自我健康状态的评价往往较高"与"更健康"之间的联系，削弱力度大。

【答案】(E)

11.（2009年在职MBA联考真题）2005年打捞公司在南川岛海域调查沉船时意外发现一艘载有中国瓷器的古代沉船，该沉船位于海底的沉积层上。据调查，南川岛海底沉积层在公元1000年形成，因此，水下考古人员认为，此沉船不可能是公元850年开往南川岛的"征服号"沉船。

以下哪项如果为真，最严重地弱化了上述论证？

(A) 历史学家发现，"征服号"既未到达其目的地，也未返回其出发的港口。

(B) 通过碳素技术测定，在南川岛海底沉积层发现的沉船是在公元800年建造的。

(C) 经检查发现，"征服号"船的设计有问题，出海数周内几乎肯定会沉船。

(D) 公元 700—公元 900 年间某些失传的中国瓷器在南川岛海底沉船中发现。

(E) 在南川岛海底沉积层发现的沉船可能是搁在海底礁盘数百年后才落到沉积层上的。

【解析】题干：发现沉船的沉积层形成于公元 1000 年 —证明→ 此沉船不可能是公元 850 年开往南川岛的"征服号"沉船。

此论证基于一个假设，即沉积层的年代和沉船的年代相同。

（A）项，无关选项。

（B）项，不能削弱，因为公元 800 年建造，不代表公元 850 年不能行驶。

（C）项，无关选项。

（D）项，不能削弱题干，因为，如果船上有公元 900 年的瓷器，说明此船不可能在 50 年前（公元 850 年）就沉船了，那就恰好说明了题干的论点"沉船不可能是公元 850 年开往南川岛的'征服号'沉船"。

（E）项，削弱隐含假设，沉积层的年代和沉船的年代可能不同。

【答案】（E）

12. (2010 年在职 MBA 联考真题) 许多企业深受目光短浅之害，他们太关注立竿见影的结果和短期目标，以至于无法高瞻远瞩，往往使企业陷于被动甚至导致破产。因此，企业领导层的决策和行动应该以长期目标为主，不需过分关注短期目标。

以下哪项如果为真，将最有力地削弱上述论证？

(A) 短期目标对员工的激励效果比长期目标更好。

(B) 长期目标有较大的不确定性，短期目标易于控制。

(C) 长期目标的实现有赖于一个个短期目标的成功。

(D) 企业的短期目标和长期目标对于企业的发展都重要。

(E) 企业的发展受到企业外部环境等诸多因素的影响。

【解析】题干：关注短期目标会使企业陷入被动甚至导致破产 —证明→ 企业领导层的决策和行动应该以长期目标为主，不需过分关注短期目标。

（A）项，短期目标有优势，可以削弱。

（B）项，长期目标有缺点，短期目标有优势，可以削弱。

（C）项，长期目标的实现依赖于短期目标的成功，即短期目标的成功是长期目标实现的必要条件，没有短期目标的成功就没有长期目标的实现，削弱力度最强。

（D）项，短期目标和长期目标都很重要，可以削弱。

（E）项，无关选项。

【答案】（C）

变化2 归纳论证的削弱

解题思路

归纳论证，又可称为调查统计型题目，题干一般是通过调查、抽样统计、某个人的所见所闻，总结出一个结论。调查统计型题目的论据是某个或某些样本的情况，结论却是全体的情况，所以其结论不一定成立。常见的有以下削弱方式：

（1）样本没有代表性。

调查统计的结论要有效，样本必须能够代表全体的情况。样本的代表性从样本的数量、广度、随机性等方面判断。

需要注意的是，对于多大数量的样本才是有代表性的样本，在统计学领域并没有统一规定。同样，这一问题在逻辑题里也没有具体规定，需要同学们根据题意进行判断。

从统计学的角度讲，样本应该是呈正态分布的，但是对于逻辑考试，我们只需要了解样本应该具有一定的广度、样本的选取应该是随机的。

如果样本没有代表性，我们就可以说这个抽样统计是以偏概全的。

（2）调查机构不中立。

调查机构必须持中立态度，具有独立性。

典型真题

13.（2010年管理类联考真题）为了调查当前人们的识字水平，某实验者列举了20个词语，请30位文化人士识读，这些人的文化程度都在大专以上。识读结果显示，多数人只读对3~5个词语，极少数人读对15个以上，甚至有人全部读错。其中，"蹒跚"的辨识率最高，30人中有19人读对；"呱呱坠地"所有人都读错。20个词语的整体误读率接近80%。该实验者由此得出，当前人们的识字水平并没有提高，甚至有所下降。

以下哪项如果为真，最能对该实验者的结论构成质疑？

(A) 实验者选取的20个词语不具有代表性。

(B) 实验者选取的30位识读者均没有博士学位。

(C) 实验者选取的20个词语在网络流行语言中不常用。

(D) "呱呱坠地"这个词的读音有些大学老师也经常读错。

(E) 实验者选取的30位识读者中约有50%大学成绩不佳。

【解析】题干：实验者列举了"20个词语"，请"30位文化人士"识读，误读率很高——证明当前"人们"的"识字水平"并没有提高，甚至有所下降。

题干中的推论要成立，30位文化人士的识字水平必须能代表当前人们的识字水平；实验的20个词语的识别情况必须能代表对所有词语的识别情况。

(A) 项，指出所选的词语没有代表性，可以削弱。

其余各项均不能削弱。

【答案】(A)

14. (2009年在职MBA联考真题) 在一项调查中，对"如果被查出患有癌症，你是否希望被告知真相"这一问题，80%的被调查者作了肯定回答。因此，当人们被查出患有癌症时，大多数人都希望被告知真相。

以下各项如果为真，都能削弱上述论证，除了：

(A) 上述调查的策划者不具有医学背景。

(B) 上述问题的完整表述是：作为一个意志坚强和负责任的人，如果被查出患有癌症，你是否希望被告知真相。

(C) 在另一项相同内容的调查中，大多数被调查者对这一问题作了否定回答。

(D) 上述调查是在一次心理学课堂上实施的，调查对象受过心理素质的训练。

(E) 在被调查时，人们通常都不讲真话。

【解析】题干：80%的"被调查者"希望被告知真相 —证明→ 大多数"癌症患者"都希望被告知真相。

(A) 项，不能削弱，此调查并不涉及医学知识，无须医学背景。

(B) 项，问卷设计带有暗示性语言，影响调查结论，可以削弱。

(C) 项，指出此调查不具有代表性，可以削弱。

(D) 项，样本不具有代表性，调查对象受过心理素质训练，可以削弱。

(E) 项，调查结论不真实，可以削弱。

【答案】(A)

15. (2010年在职MBA联考真题) 丈夫和妻子讨论孩子上哪所小学为好。丈夫称：根据当地教育局最新的教学质量评估报告，青山小学教学质量不高。妻子却认为：此项报告未必客观准确，因为撰写评估报告的人中有来自绿水小学的人员，而绿水小学在青山小学附近，两所学校有生源竞争的利害关系，因此，青山小学的教学质量其实是较高的。

以下哪项最能弱化妻子的推理？

(A) 撰写评估报告的人中也有来自青山小学的人员。

(B) 对青山小学盲目信任，主观认为质量评估报告不可信。

(C) 用有偏见的论据论证"教学质量评估报告是错误的"。

(D) 并没有提供确切的论据，只是猜测评估报告有问题。

(E) 没有证明青山小学和绿水小学的教学质量有显著差异。

【解析】妻子认为：撰写评估报告的人中有来自绿水小学的人员，而绿水小学与青山小学有竞争关系 —证明→ 教育局关于"青山小学教学质量不高"的结论未必准确。

妻子认为调查机构的人员构成有问题，导致调查机构不中立。

(A) 项，撰写评估报告的人中也有来自青山小学的人员，所以，妻子认为的人员构成问题不存在，削弱了妻子的推理。

【答案】(A)

16. (2010年在职MBA联考真题)《花与美》杂志受A市花鸟协会委托，就A市评选市花一事对杂志读者群进行了民意调查，结果60%以上的读者将荷花选为市花。于是编辑部宣布，A市大部分市民赞成将荷花定为市花。

以下哪项如果属实，最能削弱该编辑部的结论？

(A) 有些《花与美》的读者并不喜欢荷花。

(B)《花与美》杂志的读者主要来自A市一部分收入较高的女性市民。

(C)《花与美》杂志的有些读者并未在调查中发表意见。

(D) 市花评选的最后决定权是A市政府而非花鸟协会。

(E)《花与美》杂志的调查问卷将荷花放在十种候选花的首位。

【解析】编辑部：《花与美》杂志60%以上的读者将荷花选为市花 ——证明→ 大部分市民赞成将荷花定为市花。

(A) 项，不能削弱，因为某些个体的情况不能削弱大部分人的情况。

(B) 项，指出调查对象的广度不够，样本没有代表性，削弱题干。

(C) 项，不能削弱，对于一个调查来说，只需要样本有代表性即可，没必要调查所有对象。

(D) 项，无关选项，题干调查的是市民的意见，而不是拥有决定权的机构的意见。

(E) 项，此项如果要削弱题干，必须有一个假设，即大部分读者会选放在首位的，但这一假设未必成立，故此项不能削弱题干。

【答案】(B)

17. (2013年在职MBA联考真题) 通过分析物体的原子释放或者吸收的光可以测量物体是在远离地球还是在接近地球，当物体远离地球时，这些光的频率会移向光谱上的红色端（低频），简称"红移"；反之，则称"蓝移"。原子释放出的这种独特的光也被组成原子的基本粒子尤其是电子的质量所影响。如果某一原子的质量增加，其释放的光子的能量也会变得更高，因此，释放和吸收频率将会蓝移。相反，如果粒子变得越来越轻，频率将会红移。天文观察发现，大多数星系都有红移现象，而且，星系距离地球越远，红移越大，据此，许多科学家认为宇宙一定在不断膨胀。

以下哪项如果为真，最能反驳上述科学家的观点？

(A) 在遥远的宇宙中，也发现了个别蓝移的天体。

(B) 地球并非处于宇宙的中心区域。

(C) 人们所能观察的星体可能不足真实宇宙的百分之一。

(D) 从宇宙中其他天体的视角看，红移也是占绝对优势的现象。

(E) 根据现代科学观察，宇宙中粒子的质量没有大的变化。

【解析】题干中的论据：①当物体远离地球时，红移；反之，蓝移。

②如果某一原子的质量增加，频率将会蓝移；如果粒子变得越来越轻，频率将会红移。

③天文观察发现，大多数星系都有红移现象，而且，星系距离地球越远，红移越大。

题干中的结论：许多科学家认为宇宙一定在不断膨胀。

(C) 项，样本没有代表性，削弱题干。

(E) 项，由题干可知，由两种可能的原因导致红移，即"物体远离地球"和"粒子变轻"，此项排除是"粒子变轻"的原因（排除他因），支持题干。

其余各项均为无关选项。

【答案】(C)

18. (2013年在职MBA联考真题)某网络论坛将最近一年与5年前网友曾经发布的有关社会问题的帖子进行了统计比较，发现：像拾金不昧、扶贫急难、见义勇为这样的帖子增加了50%，而与为非作歹、作恶逃匿、杀人越货有关的帖子却增加了90%。由此可见，社会风气正在迅速恶化。

以下哪项如果为真，最能削弱上述论证？
(A)"好事不出门，坏事传千里。"古往今来，都是如此。
(B)最近5年上网的用户翻了两番。
(C)最近几年，有些人在网上用造谣的方式达到营利的目的。
(D)最近一年，通过网络举报清查出一批贪污腐败分子。
(E)该网络论坛是一个法制论坛。

【解析】题干：最近一年，论坛中像拾金不昧、扶贫急难、见义勇为这样的帖子增加了50%，而与为非作歹、作恶逃匿、杀人越货有关的帖子却增加了90% —证明→ 社会风气正在迅速恶化。

题干的论据是"论坛"中的情况，结论是"社会"情况，只需指出样本没有代表性即可，(E)项指出了这一点，故(E)项正确。

【答案】(E)

19. (2014年在职MBA联考真题)某博主宣称："我的这篇关于房价未来走势的分析文章得到了1 000余个网民的跟帖，我统计了一下，其中85%的跟帖是赞同我的观点的。这说明大部分民众是赞同我的观点的。"

以下哪项最能质疑该博主的结论？
(A)有些人虽然赞同他的观点，但是不赞同他的分析。
(B)该博主其他得到比较高支持率的文章后来被证实其观点是错误的。
(C)有些支持反对意见的跟帖理由更充分。
(D)博主文章的观点迎合了大多数人的喜好。
(E)关注该博主文章的大部分人是其忠实粉丝。

【解析】某博主：1 000余个跟帖的网民中85%赞同该文章的观点 —证明→ 大部分民众赞同该观点。

(A)项，无关选项，题干仅仅讨论是否赞同该"观点"，与是否赞同该"分析"无关。
(B)项，无关选项，题干与"其他文章"无关。
(C)项，"有的"反对意见有效，不能削弱85%的人的赞同。
(D)项，支持题干，说明了其观点受到认同的原因。
(E)项，样本没有代表性，可以削弱。

【答案】(E)

变化3　类比论证的削弱

> **解题思路**
>
> （1）类比的概念。
>
> 类比，简单来说，就是以此物比它物，通过两种对象在一些性质上的相似性，得出它们在其他性质上也是相似的。
>
> （2）类比的典型结构。
>
> $$\frac{\text{对象1：有性质 A、B；}}{\text{对象2：有性质 A；}}$$
> 所以，对象2也有性质 B。
>
> （3）类比的削弱。
>
> ①类比对象存在本质差异，使得类比不成立。
> ②前提属性与结论属性不相关，使得类比不成立。

典型真题

20.（2009年管理类联考真题）某中学发现有学生在课余时间用扑克玩带有赌博性质的游戏，因此规定学生不得带扑克进入学校，不过即使是硬币，也可以用作赌具，但禁止学生带硬币进入学校是不可思议的，因此，禁止学生带扑克进入学校是荒谬的。

以下哪项如果为真，最能削弱上述论证？

(A) 禁止带扑克进入学校不能阻止学生在校外赌博。
(B) 硬币作为赌具远不如扑克方便。
(C) 很难查明学生是否带扑克进入学校。
(D) 赌博不但败坏校风，而且影响学生的学习成绩。
(E) 有的学生玩扑克不涉及赌博。

【解析】题干：

$$\frac{\begin{array}{l}\text{硬币：可以用作赌具；}\\ \text{扑克：可以用作赌具；}\\ \text{不禁止学生带硬币进入学校；}\end{array}}{\text{所以，没必要禁止学生带扑克进入学校。}}$$

(A) 项，无关选项，题干中的建议是约束学生在校内的行为，与"校外赌博"无关。
(B) 项，指出硬币和扑克有差异（类比对象有差异），不当类比，故削弱题干。
(C) 项，"很难查明"不代表"不能查明"，故不能削弱。
(D) 项，无关选项，赌博有什么坏处与学生会不会用硬币赌博无关。
(E) 项，"有的"学生玩扑克不涉及赌博，不代表"所有"学生都不用扑克赌博。

【答案】(B)

题型 16　论证的支持

命题概率

近12年真题命题数量22道,平均每年1.83道。

母题变化

◆ 变化1　论证的支持

解题思路

支持一个论证的常见方法:
(1) 支持论据。
说明题干的论据成立。
(2) 提出新论据。
补充一个新论据,帮助证明结论成立。
(3) 支持结论。
直接说明结论成立。
(4) 补充隐含假设。
补充题干的隐含前提。
(5) 搭桥法。
具体内容及练习详见本题型的变化2。
(6) 例证法。
举一个正面的例子,证明题干中的结论成立。 需要注意的是,例证法的支持力度很弱,除非没有其他支持选项,否则不选。

典型真题

1. (2011年管理类联考真题)由于含糖饮料的卡路里含量高,容易导致肥胖,因此无糖饮料开始流行。经过一段时期的调查,李教授认为:无糖饮料尽管卡路里含量低,但并不意味着它不会导致体重增加。因为无糖饮料可能导致人们对于甜食的高度偏爱,这意味着可能食用更多的含糖类食物。而且无糖饮料几乎没什么营养,喝得过多就限制了其他健康饮品的摄入,比如茶和果汁等。

以下哪项如果为真,最能支持李教授的观点?
(A) 茶是中国的传统饮料,长期饮用有益健康。
(B) 有些瘦子也爱喝无糖饮料。
(C) 有些胖子爱吃甜食。

(D) 不少胖子向医生报告他们常喝无糖饮料。

(E) 喝无糖饮料的人很少进行健身运动。

【解析】李教授：无糖饮料尽管卡路里含量低，但并不意味着它不会导致体重增加。

(A) 项，无关选项，题干说的是"无糖饮料"，此项说的是"茶"。

(B) 项，举反例，削弱题干。

(C) 项，不能支持，因为没有说明"有些胖子爱吃甜食"是不是由无糖饮料导致的。

(D) 项，例证法，支持李教授的观点。

(E) 项，另有他因，不是因为喝过多无糖饮料限制了其他健康饮品的摄入导致肥胖，而是因为他们不运动，削弱题干。

【答案】(D)

2. (2011年管理类联考真题) 统计数字表明，近年来，民用航空飞机的安全性有很大提高。例如，某国2008年每飞行100万次发生恶性事故的次数为0.2次，而1989年为1.4次。从这些年的统计数字看，民用航空恶性事故发生率总体呈下降趋势。由此看出，乘飞机出行越来越安全。

以下哪项不能加强上述结论？

(A) 近年来，飞机事故中"死里逃生"的概率比以前提高了。

(B) 各大航空公司越来越注意对机组人员的安全培训。

(C) 民用航空公司的空中交通控制系统更加完善。

(D) 避免"机鸟互撞"的技术与措施日臻完善。

(E) 虽然飞机坠毁很可怕，但从统计数字上讲，驾车仍然要危险得多。

【解析】注意此题是选不能加强的。

题干：民用航空恶性事故发生率总体呈下降趋势 ——证明→ 乘飞机出行越来越安全。

(A)、(B)、(C)、(D) 四项均补充新论据，说明乘飞机出行越来越安全，支持题干。

(E) 项，无关选项，驾车的安全性与飞机的安全性无关。

【答案】(E)

3. (2011年管理类联考真题) 科学研究中使用的形式语言和日常生活中使用的自然语言有很大的不同。形式语言看起来像天书，远离大众，只有一些专业人士才能理解和运用。但其实这是一种误解，自然语言和形式语言的关系就像肉眼与显微镜的关系。肉眼的视域广阔，可以从整体上把握事物的信息；显微镜可以帮助人们看到事物的细节和精微之处，尽管用它看到的范围小。所以，形式语言和自然语言都是人们交流和理解信息的重要工具，把它们结合起来使用，具有强大的力量。

以下哪项如果为真，最能支持上述结论？

(A) 通过显微镜看到的内容可能成为新的"风景"，说明形式语言可以丰富自然语言的表达，我们应重视形式语言。

(B) 正如显微镜下显示的信息最终还是要通过肉眼观察一样，形式语言表述的内容最终也要通过自然语言来实现，说明自然语言更基础。

(C) 科学理论如果仅用形式语言表达，很难被普通民众理解；同样，如果仅用自然语言表达，有可能变得冗长且很难表达准确。

(D) 科学的发展很大程度上改善了普通民众的日常生活，但人们并没有意识到科学表达的基础——形式语言的重要性。

(E) 采用哪种语言其实不重要，关键在于是否表达了真正想表达的思想内容。

【解析】题干：形式语言和自然语言都是人们交流和理解信息的重要工具 ——导致→ 要将二者结合起来使用。

(A)、(D) 项，强调形式语言的重要性，与题干结论不符。

(B) 项，强调自然语言的重要性，与题干结论不符。

(C) 项，支持题干，说明既不能单独使用形式语言，也不能单独使用自然语言。

(E) 项，采用哪种语言形式不重要，关键在于是否表达了真正想表达的思想内容，与题干结论不符。

【答案】(C)

4. **(2015年管理类联考真题)** 某研究人员在2004年对一些12～16岁的学生进行了智商测试，测试得分为77～135分，4年之后再次测试，这些学生的智商得分为87～143分。仪器扫描显示，那些得分提高的学生，其脑部比此前呈现更多的灰质（灰质是一种神经组织，是中枢神经的重要组成部分）。这一测试表明，个体的智商变化确实存在，那些早期在学校表现并不突出的学生未来仍有可能成为佼佼者。

以下除哪项外，都能支持上述实验结论？

(A) 随着年龄的增长，青少年脑部区域的灰质通常也会增加。

(B) 有些天才少年长大后智力并不出众。

(C) 学生的非言语智力表现与他们大脑结构的变化明显相关。

(D) 部分学生早期在学校表现不突出与其智商有关。

(E) 言语智商的提高伴随着大脑左半球运动皮层灰质的增多。

【解析】论据：智商测试中得分提高的学生，其脑部比此前呈现更多的灰质。

论点：①个体的智商变化确实存在；
②那些早期在学校表现并不突出的学生未来仍有可能成为佼佼者。

此题的阅卷答案为 (D) 项，本书尊重阅卷答案。

但是，从逻辑上分析，选 (D) 是有问题的。(D) 项被认为是无关选项，理由是此项只与"智商"有关，而与结论①"智商变化"无关。这是对结论②的视而不见。题干通过对智商变化的论证，说明"那些早期在学校表现并不突出的学生未来仍有可能成为佼佼者"。这就隐含一个假设——这些学生早期表现不突出是因为智商问题，否则，如果早期表现与智商无关，结论②就不成立了，所以，(D) 项补充了结论②的隐含假设。因此，(D) 项是支持题干的。

(A) 项，如果不做深入分析的话，"青少年脑部区域的灰质通常也会增加"是符合题干信息"个体的智商变化确实存在"的，因此支持题干。这应该也是命题人的想法。

但如果深入分析，题干说的是"得分提高的学生"脑部呈现更多的灰质，而此项说明灰质增加是年龄增长的"通常"结果而不仅仅是"得分提高的学生"的结果，也就是说，智商没提高的学生，灰质也增加了，即"无因有果"。我们构造一个类似的论证：4年后智商测试中提分高的学生，其腿部比以前显著变长。你能说是腿长引起了智商提高吗？只能说是随着年龄的增长，青少年的腿部通常都会变长。

(B)项，例证法，说明智商存在变化，支持题干。

(C)项，支持题干，直接说明大脑结构和智力相关。

(E)项，支持题干，直接说明灰质与智商相关。

综上所述，本题老吕认为命题失误，各位同学也可以有自己的观点，欢迎讨论。

【答案】(D)

5. (2016年管理类联考真题) 如今，电子学习机已全面进入儿童的生活。电子学习机将文字与图像、声音结合起来，既生动形象，又富有趣味性，使儿童独立阅读成为可能。但是，一些儿童教育专家却对此发出警告，电子学习机可能不利于儿童成长。他们认为，父母应该抽时间陪孩子一起阅读纸质图书。陪孩子一起阅读纸质图书，并不是简单地让孩子读书识字，而是在交流中促进其心灵的成长。

以下哪项如果为真，最能支持上述专家的观点？

(A) 电子学习机最大的问题是让父母从孩子的阅读行为中走开，减少了父母与孩子的日常交流。

(B) 接触电子产品越早，就越容易上瘾，长期使用电子学习机会形成"电子瘾"。

(C) 在使用电子学习机时，孩子往往更多关注其使用功能而非学习内容。

(D) 纸质图书有利于保护儿童视力，有利于父母引导儿童形成良好的阅读习惯。

(E) 现代生活中年轻父母工作压力较大，很少有时间能与孩子一起阅读。

【解析】专家：陪孩子一起阅读纸质图书可以在交流中促进其心灵的成长 ——证明→ 电子学习机可能不利于儿童成长，父母应该抽时间陪孩子一起阅读纸质图书。

(A)项，电子学习机让父母从孩子的阅读行为中走开，减少了父母与孩子的日常交流，所以，陪孩子一起阅读纸质图书可以在交流中促进其心灵的成长，可以支持专家的观点。

(B)、(C)项，指出使用电子学习机的缺陷，没有谈到父母陪读与纸质图书两点，无法支持。

(D)项，指出纸质图书有好处，但没有说明父母陪读的重要以及电子图书的缺陷，无法支持。

(E)项，专家说父母应该抽时间陪孩子一起阅读纸质图书，该项说的是父母有没有时间，无关选项。

【答案】(A)

6. (2017年管理类联考真题) 近年来，我国海外代购业务量快速增长，代购者们通常从海外购买产品，通过各种渠道避开关税，再卖给内地顾客从中牟利，却让政府损失了税收收入。某专家由此指出，政府应该严厉打击海外代购行为。

以下哪项如果为真，最能支持上述专家的观点？

(A) 近期，有位前空乘服务员因在网上开设海外代购店而被我国地方法院判定犯有走私罪。

(B) 国内一些企业生产的同类产品与海外代购产品相比，无论质量还是价格都缺乏竞争优势。

（C）海外代购提升了人们的生活水平，满足了国内部分民众对于高品质生活的向往。

（D）去年，我国奢侈品海外代购规模几乎是全球奢侈品国内门店销售额的一半，这些交易大多避开了关税。

（E）国内民众的消费需求提高是伴随我国经济发展而产生的正常现象，应以此为契机促进国内同类消费品产业的升级。

【解析】专家：<u>海外代购让政府损失了税收收入</u> ——证明→ <u>政府应该严厉打击海外代购行为</u>。

（A）项，无关选项，说明政府确实在打击海外代购，但没有说明这种打击是否合理。

（B）项，无关选项，说明了海外代购快速增长的原因，但没有说明是否应该打击海外代购行为。

（C）项，削弱题干，说明了海外代购产品的优点。

（D）项，<u>支持题干论据</u>，说明了海外代购的产品避开了关税，导致政府损失了税收收入。

（E）项，无关选项。

【答案】（D）

7.（2017年管理类联考真题） 离家300米的学校不能上，却被安排到2公里外的学校就读，某市一位适龄儿童在上小学时就遭遇了所在区教育局这样的安排，而这一安排是区教育局根据儿童户籍所在施教区做出的。根据该市教育局规定的"就近入学"原则，儿童家长将区教育局告上法庭，要求撤销原来安排，让其孩子就近入学，法院对此作出一审判决，驳回原告请求。

下列哪项最可能是法院判决的合理依据？

（A）"就近入学"不是"最近入学"，不能将入学儿童户籍地和学校的直线距离作为划分施教区的唯一依据。

（B）按照特定的地理要素划分，施教区中的每所小学不一定就处于该施教区的中心位置。

（C）儿童入学究竟应上哪一所学校，不是让适龄儿童或其家长自主选择，而是要听从政府主管部门的行政安排。

（D）"就近入学"仅仅是一个需要遵循的总体原则，儿童具体入学安排还要根据特定的情况加以变通。

（E）该区教育局划分施教区的行政行为符合法律规定，而原告孩子按户籍所在施教区的确需要去离家2公里外的学校就读。

【解析】题干：

①区教育局根据儿童户籍所在施教区做出决定，该儿童被安排到离家2公里外的学校就读。

②该儿童家长依据"就近入学"原则，将区教育局告上法庭。

③法院驳回了原告请求。

区教育局和家长的分歧在于，区教育局认为"就近入学"原则是指学校离"<u>户籍所在地</u>"近，而家长认为是离"<u>家</u>"近。但要注意一点，法院审理的依据不是情理，也不是行政安排[（C）项]，而是法律，如果确实前者符合法律规定，则法院会驳回家长的请求。故（E）项正确。

（A）项是干扰项，"不是唯一依据"也可以是"依据之一"。

【答案】（E）

8.（2017 年管理类联考真题） 通识教育重在帮助学生掌握尽可能全面的基础知识，即帮助学生了解各个学科领域的基本常识，而人文教育则重在培育学生了解世界的意义，并对自己及他人行为的价值和意义作出合理的判断，形成"智识"。因此有专家指出，相比较而言，人文教育对个人未来生活的影响会更大一些。

以下哪项如果为真，最能支持上述专家的断言？

（A）当今我国有些大学开设的通识教育课程要远远多于人文教育课程。

（B）"知识"是事实判断，"智识"是价值判断，两者不能相互替代。

（C）没有知识就会失去应对未来生活挑战的勇气，而错误的价值观可能会误导人的生活。

（D）关于价值和意义的判断事关个人的幸福和尊严，值得探究和思考。

（E）没有知识，人依然可以活下去；但如果没有价值和意义的追求，人只能成为没有灵魂的躯壳。

【解析】论据：①通识教育重在帮助学生掌握尽可能全面的基础知识。

②人文教育重在培育学生了解世界的意义，并对自己及他人行为的价值和意义作出合理的判断，形成"智识"。

专家：人文教育对个人未来生活的影响会更大一些。

（A）项，无关选项，哪种课程的多少与其对未来的影响无关。

（B）项，说明了两者的不可替代性，削弱题干。

（C）项，不能支持，说明了"没有知识"和"错误的价值观"产生的影响，但无法说明哪种对人产生的影响更大。

（D）项，不能支持，此项指出了人文教育的重要性，但没有对人文教育与通识教育进行比较。

（E）项，可以支持，说明了对个人来说"智识"比"知识"更重要，即人文教育比通识教育更重要。

【答案】（E）

9.（2018 年管理类联考真题） 现在许多人很少在深夜 11 点以前安然入睡，他们未必都在熬夜用功，大多是在玩手机或看电视，其结果就是晚睡，第二天就会头昏脑胀、哈欠连天。不少人常常对此感到后悔，但一到晚上他们多半还会这么做。有专家就此指出，人们似乎从晚睡中得到了快乐，但这种快乐其实隐藏着某种烦恼。

以下哪项如果为真，最能支持上述专家的结论？

（A）晨昏交替，生活周而复始，安然入睡是对当天生活的满足和对明天生活的期待，而晚睡者只想活在当下，活出精彩。

（B）晚睡者具有积极的人生态度。他们认为，当天的事须当天完成，哪怕晚睡也在所不惜。

（C）大多数习惯晚睡的人白天无精打采，但一到深夜就感觉自己精力充沛，不做点有意义的事情就觉得十分可惜。

（D）晚睡其实是一种表面难以察觉的、对"正常生活"的抵抗，它提醒人们现在的"正常生活"存在着某种令人不满的问题。

（E）晚睡者内心并不愿意睡得晚，也不觉得手机或电视有趣，甚至都不记得玩过或看过什么，但他们总在睡觉前花较长时间磨蹭。

【解析】专家：人们似乎从晚睡中得到了快乐，但这种快乐其实隐藏着某种烦恼。

（A）项，只是表明了早睡者和晚睡者的不同，但未涉及晚睡是否有"烦恼"，不能支持专家意见。

（B）、（C）项，说明晚睡有好处，削弱专家意见。

（D）项，说明晚睡有烦恼，支持专家意见。

（E）项，仅仅说明了人们会晚睡的原因，但其没有说明晚睡的结果如何，不能支持专家意见。

【答案】（D）

10. **(2019年管理类联考真题)** 据碳-14检测，卡皮瓦拉山岩画的创作时间最早可追溯到3万年前。在文字尚未出现的时代，岩画是人类沟通交流、传递信息、记录日常生活的主要方式。于是今天的我们可以在这些岩画中看到：一位母亲将孩子举起嬉戏，一家人在仰望并试图碰触头上的星空……动物是岩画的另一个主角，比如巨型犰狳、马鹿、螃蟹等。在许多画面中，人们手持长矛，追逐着前方的猎物。由此可以推断，此时的人类已经居于食物链的顶端。

以下哪项如果为真，最能支持上述推断？

（A）岩画中出现的动物一般是当时人类猎捕的对象。

（B）3万年前，人类需要避免自己被虎、豹等大型食肉动物猎杀。

（C）能够使用工具使得人类可以猎杀其他动物，而不是相反。

（D）有了岩画，人类可以将生活经验保留下来供后代学习，这极大地提高了人类的生存能力。

（E）对星空的敬畏是人类脱离动物、产生宗教的动因之一。

【解析】题干：在许多画面中，人们手持长矛，追逐着前方的猎物 $\xrightarrow{证明}$ 3万年前的人类已经居于食物链的顶端。

（A）项，如果此项为真，能够说明人类确实可以捕杀一些动物，但无法确定人类是否居于食物链的顶端，支持力度弱。

（B）项，削弱了人类居于食物链顶端的结论。

（C）项，说明使用工具使得人类可以猎杀动物，而不会被动物猎杀，恰当地说明了人类居于食物链的顶端，支持力度大。

（D）、（E）项，无关选项。

【答案】（C）

11. **(2019年管理类联考真题)** 近年来，手机、电脑的使用导致工作与生活界限日益模糊，人们的平均睡眠时间一直在减少，熬夜已成为现代人生活的常态。科学研究表明，熬夜有损身体健康，睡眠不足不仅仅是多打几个哈欠那么简单。有科学家据此建议，人们应该遵守作息规律。

以下哪项如果为真，最能支持上述科学家所作的建议？

（A）长期睡眠不足会导致高血压、糖尿病、肥胖症、抑郁症等多种疾病，严重时还会造成意外伤害或死亡。

（B）缺乏睡眠会降低体内脂肪调节瘦素激素的水平，同时增加饥饿激素，容易导致暴饮暴食、体重增加。

（C）熬夜会让人的反应变慢、认知退步、思维能力下降，还会引发情绪失控，影响与他人的交流。

（D）所有的生命形式都需要休息与睡眠。在人类进化过程中，睡眠这个让人短暂失去自我意识、变得极其脆弱的过程并未被大自然淘汰。

（E）睡眠是身体的自然美容师，与那些睡眠充足的人相比，睡眠不足的人看上去面容憔悴，缺乏魅力。

【解析】题干：熬夜有损身体健康 ——证明→ 人们应该遵守作息规律。

（A）项，提出新论据，说明熬夜确实影响身体健康，支持力度大。

其余各项都说明了睡眠的重要性或者熬夜的坏处，但与健康不直接相关，故支持力度小。

【答案】（A）

12. （2019年管理类联考真题）如今，孩子写作业不仅仅是他们自己的事，大多数中小学生的家长都要面临陪孩子写作业的任务，包括给孩子听写、检查作业、签字等。据一项针对3 000余名家长进行的调查显示，84%的家长每天都会陪孩子写作业，而67%的受访家长会因陪孩子写作业而烦恼。有专家对此指出，家长陪孩子写作业，相当于充当学校老师的助理，让家庭成为课堂的延伸，会对孩子的成长产生不利影响。

以下哪项如果为真，最能支持上述专家的论断？

（A）家长是最好的老师，家长辅导孩子获得各种知识本来就是家庭教育的应有之义，对于中低年级的孩子，学习过程中的父母陪伴尤为重要。

（B）家长通常有自己的本职工作，有的晚上要加班，有的即使晚上回家也需要研究工作、操持家务，一般难有精力认真完成学校老师布置的"家长作业"。

（C）家长陪孩子写作业，会使得孩子在学习中缺乏独立性和主动性，整天处于老师和家长的双重压力下，既难生发学习兴趣，更难养成独立人格。

（D）大多数家长在孩子教育上并不是行家，他们或者早已遗忘了自己曾经学过的知识，或者根本不知道如何将自己拥有的知识传授给孩子。

（E）家长辅导孩子，不应围绕老师布置的作业，而应着重激发孩子的学习兴趣，培养孩子良好的学习习惯，让孩子在成长中感到新奇、快乐。

【解析】专家：家长陪孩子写作业，会对孩子的成长产生不利影响。

（A）项，说明家长陪孩子写作业有好处，削弱题干。

（B）项，无关选项，此项与家长陪孩子写作业是否会对孩子产生不利影响无关。

（C）项，补充论据，说明家长陪孩子写作业确实带来了不利影响，支持题干。

（D）项，只能说明家长辅导孩子有困难，但不涉及这种辅导是否会对孩子产生不利影响，故不能支持。

（E）项，给家长辅导孩子提出了建议，但不涉及这种辅导是否会对孩子产生不利影响，故不能支持。

【答案】（C）

13.（2020年管理类联考真题） 1818年前后，纽约市规定，所有买卖的鱼油都需要经过检查，同时缴纳每桶25美元的检查费。一天，一名鱼油商人买了三桶鲸鱼油，打算把鲸鱼油制成蜡烛出售，鱼油检查员发现这些鲸鱼油根本没经过检查，根据鱼油法案，该商人需要接受检查并缴费，但该商人声称鲸鱼不是鱼，拒绝缴费，遂被告上法庭。陪审员最后支持了原告，判决该商人支付75美元检查费。

以下哪项如果为真，最能支持陪审员所作的判决？

(A) 纽约市相关法律已经明确规定，"鱼油"包括鲸鱼油和其他鱼类油。
(B) "鲸鱼不是鱼"和中国古代公孙龙的"白马非马"类似，两者都是违反常识的诡辩。
(C) 19世纪的美国虽有许多人认为鲸鱼不是鱼，但是也有许多人认为鲸鱼是鱼。
(D) 当时多数从事科学研究的人都肯定鲸鱼不是鱼，而律师和政客持反对意见。
(E) 古希腊有先哲早就把鲸鱼归类到胎生四足动物和卵生四足动物之下，比鱼类更高一级。

【解析】本题要求支持陪审员，陪审员最后支持了原告，判决该商人支付75美元检查费，即要削弱商人的说法："鲸鱼不是鱼"。

(A) 项，法律规定鲸鱼油是鱼油，而法律恰恰是判决的依据，故此项正确。
(B) 项，从逻辑上分析"鲸鱼是鱼"，虽然有道理，但它并不是法律判决的依据，故支持力度不如 (A) 项。
(C)、(D)、(E) 项，无关选项，鲸鱼是不是鱼与大家怎么认识这一问题无关。

【答案】(A)

14.（2020年管理类联考真题） 移动互联网时代，人们随时都可进行数字阅读，浏览网页、读电子书是数字阅读，刷微博、朋友圈也是数字阅读。长期以来，一直有人担忧数字阅读的碎片化、表面化，但近来有专家表示，数字阅读具有重要价值，是阅读的未来发展趋势。

以下哪项如果为真，最能支持上述专家的观点？

(A) 长有长的用处，短有短的好处，不求甚解的数字阅读，也未尝不可，说不定在未来某一时刻，当初阅读的信息就会浮现出来，对自己的生活产生影响。
(B) 当前人们越来越多地通过数字阅读了解热点信息，通过网络进行相互交流，但网络交流者常常伪装或者匿名，可能会提供虚假信息。
(C) 有些网络读书平台能够提供精致的读书服务，他们不仅帮你选书，而且帮你读书，你需"听"即可，但用"听"的方式去读书，效率较低。
(D) 数字阅读容易挤占纸质阅读的时间，毕竟纸质阅读具有系统、全面、健康、不依赖电子设备等优点，仍将是阅读的主要方式。
(E) 数字阅读便于信息筛选，阅读者能在短时间内对相关信息进行初步了解，也可以此为基础作深入了解，相关网络阅读服务平台近几年已越来越多。

【解析】专家的观点：数字阅读具有重要价值，是阅读的未来发展趋势。

(A) 项，诉诸无知，"说不定"是一种猜测。
(B) 项，指出数字阅读可能的危害，削弱专家的观点。
(C) 项，指出有的网络平台的"听书"的缺点，削弱专家的观点。
(D) 项，指出纸质阅读仍将是阅读的主要方式，而数字阅读有缺点，削弱专家的观点。

（E）项，指出数字阅读的价值及发展趋势，支持专家的观点。

【答案】（E）

15. （2010年在职MBA联考真题）最近，国内考古学家在北方某偏远地区发现了春秋时代古遗址。当地旅游部门认为：古遗址体现了春秋古代文明的特征，应立即投资修复，并在周围修建公共交通设施，以便吸引国内外游客。张教授对此提出反对意见：古遗址有许多未解之谜待破译，应先保护起来，暂不宜修复和进行旅游开发。

如果下列陈述为真，则哪项最能加强上述张教授的观点？

（A）只有懂得古遗址历史，并且懂得保护古遗址的人才能参与修复古遗址。
（B）现在人还难以理解和判断古代文明的重大意义。
（C）修复任何一个古遗址都应该展现此地区最古老的风貌。
（D）对古遗址的保护和利用不应该被商业利益所支配。
（E）在缺乏研究的情况下匆忙修复古遗址，可能对文物造成不可弥补的破坏。

【解析】张教授：古遗址有许多未解之谜待破译，应先保护起来，暂不宜修复和进行旅游开发。

（A）项，无关选项，张教授的论证没有涉及"人员"问题。
（B）项，不能支持，如果此项要支持，必须有"难以理解和判断古代文明的重大意义"就不能开发，但题干说的是"有未解之谜"，不是同一概念。
（C）项，无关选项，张教授的论证没有涉及"风貌"问题。
（D）项，不能支持，因为张教授没有反对商业开发，只是说暂不宜进行开发。
（E）项，补充论据，指出如果在缺乏研究的情况下匆忙修复古遗址，会带来恶果，支持张教授的观点。

【答案】（E）

变化2 搭桥法

解题思路

最典型的使用搭桥法的题目，有两类：
（1）核心概念型。
题干的论证中有核心概念A，题干的论点中把这一概念偷换成了A′。我们就要说A和A′这两个概念是等同的，从而支持题干，即搭概念A和A′的桥。
（2）论据充分型。
题干：论据A，因此，结论B。
搭桥：如果有论据A，一定有结论B，即A→B。那么有了论据A，结论B一定成立，即论据A是得出结论B的充分条件。

典型真题

16. （2011年管理类联考真题）在一次围棋比赛中，参赛选手陈华不时地挤捏指关节，发出的声响干扰了对手的思考。在比赛封盘间歇时，裁判警告陈华：如果再次在比赛中挤捏指关节并发出声响，将判其违规。对此，陈华反驳说，他挤捏指关节是习惯性动作，并不是故意的，因此，不应被判违规。

以下哪项如果成立，最能支持陈华对裁判的反驳？
(A) 在此次比赛中，对手不时打开、合拢折扇，发出的声响干扰了陈华的思考。
(B) 在围棋比赛中，只有选手的故意行为，才能成为判罚的根据。
(C) 在此次比赛中，对手本人并没有对陈华的干扰提出抗议。
(D) 陈华一向恃才傲物，该裁判对其早有不满。
(E) 如果陈华为人诚实、从不说谎，那么他就不应该被判违规。

【解析】陈华认为：他挤捏指关节是习惯性动作，并不是故意的，因此，不应被判违规。

搭桥法：

(B) 项，必要条件后推前：故意←判罚，等价于：¬故意→¬判罚，即不是故意的行为不应被判罚，建立因果，支持题干。

【答案】(B)

17. （2014年管理类联考真题）最新研究发现，恐龙腿骨化石都有一定的弯曲度，这意味着恐龙其实并没有人们想象的那么重。以前根据其腿骨为圆柱形的假定计算动物体重时，会使得计算结果比实际体重高出1.42倍。科学家由此认为，过去那种计算方式高估了恐龙腿部所能承受的最大身体重量。

以下哪项如果为真，最能支持上述科学家的观点？
(A) 恐龙腿骨所能承受的重量比之前人们所认为的要大。
(B) 恐龙身体越重，其腿部骨骼也越粗壮。
(C) 圆柱形腿骨能承受的重量比弯曲的腿骨大。
(D) 恐龙腿部的肌肉对于支撑其体重作用不大。
(E) 与陆地上的恐龙相比，翼龙的腿骨更接近圆柱形。

【解析】题干中的论据：
①恐龙腿骨化石都有一定的弯曲度，这意味着恐龙没有人们想象的那么重。
②以前根据腿骨为圆柱形的假定计算动物体重时，会使得计算结果比实际体重高出1.42倍。
题干中的结论：过去那种计算方式高估了恐龙腿部所能承受的最大身体重量。
题干比较的是"圆柱形腿骨"和"弯曲的腿骨"对计算结果产生的影响，(C) 项指出，圆柱形腿骨能承受的重量比弯曲的腿骨大，即以前的计算方式比现在的计算方式计算出来的体重大，可以支持。本项为搭桥法，即建立不同形状的腿骨与体重的关系。

【答案】(C)

18. (2019年管理类联考真题) 研究人员使用脑电图技术研究了母亲给婴儿唱童谣时两人的大脑活动，发现当母亲与婴儿对视时，双方的脑电波趋于同步，此时婴儿也会发出更多的声音尝试与母亲沟通。他们据此认为，母亲与婴儿对视有助于婴儿的学习与交流。

以下哪项如果为真，最能支持上述研究人员的观点？

（A）在两个成年人交流时，如果他们的脑电波同步，交流就会更顺畅。

（B）当父母与孩子互动时，双方的情绪与心率可能也会同步。

（C）当部分学生对某学科感兴趣时，他们的脑电波会渐趋同步，学习效果也随之提升。

（D）当母亲与婴儿对视时，他们都在发出信号，表明自己可以且愿意与对方交流。

（E）脑电波趋于同步可优化双方的对话状态，使交流更加默契，增进彼此了解。

【解析】研究人员：母亲与婴儿对视时，双方的脑电波趋于同步且婴儿发声尝试交流 ——证明→ 母亲与婴儿对视有助于婴儿的学习与交流。

搭桥法：建立起"脑电波"和"婴儿的学习与交流"之间的关系，故（E）项正确。

（A）、（B）、（C）项显然为无关选项。

（D）项，无法确定此项中的"信号"是否与脑电波相关，故不能支持题干。

【答案】（E）

19. (2019年管理类联考真题)《淮南子·齐俗训》中有曰："今屠牛而烹其肉，或以为酸，或以为甘，煎熬燎炙，齐味万方，其本一牛之体。"其中的"熬"便是熬牛肉制汤的意思。这是考证牛肉汤做法的最早的文献资料。某民俗专家由此推测，牛肉汤的起源不会晚于春秋战国时期。

以下哪项如果为真，最能支持上述推测？

（A）《淮南子·齐俗训》完成于西汉时期。

（B）早在春秋战国时期，我国已经开始使用耕牛。

（C）《淮南子》的作者中有来自齐国故地的人。

（D）春秋战国时期我国已有熬汤的鼎器。

（E）《淮南子·齐俗训》记述的是春秋战国时期齐国的风俗习惯。

【解析】题干：《淮南子·齐俗训》是考证牛肉汤做法的最早的文献资料 ——证明→ 牛肉汤的起源不会晚于春秋战国时期。

（E）项，搭桥法，建立"《淮南子·齐俗训》"和"春秋战国时期"之间的关系，支持题干。

（A）项，削弱题干。

其余各项均为无关选项。

【答案】（E）

20. (2020年管理类联考真题) 披毛犀化石多分布在欧亚大陆北部，我国东北平原、华北平原、西藏等地也偶有发现。披毛犀有一种独特的构造——鼻中隔，简单地说就是鼻子中间的骨头。研究发现，西藏披毛犀化石的鼻中隔只是一块不完全的硬骨，早先在亚洲北部、西伯利亚等地发现的披毛犀化石的鼻中隔要比西藏披毛犀的"完全"，这说明西藏披毛犀具有更原始的形态。

以下哪项如果为真，最能支持以上论述？
(A) 一个物种不可能有两个起源地。
(B) 西藏披毛犀化石是目前已知最早的披毛犀化石。
(C) 为了在冰雪环境中生存，披毛犀的鼻中隔经历了由软到硬的进化过程，并最终形成一块完整的骨头。
(D) 冬季的青藏高原犹如冰期动物的"训练基地"，披毛犀在这里受到耐寒训练。
(E) 随着冰期的到来，有了适应寒冷能力的西藏披毛犀走出西藏，往北迁徙。

【解析】题干：①西藏披毛犀化石的鼻中隔只是一块不完全的硬骨；②早先在亚洲北部、西伯利亚等地发现的披毛犀化石的鼻中隔要比西藏披毛犀的"完全" —证明→ 西藏披毛犀具有更原始的形态。

(A) 项，无关选项，题干讨论的不是"起源地"。

(B) 项，无关选项，题干讨论的是披毛犀化石的鼻中隔与披毛犀的原始形态的关系，而此项仅涉及披毛犀化石的早晚。

(C) 项，说明披毛犀的鼻中隔的形成是从不完全到完全的过程，那么鼻中隔形成不完全，则披毛犀的形态越原始，支持题干。此项为搭桥法，即建立题干论据中"鼻中隔"与论点中"更原始"的关系。

(D) 项，无关选项。

(E) 项，无关选项，西藏披毛犀走出西藏，往北迁徙，不能证明它们是"亚洲北部、西伯利亚等地发现的披毛犀"的祖先或者比后者更原始。

【答案】(C)

21. （2020年管理类联考真题）尽管近年来我国引进不少人才，但真正顶尖的领军人才还是凤毛麟角。就全球而言，人才特别是高层次人才紧缺已呈常态化、长期化趋势。某专家由此认为，未来10年，美国、加拿大、德国等主要发达国家对高层次人才的争夺将进一步加剧，而发展中国家的高层次人才紧缺状况更甚于发达国家。因此，我国高层次人才引进工作急需进一步加强。

以下哪项如果为真，最能加强上述专家的论证？
(A) 我国理工科高层次人才紧缺程度更甚于文科。
(B) 发展中国家的一般性人才不比发达国家多。
(C) 我国仍然是发展中国家。
(D) 人才是衡量一个国家综合国力的重要指标。
(E) 我国近年来引进的领军人才数量不及美国等发达国家。

【解析】专家：未来10年，美国、加拿大、德国等主要发达国家对高层次人才的争夺将进一步加剧，而"发展中国家"的高层次人才紧缺状况更甚于发达国家 —证明→ "我国"高层次人才引进工作急需进一步加强。

显然需要将论据中的"发展中国家"和结论中的"我国"进行搭桥，故(C)项正确。

(A) 项，无关选项，出现了与题干无关的新比较。

(B) 项，无关选项，题干论述的是"高层次人才"而不是"一般性人才"。

(D) 项，无关选项，题干讨论的是高层次人才的缺乏，而不是人才的重要性。

(E) 项，干扰项，题干讨论的是"未来10年"的情况，此项说明的是"过去几年"的情况。

【答案】(C)

变化3　归纳论证的支持

> **解题思路**
> ①样本具有代表性。
> ②调查机构中立。

22. 当前的大学教育在传授基本技能上是失败的。有人对若干大公司人事部门负责人进行了一次调查，发现很大一部分新上岗的工作人员都没有很好地掌握基本的写作、数量和逻辑技能。

以下哪项如果为真，最能支持以上论证？

(A) 有的大学生没有选修基本技能方面的课程。

(B) 新上岗人员中极少有大学生。

(C) 写作、数量、逻辑方面的基本技能对胜任工作很重要。

(D) 大公司的新上岗人员基本代表了当前大学毕业生的水平。

(E) 过去的大学生比现在的大学生接受了更多的基本技能教育。

【解析】题干：若干大公司中很大一部分新上岗的工作人员都没有很好地掌握写作、数量和逻辑技能 —— 证明 → 大学技能教育失败。

(A) 项，支持题干，但"有的"是弱化词，支持力度较小。

(B) 项，削弱题干。

(C) 项，无关选项，题干讨论是否具有这些技能，没有讨论这些技能的重要性。

(D) 项，说明样本具有代表性，支持题干。

(E) 项，无关选项，题干不存在过去的大学生和现在的大学生之间的比较。

【答案】(D)

变化4　类比论证的支持

> **解题思路**
> 类比对象本质上相似，可以进行类比。

典型真题

23. （2011年管理类联考真题） 抚仙湖虫是泥盆纪澄江动物群中的一种，属于真节肢动物中比较原始的类型，成虫体长10厘米，有31个体节，外骨骼分为头、胸、腹三部分，它的背、腹分节数目不一致。泥盆纪直虾是现代昆虫的祖先，抚仙湖虫化石与直虾类化石类似，这间接表明了抚仙湖虫是昆虫的远祖。研究者还发现，抚仙湖虫的消化道充满泥沙，这表明它是食泥的动物。

以下除哪项外，均能支持上述论证？

（A）昆虫的远祖也有不是食泥的生物。
（B）泥盆纪直虾的外骨骼分为头、胸、腹三部分。
（C）凡是与泥盆纪直虾类似的生物都是昆虫的远祖。
（D）昆虫是由真节肢动物中比较原始的生物进化而来的。
（E）抚仙湖虫消化道中的泥沙不是在化石形成过程中由外界渗透进去的。

【解析】题干：

①抚仙湖虫是真节肢动物中比较原始的类型；抚仙湖虫外骨骼分为头、胸、腹三部分。

②类比论证：抚仙湖虫化石与直虾类化石类似 —证明→ 抚仙湖虫是昆虫的远祖。

③执果索因：抚仙湖虫的消化道充满泥沙 —证明→ 抚仙湖虫是食泥的动物。

（A）项，不能支持，因为由"有的不是食泥的生物"无法判断"有的是食泥的生物"的真假。

（B）项，支持论证②，补充论据，说明泥盆纪直虾和抚仙湖虫类似。

（C）项，支持论证②，与②构成三段论："与泥盆纪直虾类似的生物→昆虫的远祖"，所以"抚仙湖虫与泥盆纪直虾类似→抚仙湖虫是昆虫的远祖"。

（D）项，支持论证②，由此项知，昆虫是由真节肢动物中比较原始的生物进化而来的，再由①知，昆虫可能是由抚仙湖虫进化而来的。

（E）项，排除他因，支持论证③。

【答案】（A）

题型17 论证的假设

命题概率

近12年真题命题数量14道，平均每年1.17道。

母题变化

变化1　论证的假设：搭桥法

解题思路

搭桥法（1）：

$$\text{题干：论据 A} \xrightarrow{\text{证明}} \text{结论 B}。$$

指出论据是结论的充分条件，即只要有论据 A，一定有结论 B，即可使题干成立。形式化为："A→B"。就像是在论据和结论之间搭了一个桥，所以称为搭桥法。

搭桥法（2）：

题干论据中的概念和结论中的概念出现了不一致或者明显的跳跃，只需表明这两个概念的一致性，即可使题干的论证成立。就像是在两个概念之间搭了一个桥，所以称为搭桥法。

典型真题

1. （2009年管理类联考真题）因为照片的影像是通过光线与胶片的接触形成的，所以每张照片都具有一定的真实性。但是，从不同角度拍摄的照片总是反映了物体某个侧面的真实，而不是全部的真实。在这个意义上，照片又是不真实的。因此，在目前的技术条件下，以照片作为证据是不恰当的，特别是在法庭上。

以下哪项是上述论证所假设的？

（A）不完全反映全部真实的东西不能成为恰当的证据。

（B）全部的真实性是不可把握的。

（C）目前的法庭审理都把照片作为重要物证。

（D）如果从不同角度拍摄一个物体，就可以把握它的全部真实性。

（E）法庭具有判定任一证据真伪的能力。

【解析】题干：照片只能反映物体某个侧面的真实，而不是全部的真实 $\xrightarrow{\text{证明}}$ 以照片作为证据是不恰当的。

显然要建立"不能反映全部真实"和"不能作为证据"之间的因果关系，故（A）项必须假设。

（B）项，诉诸未知。

（C）项，诉诸众人。

（D）项，无关选项，此项说的是"把握全部真实性的方法"，而题干是说"真实性与证据的关系"。

（E）项，无关选项。

【答案】（A）

2. (2009年管理类联考真题) 张珊：不同于"刀""枪""剑""戟"，"之""乎""者""也"这些字无确定所指。

李思：我同意。因为"之""乎""者""也"这些字无意义。因此，应当在现代汉语中废止。

以下哪项最有可能是李思认为张珊的断定所蕴含的意思？

(A) 除非一个字无意义，否则一定有确定所指。

(B) 如果一个字有确定所指，则它一定有意义。

(C) 如果一个字无确定所指，则应当在现代汉语中废止。

(D) 只有无确定所指的字，才应当在现代汉语中废止。

(E) 大多数的字都有确定所指。

【解析】张珊认为："之""乎""者""也"这些字无确定所指。

李思认为："之""乎""者""也"这些字无意义，因此，这些字应该废止。

题干问的是"李思认为张珊的断定所蕴含的意思"，所以要建立张珊的断定和李思的论据的关系，即建立"无确定所指"与"无意义"的关系，故必须有：如果一个字无确定所指，则这个字无意义，即：无确定所指→无意义。

(A) 项，根据口诀"除非否则去除否，箭头直接向右划"，得：¬一个字无意义→有确定所指，等价于：无确定所指→无意义，正确。

注意：

(1) 此题不选 (C) 项，因为"废止"是李思新提出的观点。

(2) 如果此题的问题改为"李思的断定所蕴含的意思"，则是"无意义→应该废止"。

【答案】(A)

3. (2010年管理类联考真题) 有位美国学者做了一个实验，给被试儿童看了三幅图画：鸡、牛、青草，然后让儿童将其分为两类。结果大部分中国儿童把牛和青草归为一类，把鸡归为另一类；大部分美国儿童则把牛和鸡归为一类，把青草归为另一类。这位美国学者由此得出：中国儿童习惯于按照事物之间的关系来分类，美国儿童则习惯于把事物按照各自所属的"实体"范畴进行分类。

以下哪项是这位学者得出结论所必须假设的？

(A) 马和青草是按照事物之间的关系被归为一类。

(B) 鸭和鸡蛋是按照各自所属的"实体"范畴被归为一类。

(C) 美国儿童只要把牛和鸡归为一类，就是习惯于按照各自所属"实体"范畴进行分类。

(D) 美国儿童只要把牛和鸡归为一类，就不是习惯于按照事物之间的关系来分类。

(E) 中国儿童只要把牛和青草归为一类，就不是习惯于按照各自所属"实体"范畴进行分类。

【解析】美国学者：

①中国儿童把牛和青草归为一类，把鸡归为另一类 —证明→ 中国儿童习惯于按照事物之间的关系来分类。

②美国儿童则把牛和鸡归为一类，把青草归为另一类 —证明→ 美国儿童则习惯于把事物按照各

自所属的"实体"范畴进行分类。

（C）项是②的假设，搭桥法，否则，若美国儿童把牛和鸡归为一类，不是按照各自所属"实体"范畴进行分类，则推翻了题干中的结论（取非法）。

【答案】(C)

4.（2011年管理类联考真题） 某公司总裁曾经说过："当前任总裁批评我时，我不喜欢那感觉，因此，我不会批评我的继任者。"

以下哪项最有可能是该总裁上述言论的假设？

（A）当遇到该总裁的批评时，他的继任者和他的感觉不完全一致。
（B）只有该总裁的继任者喜欢被批评的感觉，他才会批评继任者。
（C）如果该总裁喜欢被批评，那么前任总裁的批评也不例外。
（D）该总裁不喜欢批评他的继任者，但喜欢批评其他人。
（E）该总裁不喜欢被前任总裁批评，但喜欢被其他人批评。

【解析】总裁：我不喜欢被批评的感觉 ——导致——→ 我不会批评我的继任者。

需要补充的假设为：不喜欢→不批评。

（B）项，只有该总裁的继任者喜欢被批评的感觉，他才会批评继任者，符号化：喜欢←批评＝不喜欢→不批评，是正确的假设。

【答案】(B)

5.（2013年管理类联考真题） 新近一项研究发现，海水颜色能够让飓风改变方向，也就是说，如果海水变色，飓风的移动路径也会变向。这也就意味着科学家可以根据海水的"脸色"判断哪些地区将被飓风袭击，哪些地区会幸免于难。值得关注的是，全球气候变暖可能已经让海水变色。

以下哪项最可能是科学家作出判断所依赖的前提？
（A）海水温度变化会导致海水改变颜色。
（B）海水颜色与飓风移动路径之间存在着某种相对确定的联系。
（C）海水温度升高会导致生成的飓风数量增加。
（D）海水温度变化与海水颜色变化之间的联系尚不明朗。
（E）全球气候变暖是最近几年飓风频发的重要原因之一。

【解析】题干：如果海水变色，飓风的移动路径也会变向 ——证明——→ 可以根据海水的"脸色"判断哪些地区将被飓风袭击，哪些地区会幸免于难。

（B）项，必须假设，搭桥法，即指出海水变色和飓风移动之间因果相关；否则，若海水的颜色与飓风的移动路径之间没有确定关系，则无法根据海水的颜色预测飓风的移动路径（取非法）。

（A）、（C）、（D）、（E）项，无关选项，题干中的结论是"变色"与"移动路径"的关系，不是和"海水温度"的关系；注意题干中末尾一句的"全球变暖"是干扰项，与题干结论无关。

【答案】(B)

6. （2014年管理类联考真题）长期以来，人们认为地球是已知唯一能支持生命存在的星球，不过这一情况开始出现改观。科学家近期指出，在其他恒星周围，可能还存在着更加宜居的行星，他们尝试用崭新的方法开展地外生命搜索，即搜寻放射性元素钍和铀。行星内部含有这些元素越多，其内部温度就会越高，这在一定程度上有助于行星的板块运动，而板块运动有助于维系行星表面的水体，因此，板块运动可被视为行星存在宜居环境的标志之一。

以下哪项最可能是科学家的假设？
（A）行星如能维系水体，就可能存在生命。
（B）行星板块运动都是由放射性元素钍和铀驱动的。
（C）行星内部温度越高，越有助于它的板块运动。
（D）没有水的行星也可能存在生命。
（E）虽然尚未证实，但地外生命一定存在。

【解析】题干：

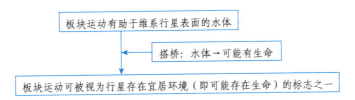

显然，前提是"水体"，结论是"存在宜居环境（即可能有生命）"，搭桥建立二者的因果联系即可，故（A）项必须假设。

【答案】（A）

7. （2017年管理类联考真题）婴儿通过触碰物体、四处玩耍和观察成人的行为等方式来学习，但机器人通常只能按照编定的程序进行学习。于是，有些科学家试图研制学习方式更接近于婴儿的机器人。他们认为，既然婴儿是地球上最有效率的学习者，为什么不设计出能像婴儿那样不费力气就能学习的机器人呢？

以下哪项最可能是上述科学家观点的假设？
（A）婴儿的学习能力是天生的，他们的大脑与其他动物幼崽不同。
（B）通过触碰、玩耍和观察等方式来学习是地球上最有效率的学习方式。
（C）即使是最好的机器人，它们的学习能力也无法超过最差的婴儿学习者。
（D）如果机器人能像婴儿那样学习，它们的智能就有可能超过人类。
（E）成年人和现有的机器人都不能像婴儿那样毫不费力地学习。

【解析】论据：婴儿通过触碰物体、四处玩耍和观察成人的行为等方式来学习，但机器人通常只能按照编定的程序进行学习。

科学家：既然婴儿是地球上最有效率的学习者，那么，应该设计出能像婴儿那样不费力气就能学习的机器人。

（A）项，无关选项，题干没有涉及婴儿的大脑和其他动物幼崽的比较。
（B）项，搭桥法，建立"婴儿的学习方式"与"最有效率"之间的联系，必须假设。
（C）项，无关选项，题干没有对最好的机器人与最差的婴儿学习者的学习能力进行对比。

(D) 项，无关选项，此项属于推理过度。

(E) 项，不必假设，不排除有个别的成年人可能像婴儿那样毫不费力地学习。

【答案】(B)

8. （2019年管理类联考真题）人们一直在争论猫与狗谁更聪明。最近，有些科学家不仅研究了动物脑容量的大小，还研究了其大脑皮层神经细胞的数量，发现猫平常似乎总摆出一副智力占优的神态，但猫的大脑皮层神经细胞的数量只有普通金毛犬的一半。由此，他们得出结论：狗比猫更聪明。

以下哪项最可能是上述科学家得出结论的假设？

(A) 狗善于与人类合作，可以充当导盲犬、陪护犬、搜救犬、警犬等，就对人类的贡献而言，狗能做的似乎比猫多。

(B) 狗可能继承了狼结群捕猎的特点，为了互相配合，它们需要做出一些复杂行为。

(C) 动物大脑皮层神经细胞的数量与动物的聪明程度呈正相关。

(D) 猫的脑神经细胞数量比狗少，是因为猫不像狗那样"爱交际"。

(E) 棕熊的脑容量是金毛犬的3倍，但其脑神经细胞的数量却少于金毛犬，与猫很接近，而棕熊的脑容量却是猫的10倍。

【解析】科学家：猫的大脑皮层神经细胞的数量只有普通金毛犬的一半 —证明→ 狗比猫更聪明。

为使论证成立，必须假设大脑皮层神经细胞的数量和聪明程度相关（搭桥法），故 (C) 项正确。其余各项均不必假设。

【答案】(C)

9. （2020年管理类联考真题）黄土高原以前植被丰富，长满大树，而现在千沟万壑，不见树木，这是植被遭破坏后水流冲刷大地造成的惨痛结果。有专家进一步分析认为，现在黄土高原不长植物，是因为这里的黄土其实都是生土。

以下哪项最有可能是上述专家推断的假设？

(A) 生土不长庄稼，只有通过土壤改造等手段才适宜种植粮食作物。

(B) 因缺少应有的投入，生土无人愿意耕种，无人耕种的土地贫瘠。

(C) 生土是水土流失造成的恶果，缺乏植物生长所需要的营养成分。

(D) 东北的黑土地中含有较厚的腐殖层，这种腐殖层适合植物的生长。

(E) 植物的生长依赖熟土，而熟土的存续依赖人类对植被的保护。

【解析】专家：黄土高原不见树木，是"水土流失的结果"；有专家进一步分析认为，现在黄土高原不长植物，是因为这里的黄土是"生土"。

(A) 项，无关选项，引入新内容"土壤改造"。

(B) 项，无关选项，引入新内容"投入"。

(C) 项，搭桥法，建立"水土流失"和"生土"的联系，必须假设。

(D) 项，无关选项，引入新内容"东北的黑土地"。题干讨论的对象是黄土高原，而不是东北。

(E) 项，无关选项，引入新内容"熟土的存续"。

【答案】(C)

变化 2　论证的假设：其他假设

解题思路

1. 充分型、必要型、可能型假设

（1）充分型假设题。

充分型假设题的一般提问方式如下：

"假设以下哪项，能使上述题干成立？"

其原理是，补充一个正确的选项作为前提，联合题干中的前提，一定能使题干的结论成立。图示如下：

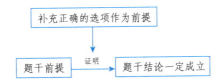

（2）必要型假设题。

必要型假设题的一般提问方式如下：

"上述结论如果要成立，必须基于以下哪项假设？"

"上述论证假设了以下哪项？"

"以下哪项是张医生的要求所预设的？"

隐含假设的含义是，虽未言明，但是题干中的论证要想成立所必须具备的一个前提。也就是说，隐含假设是题干论证的隐含必要条件。因此，严格意义上来说，必要型的假设题才真正符合假设的定义。

必要条件的含义是：没它不行。所以，正确的选项取非以后，会使题干的论证不成立。这种方法称为"取非法"，是必要型假设题的常用方法。图示如下：

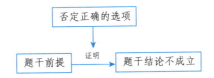

（3）可能型假设题。

可能型假设题的一般提问方式如下：

"以下哪项最可能是上述论证所作的假设？"

此类题目，如果选项中有题干的必要条件，就选这个必要条件的选项。如果选项中没有题干的必要条件，就选充分条件的选项。

2. 归纳论证的假设

题干：通过抽样统计、调查、某个人的所见所闻等，归纳出一个一般性结论。调查统计型的假设题在真题里面很少出现，它必须假设"样本具有代表性"。

3. 类比论证的假设

类比论证必须假设"类比对象本质上相似，可以进行类比"。

典型真题

10.（2009年管理类联考真题） 肖群一周工作五天，除非这周内有法定休假日。除了周五在志愿者协会，其余四天肖群都在太平洋保险公司上班。上周没有法定休假日。因此，上周的周一、周二、周三和周四肖群一定在太平洋保险公司上班。

以下哪项是上述论证所假设的？

（A）一周内不可能出现两天以上的法定休假日。

（B）太平洋保险公司实行每周四天工作日制度。

（C）上周的周六和周日肖群没有上班。

（D）肖群在志愿者协会的工作与保险业有关。

（E）肖群是个称职的雇员。

【解析】必要型假设题。

题干中的前提：

①没有法定休假日，则工作五天。

②周五在志愿者协会∧其余四天在太平洋保险公司上班。

③上周没有法定休假日。

题干中的结论：上周的周一、周二、周三和周四肖群一定在太平洋保险公司上班。

由①、③知，上周肖群工作了五天，由②知，肖群周五在志愿者协会上班。

所以，肖群可能在周一、周二、周三、周四、周六、周日中的4天去太平洋保险公司上班。

故，要推出周一、周二、周三和周四肖群一定在太平洋保险公司上班，必须假定周六、周日肖群没有上班，即（C）项正确。

【答案】（C）

11.（2011年管理类联考真题） 某家长认为，有想象力才能进行创造性劳动，但想象力和知识是天敌。人在获得知识的过程中，想象力会消失。因为知识符合逻辑，而想象力无章可循。换句话说，知识的本质是科学，想象力的特征是荒诞。人的大脑一山不容二虎：学龄前，想象力独占鳌头，脑子被想象力占据；上学后，大多数人的想象力被知识驱逐出境，他们成为知识的附庸，但丧失了想象力，终身只能重复前人的发现。

以下哪项是该家长论证所依赖的假设？

Ⅰ．科学是不可能荒诞的，荒诞的就不是科学。

Ⅱ．想象力和逻辑水火不相容。

Ⅲ．大脑被知识占据后很难重新恢复想象力。

（A）仅Ⅰ。　　　　　　　　（B）仅Ⅱ。

（C）仅Ⅰ和Ⅱ。　　　　　　（D）仅Ⅱ和Ⅲ。

（E）Ⅰ、Ⅱ和Ⅲ。

【解析】必要型假设题。

家长：

①有想象力才能进行创造性劳动。

②想象力和知识是天敌。

③知识符合逻辑，而想象力无章可循。

④知识的本质是科学，想象力的特征是荒诞。

⑤人的大脑一山不容二虎。

⑥学龄前，想象力独占鳌头，脑子被想象力占据；上学后，丧失了想象力，成为终身只能重复前人发现的人。

Ⅰ项，是论证④所依赖的假设。因为知识的本质是科学，假设科学是荒诞的，那么知识也是荒诞的，则知识和想象力之间是可以相容的（即不是天敌），与论证②矛盾（取非法）。

Ⅱ项，是论证③、④、⑤所依赖的假设。

Ⅲ项，是论证⑥所依赖的假设。因为如果大脑被知识占据后很容易重新恢复想象力，那么人们学了知识后，就不会终身只能重复前人的发现。

【答案】(E)

12. （2015年管理类联考真题）人类经历了上百万年的自然进化，产生了直觉、多层次抽象等独特智能。尽管现代计算机已经具备了一定的学习能力，但这种能力还需要人类的指导，完全的自我学习能力还有待进一步发展。因此，计算机要达到甚至超过人类的智能水平是不可能的。

以下哪项最可能是上述论证的预设？

(A) 计算机很难真正懂得人类的语言，更不可能理解人类的感情。

(B) 理解人类复杂的社会关系需要自我学习能力。

(C) 计算机如果具备完全的自我学习能力，就能形成直觉、多层次抽象等智能。

(D) 计算机可以形成自然进化能力。

(E) 直觉、多层次抽象等这些人类的独特智能无法通过学习获得。

【解析】可能型假设题。

题干：尽管现代计算机已经具备了一定的学习能力，但直觉、多层次抽象等独特智能还需要人类的指导 —证明→ 计算机要达到甚至超过人类的智能水平是不可能的。

(C) 项，题干说明计算机"不具备完全的自我学习能力"，无法达到人类的智能水平，但并未断言计算机"具备完全的自我学习能力"后是否能形成直觉、多层次抽象等智能，故此项不必假设。

(E) 项，必须假设，否则，如果计算机通过学习可以获得"直觉、多层次抽象等独特智能"，那么计算机就可能达到甚至超过人类的智能水平。

其余各项均为无关选项。

【答案】(E)

13. （2020年管理类联考真题）有学校提出，将效仿免费师范生制度，提供减免学费等优惠条件以吸引成绩优秀的调剂生，提高医学人才培养质量。有专家对此提出反对意见：医生是既崇高又辛苦的职业，要有足够的爱心和兴趣才能做好，因此，宁可招不满，也不要招收调剂生。

以下哪项最可能是上述专家论断的假设？

(A) 没有奉献精神，就无法学好医学。

(B) 如果缺乏爱心，就不能从事医生这一崇高的职业。

(C) 调剂生往往对医学缺乏兴趣。
(D) 因优惠条件而报考医学的学生往往缺乏奉献精神。
(E) 有爱心并对医学有兴趣的学生不会在意是否收费。

【解析】可能型假设题。

专家的论据：要有足够的爱心和兴趣才能做好医生，即：￢爱心∨￢兴趣→做不好医生。

专家的观点：不建议招收调剂生。

假设(C)项为真，即调剂生对医学缺乏兴趣，结合论据可知，调剂生做不好医生，因此，不招收调剂生。故(C)项是最可能的假设。

其余各项均为无关选项。

【答案】(C)

14. (2009年在职MBA联考真题) 地球所在的太阳系的八大行星中，存在生命的就占了八分之一。按照这个比例，考虑到宇宙中存在数量巨大的行星，因此，宇宙中有生命的天体的数量一定是极其巨大的。

以上论证的漏洞在于，不加证明就预先假设了以下哪项？

(A) 一个天体如果与地球类似，就一定存在生命。
(B) 一个星系，如果与太阳系类似，就一定恰有八个行星。
(C) 太阳系的行星与宇宙中的许多行星类似。
(D) 类似于地球上的生命可以在条件迥异的其他行星上生存。
(E) 地球是最适合生命存在的行星。

【解析】类比型假设题。

题干将太阳系中的情况，类比到宇宙天体的情况。一个类比要成立，类比对象的本质属性必须是近似的，且前提属性与结论属性必须有本质联系。

(A)项，不必假设，只要宇宙中有很多与地球相似且有生命的天体就可以了，没必要每个与地球相似的天体都存在生命。

(B)项，不必假设。

(C)项，必须假设，指出类比对象相似，否则，题干中的类比就不成立了。

(D)项，不必假设，如果类似于地球上的生命不能在其他行星上生存，其他行星也可能有其他形式的生存，不能推翻题干中的结论。

(E)项，不必假设，有其他更适合生命生存的行星也可以。

【答案】(C)

题型 18　论证的推论

命题概率

近12年真题命题数量24道，平均每年2道。

母题变化

变化1　一般推论题

解题思路

（1）推论题解题步骤。

①读题目要求，确定题目属于推论题。

②读题干，注意有无"如果，那么""除非，否则""只有，才"等关联词。

③如果题干有典型的关联词，则可将题目中的逻辑关系符号化，使用之前所学的形式逻辑知识直接进行推理即可。

④如果题干没有典型的关联词，则要找出题干中的论证关系或因果关系。

⑤拿不准的题目，可采用取非法：推论题要求从题干A中推出选项B，因为A→B等价于¬B→¬A，所以否定正确的选项，一定能否定题干中的结论，由此可以检验推论题选项的正确性。

（2）推论题解题技巧。

①相关性。

紧扣题干内容，正确的答案应该与题干直接相关，一般来说，与题干重合度越高的选项越可能成为正确答案。切忌用题干之外的信息进一步推理。

②关键词。

推论题一般都可以找到题干中的关键词，按关键词定位选项可提高解题速度。

③典型错误。

Ⅰ．无关选项。

内容与题干不直接相关。

Ⅱ．推理过度。

扩大推理的范围，扩大论证的主体。

Ⅲ．绝对化。

带有绝对化词汇的选项一般为错误选项，如："所有""只有""最""唯一""完全""仅"，等等。

Ⅳ．新内容。

出现了新内容的选项一般为错误选项，如：新概念、新名词、新动词、新的比较，等等。

典型真题

1.（2009年管理类联考真题）如果一个学校的大多数学生都具备足够的文学欣赏水平和道德自律意识，那么，像《红粉梦》和《演艺十八钗》这样的出版物就不可能成为在该校学生中销售最多的书。去年在H学院的学生中，《演艺十八钗》的销售量仅次于《红粉梦》。

如果上述断定为真，则以下哪项一定为真？

Ⅰ.去年H学院的大多数学生都购买了《红粉梦》或《演艺十八钗》。
Ⅱ.H学院的大多数学生既不具备足够的文学欣赏水平，也不具备足够的道德自律意识。
Ⅲ.H学院至少有些学生不具备足够的文学欣赏水平，或者不具备足够的道德自律意识。

(A) 仅Ⅰ。　　　　　　　　(B) 仅Ⅱ。　　　　　　　　(C) 仅Ⅲ。
(D) 仅Ⅱ和Ⅲ。　　　　　　(E) Ⅰ、Ⅱ和Ⅲ。

【解析】由"《演艺十八钗》的销售量'仅次于'《红粉梦》"可知，《红粉梦》和《演艺十八钗》是H学院学生中销售最多的书，但不能推出：去年H学院的大多数学生都购买了《红粉梦》或《演艺十八钗》。因此，Ⅰ项不一定为真。

题干断定：大多数学生都具备足够的文学欣赏水平和道德自律意识→像《红粉梦》和《演艺十八钗》这样的出版物就不可能成为在该校学生中销售最多的书。

等价于：像《红粉梦》和《演艺十八钗》这样的出版物成为在该校学生中销售最多的书→至少有些学生不具备足够的文学欣赏水平，或者不具备足够的道德自律意识。故Ⅲ项一定为真。

由题干不能确定Ⅱ项的真假情况，故Ⅱ项可真可假。

【答案】(C)

2. (2009年管理类联考真题) 在接受治疗的腰肌劳损患者中，有人只接受理疗，也有人接受理疗与药物双重治疗。前者可以得到与后者相同的预期治疗效果。对于上述接受药物治疗的腰肌劳损患者来说，此种药物对于获得预期的治疗效果是不可缺少的。

如果上述断定为真，则以下哪项一定为真？

Ⅰ.对于一部分腰肌劳损患者来说，要配合理疗取得治疗效果，药物治疗是不可缺少的。
Ⅱ.对于一部分腰肌劳损患者来说，要取得治疗效果，药物治疗不是不可缺少的。
Ⅲ.对于所有腰肌劳损患者来说，要取得治疗效果，理疗是不可缺少的。

(A) 仅Ⅰ。　　　　　　　　(B) 仅Ⅱ。　　　　　　　　(C) 仅Ⅲ。
(D) 仅Ⅰ和Ⅱ。　　　　　　(E) Ⅰ、Ⅱ和Ⅲ。

【解析】题干：
①有人接受理疗与药物双重治疗，可以得到预期治疗效果。
②有人只接受理疗，达到相同的预期治疗效果。
③对于上述接受药物治疗的腰肌劳损患者来说，此种药物不可缺少。

由①、③可知，Ⅰ项必然为真。
由②可知，Ⅱ项必然为真。

题干只提到了有的人用理疗，有的人用理疗与药物双重治疗，但没有表明"所有腰肌劳损患者"都必须理疗。因此，Ⅲ项并不一定为真，扩大了对象的范围。

【答案】(D)

3. (2009年管理类联考真题) 大李和小王是某报新闻部的编辑，该报总编计划从新闻部抽调人员到经济部。总编决定：未经大李和小王本人同意，将不调动两人。大李告诉总编："我不同意调动，除非我知道小王是否调动。"小王说："除非我知道大李是否调动，否则我不同意调动。"

如果上述三人坚持各自的决定，则可推出以下哪项结论？

(A) 两人都不可能调动。

(B) 两人都可能调动。
(C) 两人至少有一人可能调动，但不可能两人都调动。
(D) 要么两人都调动，要么两人都不调动。
(E) 题干的条件推不出关于两人调动的确定结论。

【解析】由题干可知：要调动大李，先要使大李本人同意调动；要使大李本人同意调动，必须先确定小王是否调动。要调动小王，先要使小王本人同意调动；要使小王本人同意调动，必须先确定大李是否调动。显然，两人的调动是互为条件的，故大李和小王两人都不可能调动，所以（A）项正确。

【答案】（A）

4. （2011年管理类联考真题）一般将缅甸所产的经过风化或经河水搬运至河谷、河床中的翡翠大砾石，称为"老坑玉"。老坑玉的特点是"水头好"、质坚、透明度高，其上品透明如玻璃，故称"玻璃种"或"冰种"。同为老坑玉，其质量相对也有高低之分，有的透明度高一些，有的透明度稍差些，所以价值也有差别。在其他条件都相同的情况下，透明度高的老坑玉比透明度较其低的单位价值高，但是开采的实践告诉人们，没有单位价值最高的老坑玉。

以上陈述如果为真，可以得出以下哪项结论？
(A) 没有透明度最高的老坑玉。
(B) 透明度高的老坑玉未必"水头好"。
(C) "新坑玉"中也有质量很好的翡翠。
(D) 老坑玉的单位价值还决定于其加工的质量。
(E) 随着年代的增加，老坑玉的单位价值会越来越高。

【解析】题干中有以下判断：
①透明度高的老坑玉比透明度较其低的单位价值高。
②没有单位价值最高的老坑玉。

（A）项，必然为真，否则，如果有透明度最高的老坑玉，就有了单位价值最高的老坑玉，与题干的结论矛盾（取非法）。
（B）项，与题干信息"老坑玉的特点是'水头好'"矛盾，为假。
（C）项，此项中有题干没有涉及的新内容"新坑玉"，无关选项。
（D）项，此项中有题干没有涉及的新内容"加工的质量"，无关选项。
（E）项，此项中有题干没有涉及的新内容"年代"，无关选项。

【答案】（A）

5. （2011年管理类联考真题）按照联合国开发计划署2007年的统计，挪威是世界上居民生活质量最高的国家，欧美和日本等发达国家也名列前茅。如果统计1990年以来生活质量改善最快的国家，发达国家则落后了。至少在联合国开发计划署统计的116个国家中，17年来，非洲东南部国家莫桑比克的生活质量提高最快，2007年其生活质量指数比1990年提高了50%。很多非洲国家取得了和莫桑比克类似的成就。作为世界上最受瞩目的发展中国家，中国的生活质量指数在过去17年中也提高了27%。

以下哪项可以从联合国开发计划署的统计中得出？

（A）2007年，发展中国家的生活质量指数都低于西方国家。

（B）2007年，莫桑比克的生活质量指数不高于中国。

（C）2006年，日本的生活质量指数不高于中国。

（D）2006年，莫桑比克的生活质量的改善快于非洲其他各国。

（E）2007年，挪威的生活质量指数高于非洲各国。

【解析】题干信息如下：

①2007年挪威是世界上居民生活质量最高的国家。

②欧美和日本等发达国家也名列前茅。

③17年来，非洲东南部国家莫桑比克的生活质量提高最快。

④中国的生活质量指数在过去17年中也提高了27%。

（A）项，欧美和日本等发达国家名列前茅，不代表所有发展中国家的生活质量指数都低于西方国家，不能推出。

（B）项，题干没有涉及莫桑比克和中国关于生活质量指数的比较，无关选项。

（C）项，题干没有涉及日本和中国关于生活质量指数的比较，无关选项。

（D）项，题干信息③中，"17年来"，莫桑比克的生活质量提高最快，不意味着"2006年"，莫桑比克的生活质量指数提高最快，不能推出。

（E）项，由题干信息①可知，2007年挪威是世界上居民生活质量最高的国家，当然高于非洲各国，必然为真。

【答案】(E)

6. **(2012年管理类联考真题)** 比较文字学学者张教授认为，在不同的民族语言中，字形与字义的关系有不同的表现。他提出，汉字是象形文字，其中大部分是形声字，这些字的字形与字义相互关联；而英语是拼音文字，其字形与字义往往关联不大，需要某种抽象的理解。

以下哪项如果为真，最不符合张教授的观点？

（A）汉语中的"日""月"是象形字，从字形可以看出其所指的对象；而英语中的sun与moon则感觉不到这种形义结合。

（B）汉语中的"日"与"木"结合，可以组成"東""呆""杳"等不同的字，并可以猜测其语义；而英语中则不存在与此类似的sun与wood的结合。

（C）英语中也有与汉语类似的象形文字，如，eye是人的眼睛的象形，两个e代表眼睛，y代表中间的鼻子；bed是床的象形，b和d代表床的两端。

（D）英语中的sunlight与汉语中的"阳光"相对应，而英语的sun与light和汉语中的"阳"与"光"相对应。

（E）汉语中的"星期三"与英语中的Wednesday和德语中的Mittwoch意思相同。

【解析】张教授：①在不同的民族语言中，字形与字义的关系有不同的表现。

②汉字是象形文字，字形与字义相互关联。

③英语是拼音文字，字形与字义往往关联不大。

（A）、（B）项，例证法，支持了张教授的观点。

（C）项，说明英语中也有字形与字义关联很大的词汇，与张教授的观点不符。

（D）项，无关选项，张教授的观点不涉及英语和汉语的对应关系。

（E）项，无关选项，张教授的观点不涉及汉语、英语、德语的对应关系。

【答案】(C)

7. (2014年管理类联考真题) 某大学顾老师在回答有关招生问题时强调："我们学校招收一部分免费师范生，也招收一部分一般师范生。一般师范生不同于免费师范生。没有免费师范生毕业时可以留在大城市工作，而一般师范生毕业时都可以选择留在大城市工作，任何非免费师范生毕业时都需要自谋职业，没有免费师范生毕业时需要自谋职业。"

根据顾老师的陈述，可以得出以下哪项？

（A）该校需要自谋职业的大学生都可以选择留在大城市工作。

（B）不是一般师范生的该校大学生都是免费师范生。

（C）该校需要自谋职业的大学生都是一般师范生。

（D）该校所有一般师范生都需要自谋职业。

（E）该校可以选择留在大城市工作的唯一一类毕业生是一般师范生。

【解析】题干有以下信息：

①学校招收一部分免费师范生，也招收一部分一般师范生。

②没有免费师范生毕业时可以留在大城市工作，即：免费师范生→¬留在大城市工作。

③一般师范生毕业时都可以选择留在大城市工作，即：一般师范生→可以选择留在大城市工作。

④任何非免费师范生毕业时都需要自谋职业，即：¬免费师范生→自谋职业。

⑤没有免费师范生毕业时需要自谋职业，即：免费师范生→¬自谋职业。

（A）项，自谋职业→可以选择留在大城市工作；由题干信息⑤知，自谋职业→¬免费师范生，（A）项如果为真，必须有前提：¬免费师范生→可以选择留在大城市工作，但题干中无此前提，故（A）项可真可假。

（B）项，¬一般师范生→免费师范生，可真可假，有可能是非师范类学生。

（C）项，由题干信息⑤知：自谋职业→¬免费师范生，故只能得到自谋职业的不是免费师范生，但不是免费师范生有可能是其他学生，如非师范学生，不一定是一般师范生，故（C）项可真可假。

（D）项，一般师范生不是免费师范生，由题干信息④知，必须自谋职业，为真。

（E）项，由题干信息③知，可真可假。

【答案】(D)

8. (2019年管理类联考真题) 甲：上周去医院，给我看病的医生竟然还在抽烟。

乙：所有抽烟的医生都不关心自己的健康，而不关心自己健康的人也不会关心他人的健康。

甲：是的，不关心他人健康的医生没有医德，我今后再也不会让没有医德的医生给我看病了。

根据上述信息，以下除了哪项，其余各项均可得出？

（A）甲认为他不会再找抽烟的医生看病。

（B）乙认为上周给甲看病的医生不会关心乙的健康。

（C）甲认为上周给他看病的医生不关心医生自己的健康。

(D) 甲认为上周给他看病的医生不会关心甲的健康。

(E) 乙认为上周给甲看病的医生没有医德。

【解析】题干：

(1) 甲：上周给我看病的医生在抽烟。

(2) 乙：抽烟的医生→不关心自己的健康→不关心他人的健康。

(3) 甲：是的。不关心他人的健康→没有医德→不会找他看病。

(A) 项，由题干条件（3）可知，为真。

(B) 项，由题干条件（2）可知，为真。

(C)、(D) 项，由题干条件（2）、（3）可知，为真。

(E) 项，"没有医德"的观点是甲提出的，乙对此并未涉及，故可真可假。

【答案】(E)

9. （2019年管理类联考真题）如果一个人只为自己劳动，他也许能够成为著名学者、大哲人、卓越诗人，然而他永远不能成为完美无瑕的伟大人物。如果我们选择了最能为人类福利而劳动的职业，那么重担就不能把我们压倒，因为这是为大家而献身。那时我们所感到的就不是可怜的、有限的、自私的乐趣，我们的幸福将属于千百万人，我们的事业将默默地、但是永恒发挥作用地存在下去，而面对我们的骨灰，高尚的人们将洒下热泪。

根据以上陈述，可以得出以下哪项结论？

(A) 如果一个人只为自己劳动，不是为大家而献身，那么重担就能将他压倒。

(B) 如果我们为大家而献身，我们的幸福将属于千百万人，面对我们的骨灰，高尚的人们将洒下热泪。

(C) 如果我们没有选择最能为人类福利而劳动的职业，我们所感到的就是可怜的、有限的、自私的乐趣。

(D) 如果选择了最能为人类福利而劳动的职业，我们就不但能够成为著名学者、大哲人、卓越诗人，而且还能够成为完美无瑕的伟大人物。

(E) 如果我们只为自己劳动，我们的事业就不会默默地、但是永恒发挥作用地存在下去。

【解析】题干：

(1) 只为自己劳动→永远不可能成为伟大人物。

(2) 为人类福利劳动（为大家而献身）→重担不能把我们压倒∧感到的不是可怜的、有限的、自私的乐趣∧幸福属于千百万人∧我们的事业将默默地、但是永恒发挥作用地存在下去∧面对我们的骨灰，高尚的人们将洒下热泪。

显然，(B) 项正确。

【答案】(B)

10. （2009年在职MBA联考真题）张珊有合法与非法的概念，但没有道德上对与错的概念。她由于自己的某个行为受到起诉。尽管她承认自己的行为是非法的，但却不知道这一行为事实上也是不道德的。

上述断定能恰当地推出以下哪项结论？

(A) 张珊做了某种违法的事。

(B) 张珊做了某种不道德的事。

(C) 张珊是法律专业的毕业生。

(D) 非法的行为不可能合乎道德。

(E) 对于法律来说，道德上的无知不能成为借口。

【解析】题干：

①张珊承认自己的行为是非法的。

②张珊不知道这一行为事实上也是不道德的。

由②知，张珊的行为"事实上是不道德的"，故（B）项为真。

（A）项不必然为真，"承认"是主观判断，不一定等于客观事实。

【答案】（B）

11. **（2009年在职MBA联考真题）** 在欧洲历史中，封建主义这一概念在出现时首先假设了贵族阶级的存在。但是除非贵族的封号和世袭地位受到法律的确认，否则，严格意义上的贵族阶级就不可能存在。虽然欧洲的封建主义早在8世纪就存在，但是，直到12世纪，贵族世袭才开始受到法律确认。而到了12世纪，不少欧洲国家的封建制度已走向衰弱。

上述断定能恰当地推出以下哪项结论？

Ⅰ．在欧洲历史上，封建主义这一概念存在不同的定义。

Ⅱ．如果一个国家通过法律确认贵族的封号和世袭地位，则这个国家一定存在严格意义上的贵族阶级。

Ⅲ．封建国家中可能不存在严格意义上的贵族阶级。

(A) 仅Ⅰ。　　　　　　　　(B) 仅Ⅱ。　　　　　　　　(C) 仅Ⅲ。

(D) 仅Ⅰ和Ⅲ。　　　　　　(E) Ⅰ、Ⅱ和Ⅲ。

【解析】将题干信息符号化：

①封建主义→贵族阶级的存在，等价于：¬贵族阶级的存在→¬封建主义。

②除非A，否则B=¬A→B，故有：¬（贵族的封号和世袭地位受到法律的确认）→严格意义上的贵族阶级就不可能存在，等价于：贵族阶级存在→贵族的封号和世袭地位受到法律的确认。

③欧洲的封建主义早在8世纪就存在。

④贵族世袭在12世纪才开始受到法律确认。

由④可知，"12世纪以前贵族的世袭地位没有得到法律确认"，结合②可知，"严格意义上的贵族阶级就不存在"，再结合①可知，12世纪以前没有出现封建主义这一概念，与③矛盾，说明"封建主义这一概念存在不同的定义"，故Ⅰ项必须成立，否则题干就犯了自相矛盾的错误。

由②可知，"贵族的封号和世袭地位受到法律的确认"是"贵族阶级存在"的必要条件，而非充分条件，故Ⅱ项不必然成立。

由③、④可知，Ⅲ项成立。

【答案】（D）

12. **（2010年在职MBA联考真题）** 最近的研究表明，和鹦鹉长期密切接触会增加患肺癌的危险。但是没人会因为存在这种危险性，而主张政府通过对鹦鹉的主人征收安全税来限制或减少人和鹦鹉的接触。因此，同样的道理，政府应该取消对滑雪、汽车、摩托车和竞技降落伞等带有危险性的比赛场所征收的安全税。

以下哪项最不符合题干的意思？

(A) 政府应该对一些豪华型的健身美容设施征收专门税以贴补教育。
(B) 政府不应该提倡但也不应禁止新闻媒介对飞车越黄河这样的危险性活动的炒作。
(C) 政府应运用高科技手段来提高竞技比赛的安全性。
(D) 政府应拨专款来确保登山运动和探险活动参加者的安全。
(E) 政府应设法通过增加成本的方式，来减少人们对带有危险性的竞技娱乐活动的参与。

【解析】题干：

和鹦鹉长期密切接触有危险；
滑雪、汽车、摩托车和竞技降落伞等比赛也有危险；
不应向鹦鹉的主人征收安全税；
─────────────────────
所以，不应该向有危险性的比赛场所征收安全税。

(A)、(B)、(C)、(D) 四项均为无关选项。

(E) 项，政府应增加危险性活动的成本，而征收安全税正是增加这些活动的成本，(E) 项支持征收安全税，与题干的意思相反，所以最不符合题干的意思。

【答案】(E)

13. (2010年在职MBA联考真题) 一项研究发现：吸食毒品（例如摇头丸）的女孩比没有这种行为的女孩患忧郁症的可能性高出2至3倍；酗酒的男孩比不喝酒的男孩患忧郁症的可能性高出5倍。另外，忧郁会使没有不良行为的孩子减少犯错误的冲动，却会让有过上述不良行为的孩子更加行为出格。

如果上述判定为真，则以下哪项一定为真？

(A) 行为出格的孩子容易忧郁，进而加重他们的出格行为。
(B) 酗酒的男孩比食用摇头丸的女孩患忧郁症的可能性高。
(C) 忧郁会让人失去生活的乐趣并导致行为出格。
(D) 没有坏习惯的孩子大多是家庭和谐快乐的。
(E) 患有忧郁症的孩子都伴随有不良的出格行为。

【解析】题干有以下信息：
①吸食毒品的女孩比没有这种行为的女孩患忧郁症的可能性高出2至3倍。
②酗酒的男孩比不喝酒的男孩患忧郁症的可能性高出5倍。
③忧郁会使没有不良行为的孩子减少犯错误的冲动。
④忧郁会让有过上述不良行为的孩子更加行为出格。

根据求同求异共用法，由题干信息①、②可知：不良行为使孩子更易患忧郁症。再由题干信息④可知，忧郁会使他们的行为更加出格，故 (A) 项为真。

(B) 项，题干不存在酗酒的男孩与食用摇头丸的女孩之间的对比，无关选项。

(C) 项，题干不涉及"生活乐趣"，另外，由题干信息③可知，忧郁并不一定会导致行为出格。

(D) 项，题干不涉及"家庭和谐快乐"，无关选项。

(E) 项，由题干信息④可知，忧郁会让有过上述不良行为的孩子更加行为出格，但不是所有"患有忧郁症的孩子都伴随有出格行为"，扩大了范围，推理过度。

【答案】(A)

14. **(2010年在职MBA联考真题)** 心理学研究表明，当人们对某些事情怀有消极态度时，如果通过画面将这些事情与他们喜欢的事情联系起来，人们对这些事情的态度可能会由消极变为积极。因此，广告设计者应该_____

以下哪项最能合乎逻辑地完成上述陈述?

(A) 在其广告里面使用很少的文字内容，呈现更多的画面元素。
(B) 通过画面对宣传的产品进行夸张，设法让人们对其产生好感。
(C) 把他们的广告在电视上发布而不是刊登在杂志上。
(D) 通过画面将广告产品的优点与竞争对手产品的缺点进行对比。
(E) 在广告中适当插入被大部分目标顾客喜欢的图片。

【解析】题干：如果通过画面将这些事情与他们喜欢的事情联系起来，人们对这些事情的态度可能会由消极变为积极。

所以，广告设计者应该将画面与他们喜欢的事情联系起来。

(E) 项，"在广告中适当插入被大部分目标顾客喜欢的图片"符合题干。

其余各项均为无关选项。

【答案】(E)

15. **(2011年在职MBA联考真题)** 2011年世界大学生运动会在中国深圳举行，运动员通过各国的选拔来参加比赛。某项目限制每个国家最多两个报名名额。某国在该项目上有四名出色的运动员U、V、W、X愿意报名参赛。通过一次公正、公平、公开的国内比赛，选拔出U、V参加世界大学生运动会。

以下哪项陈述与题干不相符?

(A) 运动员W在选拔赛中成绩优于运动员U，但U是该国这项运动记录的保持者。
(B) 运动员X在选拔赛中成绩最优秀，但赛后违禁药物检测呈阳性。
(C) 运动员W在本赛季创造了该国的最好成绩。
(D) 运动员U在2008年因兴奋剂被禁赛两年。
(E) 运动员V是一员年龄超过35岁的老将。

【解析】题干：通过一次公正、公平、公开的国内比赛，选拔出U、V参加世界大学生运动会。

(A) 项，在选拔赛中W的成绩优于U，而实际选择了U，说明不是通过公平、公正的选拔赛选人，与题干不符。

(B) 项，X犯规被淘汰，不违反题干。

(C) 项，不知道W在本次选拔赛的成绩，不违反题干。

(D) 项，U的禁赛不涉及2011年的比赛，不违反题干。

(E) 项，不知道V在本次选拔赛的成绩，不违反题干。

【答案】(A)

16. (2011年在职MBA联考真题) 某彩票销售站最近半年在出售一种不记名、不挂失的"刮刮看"彩票。该彩票左边有2个隐藏的两位数字，右边有6个隐藏的两位数字。顾客购买后就可以刮彩票。如果右边刮开的某个数字与左边的某个数字相同，在右边该数字下面刮出的字体更小的数字就是中奖的数额。根据福彩中心提供的信息，这种彩票可能中奖的数额有：60元、800元、6 000元、8 000元、60 000元、100 000元，每张彩票至多有一个中奖数字。张三下班后在某福彩销售站购买了一张彩票，刮开后发现右边的一个数字是15，与左边刮出的一个数字相同，再看下边的小字体数字是8 000元，高兴之极，销售彩票的李四立刻给了他8 000元，张三高兴地去餐厅与朋友大吃了一顿。事后矛盾爆发，两人打起了官司。

以下哪项陈述是最不可能发生的？
(A) 张三真认为自己中奖8 000元。
(B) 李四当真认为张三中奖8 000元。
(C) 张三认为自己真的中了彩票。
(D) 李四认为张三真的中了彩票。
(E) 张三没有仔细地刮开彩票。

【解析】根据题意，张三和李四两人打官司，原因有：①从张三的角度看，张三认为自己实际中奖比8 000元多；②从李四的角度看，有两种情况：李四认为张三没有中奖8 000元（张三认为自己中奖8 000元）；李四认为张三中奖了，但是比8 000元少。

故（B）项最不可能发生，其余各项均有可能发生。

【答案】(B)

17～18题基于以下题干：

11月8日上午，国防科技工业局首次公布了"嫦娥二号"卫星传回的"嫦娥三号"预选着陆区——月球虹湾地区的局部影像图。它是一张黑白照片，成像时间为10月28日18时，是卫星在距离月面大约18.7公里的地方拍摄获取的。摄像图的传回，标志着"嫦娥二号"任务所确定的六个工程目标已经全部实现，意味着"嫦娥二号"工程任务取得圆满成功。

"嫦娥二号"的发射，最主要的任务是对月球虹湾地区进行高清晰度的拍摄，为今后发射"嫦娥三号"卫星并实施着陆做好前期准备。

据悉，此次"嫦娥二号"携带的CCD相机分辨率比"嫦娥一号"携带的提高很多。"嫦娥二号"在100公里圆轨道运行时分辨率优于10米，进入100公里×15公里的椭圆轨道时，其分辨率达到1米，已超过了原先预定的1.5米的指标。据了解，将来"嫦娥三号"着陆器上也同样有CCD相机，届时它不光能拍照，还能根据图片自主避开着陆器在软着陆过程中不适宜降落的地点，"临机决断"为着陆器选择适宜降落的平坦表面。

17. (2011年在职MBA联考真题) 以下陈述中，最符合题干观点的是：
(A) "嫦娥二号"拍摄的月球虹湾地区局部影像图传送到地球大约需要10天时间。
(B) 对月球虹湾地区进行高清晰度的拍摄是"嫦娥二号"的唯一任务。
(C) "嫦娥二号"在100公里的圆形轨道运行时拍摄了月球虹湾地区局部影像图。
(D) "嫦娥二号"在椭圆轨道绕月运行时拍摄了月球虹湾地区局部影像图。
(E) "嫦娥二号"在完成六项预定工程目标后失去了与陆地控制中心的联络。

【解析】(A) 项，10天后公布照片，不代表从月球传送到地球需要10天时间，不符合题干。

(B) 项，题干说"嫦娥二号"的"最主要的任务"是对月球虹湾地区进行高清晰度的拍摄，而不是"唯一任务"，不符合题干。

(C) 项，公布的照片是卫星在距离月面大约18.7公里的地方拍摄的，有没有在100公里的地方进行拍摄题干没有描述。

(D) 项，公布的照片是卫星在距离月面大约18.7公里的地方拍摄的，而椭圆轨道是15～100公里，所以该照片是在椭圆轨道上拍摄的，此项符合题干。

(E) 项，题干没有涉及此项内容。

【答案】(D)

18. (2011年在职MBA联考真题) 以下各项都可以从题干推出，除了：
(A) "嫦娥二号"携带的CCD相机分辨率比"嫦娥一号"携带的分辨率高。
(B) 将来"嫦娥三号"携带的CCD相机比"嫦娥二号"携带的功能更强。
(C) "嫦娥二号"为今后要发射的"嫦娥三号"卫星着陆地点做了精确的选择。
(D) "嫦娥三号"着陆器在月球软着陆过程中应该选择平坦表面。
(E) "嫦娥三号"着陆器在着陆时有自我调节方向的功能。

【解析】题干：①"嫦娥二号"携带的CCD相机分辨率比"嫦娥一号"携带的提高很多。
②将来"嫦娥三号"着陆器上也同样有CCD相机，届时它不光能拍照，还能根据图片自主避开着陆器在软着陆过程中不适宜降落的地点，"临机决断"为着陆器选择适宜降落的平坦表面。

(A) 项，符合题干信息①。
(B) 项，符合题干信息②。
(C) 项，由题干信息②知，"嫦娥三号"将"临机决断"着陆点，说明(C)项不符合题干。
(D) 项，符合题干信息②。
(E) 项，符合题干信息②。

【答案】(C)

19. (2011年在职MBA联考真题) 某项研究以高中三年级理科生288人为对象，分两组进行测试。在数学考试前，一组学生需咀嚼10分钟口香糖，而另一组无须咀嚼口香糖。测试结果显示，总体上咀嚼口香糖的考生比没有咀嚼口香糖的考生其焦虑感低20%，特别是对于低焦虑状态的学生群体，咀嚼组比未咀嚼组的焦虑感低36%，而对中焦虑状态的考生，咀嚼口香糖比不咀嚼口香糖的焦虑感低16%。

从以上实验数据，最能得出以下哪项？
(A) 咀嚼口香糖对于高焦虑状态的考生没有效果。
(B) 对于高焦虑状态的考生群体，咀嚼组比未咀嚼组的焦虑感低8%。
(C) 咀嚼口香糖能够缓解低、中程度焦虑状态学生的考试焦虑。
(D) 咀嚼口香糖不能缓解考试焦虑。
(E) 未咀嚼口香糖的一组，因为无事可做而焦虑。

【解析】题干采用求同求异共用法：

低焦虑状态的学生群体：咀嚼组比未咀嚼组的焦虑感低36%；

中焦虑状态的考生：咀嚼口香糖比不咀嚼口香糖的焦虑感低 16%；

所以，咀嚼口香糖能够缓解低、中程度焦虑状态学生的考试焦虑。

故（C）项为正确答案。

因为题干没有提及"高焦虑状态"的考生，故（A）、（B）项无法被推出（排除新内容）。

【答案】（C）

20. （2013 年在职 MBA 联考真题）2010 年 11 月 17 日，由国防科技大学研制的"天河一号"超级计算机以峰值速度每秒 4 700 万亿次、持续速度每秒 2 568 万亿浮点运算的速度，成为世界上运算速度最快的计算机。相隔不到 3 年，2013 年 6 月 17 日在德国莱比锡举行的 2013 国际超级计算机大会上，国际 TOP500 组织公布了最新全球超级计算机 500 强排行榜榜单。国防科技大学研制的"天河二号"以峰值计算速度每秒 5.49 亿亿次、持续计算速度每秒 3.39 亿亿次的优异性能又位居榜首。相比以前排名世界第一的美国"泰坦"超级计算机，计算速度是后者的 2 倍。

以下哪项最适合作为以上论述的推论？

（A）世界上只有美国和中国可以制造超级计算机。

（B）中国只有国防科技大学成功研制超级计算机。

（C）只有美国和中国的超级计算机运算速度曾经排名世界第一。

（D）全世界现在共计有 500 台超级计算机。

（E）中国的"天河二号"计算速度明显领先于其他超级计算机。

【解析】（A）、（B）、（C）项，"只有"过于绝对，推理过度。

（D）项，不能推出，题干说"公布了最新全球超级计算机 500 强排行榜榜单"，并非全世界共有 500 台超级计算机。

（E）项，由题干信息"国防科技大学研制的'天河二号'以峰值计算速度每秒 5.49 亿亿次、持续计算速度每秒 3.39 亿亿次的优异性能位居榜首"，且"相比以前排名世界第一的美国'泰坦'超级计算机，计算速度是后者的 2 倍"，可知此项正确。

【答案】（E）

变化 2　概括论点题

解题思路

概括论点题与普通的推论题相比，正确的选项不仅要符合题干的含义，还要<u>对题干材料进行概括总结</u>，有点类似英语阅读理解的主旨题。

需要注意以下三点：

①避免以偏概全。这样的选项，符合题干的意思，也能够被题干推出，但是仅仅涉及题干信息中的一部分，不是对整个题干的概括总结。

②淘汰无关选项。

选项涉及题干没有提到的新内容。

③区分论据与论点。

论据是为论点服务的，论据不会是题干的结论。

典型真题

21.（2009年管理类联考真题） 一项对西部山区小塘村的调查发现：小塘村约五分之三的儿童入中学后出现中度以上的近视，而他们的父母及祖辈，没有机会到正规学校接受教育，很少出现近视。

以下哪项作为上述断定的结论最为恰当？

（A）接受文化教育是造成近视的原因。
（B）只有在儿童时期接受正式教育才易于成为近视。
（C）阅读和课堂作业带来的视觉压力必然造成儿童的近视。
（D）文化教育的发展和近视现象的出现有密切的关系。
（E）小塘村约五分之二的儿童是文盲。

【解析】题干：小塘村约五分之三的儿童入中学后出现近视，而他们的没有接受正规学校教育的父母及祖辈却很少出现近视。

根据求异法的推理，上述调查比较的现象是"是否近视"，差异因素是"是否接受学校教育"，从而有利于推出结论：文化教育的发展和近视现象的出现有密切的关系。因此，(D)项作为题干断定的结论最为恰当。

因为求异法是或然性的，不能断言接受文化教育是造成近视的原因，故（A）项推理过度。

（B）项，推理过度，"只有"儿童时期接受正式教育才易出现近视，过于绝对。

（C）项，推理过度，"必然"过于绝对。

（E）项，不能推出，"约五分之三的儿童入中学后出现近视"不等于其他儿童没有接受教育。

【答案】(D)

22.（2010年在职MBA联考真题） 某社会学家认为：每个企业都力图降低生产成本，以便增加企业的利润。但不是所有降低生产成本的努力都对企业有利，如有的企业减少对职工社会保险的购买，暂时可以降低生产成本，但从长远看是得不偿失的，这会对职工的利益造成损害，减少职工的归属感，影响企业的生产效率。

以下哪项最能准确表示上述社会学家陈述的结论？

（A）如果一项措施能够提高企业的利润，但不能提高职工的福利，此项措施是不值得提倡的。
（B）企业采取降低成本的某些措施对企业的发展不一定总是有益的。
（C）只有当企业职工和企业家的利益一致时，企业采取的措施才是对企业发展有益的。
（D）企业降低生产成本的努力需要从企业整体利益的角度进行综合考虑。
（E）减少对职工社保的购买会损害职工的切身利益，对企业也没有好处。

【解析】题干采用例证法，以证明"不是所有降低生产成本的努力都对企业有利"，等价于：有的降低生产成本的努力对企业无利。

（A）项，概括题干的例证，不是题干的结论。

（B）项，等同于题干的结论。

（C）项，"企业职工和企业家的利益一致"超出了题干的讨论范围。

（D）项，题干的论据表达的是"长远利益与短期利益"的关系，(D)项说的是"整体利益与部分利益"的关系，超出了题干的讨论范围。

（E）项，重复题干的例证，不是题干的结论。

【答案】（B）

23. **(2010年在职MBA联考真题)** X先生一直被誉为19世纪西方世界的文学大师，但是，他从前辈文学巨匠得到的受益却被评论家们忽略了。此外，X先生从未写出真正的不朽巨著，他最广为人知的作品无论在风格上还是在表达上均有较大的缺陷。

从上述陈述中可以得出以下哪项结论？

（A）X先生在文坛上成名后，没有承认曾受惠于他的前辈。

（B）当代的评论家们开始重新评论X先生的作品。

（C）X先生的作品基本上是仿效前辈，缺乏创新。

（D）作家在文学史上的地位历来是充满争议的。

（E）X先生对西方文学发展的贡献被过分夸大了。

【解析】题干信息：

①X先生一直被誉为19世纪西方世界的文学大师。

②他从前辈文学巨匠得到的受益却被评论家们忽略了。

③X先生从未写出真正的不朽巨著。

④他最广为人知的作品无论在风格上还是在表达上均有较大的缺陷。

（A）项，主观臆断，"他从前辈文学巨匠得到的受益却被评论家们忽略了"，不代表他自己没有承认受惠于他的前辈，不能得出。

（B）项，无关选项，题干没有涉及"当代的评论家们"是否"重新评论X先生的作品"。

（C）项，推理过度，从前辈处受益，不代表"仿效前辈，缺乏创新"。

（D）项，不当拓展，题干说的是"X先生"，此项说的是"作家"。

（E）项，注意题干中的"但是"，题干"X先生一直被誉为19世纪西方世界的文学大师"后面加"但是"，对"但是"前面的内容进行了反驳，故（E）项最为准确。

【答案】（E）

24. **(2013年在职MBA联考真题)** 人类男女祖先"年龄"的秘密隐藏在Y染色体与线粒体中。Y染色体只从父传子，而线粒体只从母传女。通过这两种遗传物质向前追溯，可以发现所有男人都有共同的男性祖先"Y染色体亚当"，所有女人都有共同的女性祖先"线粒体夏娃"。研究人员对来自亚非拉等代表9个不同人群的69名男性进行基因组测序并比较分析，结果发现，这个男性共同祖先"Y染色体亚当"形成于15.6万至12万年前。对线粒体采用同样的技术分析，研究人员又推算出这个女性共同祖先"线粒体夏娃"形成于14.8万至9.9万年前。

以下哪项最适宜作为上述论述的推论？

（A）"Y染色体亚当"和"线粒体夏娃"差不多形成于同一时期，"年龄"比较接近，"Y染色体亚当"可能还要早点。

（B）在15万年前，地球上只有一个男人"亚当"。

（C）作为两个个体，"亚当"和"夏娃"应该从未相遇。

（D）男人和女人相伴而生，共同孕育了现代人类。

(E) 如果说"亚当"与"夏娃"繁衍出当今的人类，确实有一定的道理。

【解析】题干有以下判断：

①Y染色体只从父传子，而线粒体只从母传女。

②所有男人都有共同的男性祖先"Y染色体亚当"，所有女人都有共同的女性祖先"线粒体夏娃"。

③调查发现，"Y染色体亚当"形成于15.6万至12万年前，"线粒体夏娃"形成于14.8万至9.9万年前。

(A) 项，由③可知，此项作为题干的结论是恰当的。

(B) 项，偷换概念，有共同的男性祖先"Y染色体亚当"，不代表只有一个男人"亚当"。

其余各项题干没有涉及，均为无关选项。

【答案】(A)

题型 19　论证的评价

命题概率

近12年真题命题数量21道，平均每年1.75道。

母题变化

变化1　论证的评价：逻辑漏洞

解题思路

评论逻辑漏洞与削弱题有类似之处，但比削弱题更难，它要求考生不仅要找到逻辑漏洞，还要说明这是一个什么样的漏洞。逻辑漏洞一般是常见逻辑谬误，但因为逻辑考试大纲不要求考生掌握逻辑术语，所以选项在描述这些逻辑漏洞时，会回避这些谬误的术语，用其他语言来描述这些术语。所以，考生在平时训练时，不仅要找到正确的选项，还要了解每个选项描述的是何种逻辑谬误，以熟悉真题的描述方式。

常见的逻辑谬误有：

不当类比、自相矛盾、模棱两不可、非黑即白、偷换概念、转移论题、以偏概全、循环论证、因果倒置、不当假设、推不出（论据不充分、虚假论据、必要条件与充分条件混用、推理形式不正确等）、诉诸权威、诉诸人身、诉诸众人、诉诸情感、诉诸无知、整体与个体性质误用、数字型谬误等。

【注意】

评论逻辑漏洞题，题干中的论证可能是没有漏洞的。

典型真题

1.（2009年管理类联考真题） 这次新机种试飞只是一次例行试验，既不能算成功，也不能算不成功。

以下哪项对于题干的评价最为恰当？

（A）题干的陈述没有漏洞。

（B）题干的陈述有漏洞，这一漏洞也出现在后面的陈述中：这次关于物价问题的社会调查结果，既不能说完全反映了民意，也不能说一点也没有反映民意。

（C）题干的陈述有漏洞，这一漏洞也出现在后面的陈述中：这次考前辅导，既不能说完全成功，也不能说彻底失败。

（D）题干的陈述有漏洞，这一漏洞也出现在后面的陈述中：人有特异功能，既不是被事实证明的科学结论，也不是纯属欺诈的伪科学结论。

（E）题干的陈述有漏洞，这一漏洞也出现在后面的陈述中：在即将举行的大学生辩论赛中，我不认为我校代表队一定能进入前四名，我也不认为我校代表队可能进不了前四名。

【解析】"成功"和"不成功"是一对矛盾命题，必为一真一假。题干对两个命题同时否定，自相矛盾（两不可）。

（A）项，显然不恰当。

（B）项，"完全反映了民意"与"一点也没有反映民意"是反对关系（如：还有"部分反映民意"），不是矛盾关系。

（C）项，"完全成功"与"彻底失败"是反对关系（如：还有"有成功之处也有失败之处"），不是矛盾关系。

（D）项，"被事实证明的科学结论"与"纯属欺诈的伪科学结论"是反对关系（如：还有"尚待证明的科学结论"），不是矛盾关系。

（E）项中，"一定进入前四名"和"可能进不了前四名"互相矛盾，不能同时否定，与题干的逻辑漏洞相同。

【答案】（E）

2.（2009年管理类联考真题） 所有的灰狼都是狼，这一断定显然是真的。因此，所有的疑似SARS病例都是SARS病例，这一断定也是真的。

以下哪项最为恰当地指出了题干论证的漏洞？

（A）题干的论证忽略了：一个命题是真的，不等于具有该命题形式的任一命题都是真的。

（B）题干的论证忽略了：灰狼与狼的关系，不同于疑似SARS病例和SARS病例的关系。

（C）题干的论证忽略了：在疑似SARS病例中，大部分不是SARS病例。

（D）题干的论证忽略了：许多狼不是灰色的。

（E）题干的论证忽略了：此种论证方式会得出其他许多明显违反事实的结论。

【解析】题干使用了类比论证，其漏洞在于类比不当，这是因为，"灰狼"是"狼"的一种（种属关系），而"疑似SARS病例"不是"SARS病例"的一种，（B）项恰当地指出了这一漏洞。

其余各项均不正确。

【答案】（B）

3. (2009年管理类联考真题) 违法必究，但几乎看不到违反道德的行为受到惩罚，如果这成为一种常规，那么，民众就会失去道德约束。道德失控对社会稳定的威胁并不亚于法律失控。因此，为了维护社会的稳定，任何违反道德的行为都不能不受惩治。

以下哪项对上述论证的评价最为恰当？

（A）上述论证是成立的。
（B）上述论证有漏洞，它忽略了有些违法行为并未受到追究。
（C）上述论证有漏洞，它忽略了由违法必究，推不出缺德必究。
（D）上述论证有漏洞，它夸大了违反道德行为的社会危害性。
（E）上述论证有漏洞，它忽略了由否定"违反道德的行为都不受惩治"，推不出"违反道德的行为都要受惩治"。

【解析】题干断定：违反道德的行为都不受惩治→引起道德失控→威胁社会稳定。

题干断定等价于：维护社会的稳定→¬违反道德的行为都不受惩治。

"¬违反道德的行为都不受惩治"＝"有的违反道德的行为受惩治"，而不是"违反道德的行为都要受惩治"，故（E）项正确。

【答案】（E）

4. （2011年管理类联考真题）公达律师事务所以为刑事案件的被告进行有效辩护而著称，成功率达90%以上。老余是一位以专门为离婚案件的当事人成功辩护而著称的律师。因此，老余不可能是公达律师事务所的成员。

以下哪项最为确切地指出了上述论证的漏洞？

（A）公达律师事务所具有的特征，其成员不一定具有。
（B）没有确切指出老余为离婚案件的当事人辩护的成功率。
（C）没有确切指出老余为刑事案件的当事人辩护的成功率。
（D）没有提供公达律师事务所统计数据的来源。
（E）老余具有的特征，其所在工作单位不一定具有。

【解析】题干：公达律师事务所因刑事案件的高成功率而著称，而老余是专门办理离婚案件的律师——证明→老余不是公达律师事务所的成员。

题干由公达律师事务所擅长刑事案件，从而推断公达律师事务所的律师也都擅长刑事案件，进而推断擅长离婚案件的老余不是该律师事务所的律师，犯了"分解谬误"，即集合体具有的性质，集合体中的个体未必具有，故（A）项正确。

【答案】（A）

5. （2016年管理类联考真题）许多人不仅不理解别人，而且也不理解自己，尽管他们可能曾经试图理解别人，但这样的努力注定会失败，因为不理解自己的人是不可能理解别人的。可见，那些缺乏自我理解的人是不会理解别人的。

以下哪项最能说明上述论证的缺陷？

（A）使用了"自我理解"的概念，但并未给出定义。
（B）没有考虑"有些人不愿意理解自己"这样的可能性。

(C) 没有正确把握理解别人和理解自己之间的关系。

(D) 结论仅仅是对其论证前提的简单重复。

(E) 间接指责人们不能换位思考，不能相互理解。

【解析】前提：┐理解自己→┐理解别人。

结论：┐理解自己→┐理解别人。

所以，(D) 项正确，题干犯了循环论证的逻辑错误。

【答案】(D)

6. （2009年在职MBA联考真题）张先生：常年吸烟可能有害健康。

李女士：你的结论反映了公众的一种误解。我的祖父活了96岁，但他从年轻时就一直吸烟。

以下哪项最为恰当地指出了李女士的反驳中存在的漏洞？

(A) 试图依靠一个反例推翻一个一般性结论。

(B) 试图诉诸个例在不相关的现象之间建立因果联系。

(C) 试图运用一个反例反驳一个可能性结论。

(D) 不当地依据个人经验挑战流行见解。

(E) 忽视了这种可能：她的祖父如果不常年吸烟可以更为长寿。

【解析】"可能"与"必然不"矛盾，所以要削弱张先生的可能性结论，须有：常年吸烟必然不会有害健康。李女士试图用一个反例来反驳一个可能性的结论，是无效的。因此，(C) 项恰当地指出了李女士反驳中存在的漏洞。

【答案】(C)

7. （2009年在职MBA联考真题）研究表明，严重失眠者中90%爱喝浓茶。老张爱喝浓茶，因此，他很可能严重失眠。

以下哪项最为恰当地指出了上述论证的漏洞？

(A) 它忽视了这种可能性：老张属于喝浓茶中10%不严重失眠的那部分人。

(B) 它忽视了引起严重失眠的其他原因。

(C) 它忽视了喝浓茶还可能引起其他不良后果。

(D) 它依赖的论据并不涉及爱喝浓茶的人中严重失眠者的比例。

(E) 它低估了严重失眠对健康的危害。

【解析】题干指出，严重失眠者中90%爱喝浓茶，但并没有指出喝浓茶的人中有多大比例会失眠，如果这一比例很小，就无法推出"老张爱喝浓茶，因此，他很可能严重失眠"的结论。(D) 项恰当地指出了题干论证中存在的漏洞。

【答案】(D)

8. （2009年在职MBA联考真题）办公室主任：本办公室不打算使用循环再利用的纸张。给用户的信件必须要留下好的印象，不能打印在劣质纸张上。

文具供应商：循环再利用的纸张不一定是劣质的。事实上，最初的纸张就是用可回收材料制造的。一直到19世纪50年代，由于碎屑原料供不应求，才使用木纤维作为造纸原料。

以下哪项最为恰当地概括了文具供应商的反驳中存在的漏洞？

(A) 没有意识到办公室主任对于循环再利用纸张的偏见是由于某种无知。
(B) 使用了不相关的事实来证明一个关于产品质量的断定。
(C) 不恰当地假设办公室主任了解纸张的制造工艺。
(D) 忽视了办公室主任对产品质量关注的合法权利。
(E) 不恰当地假设办公室主任忽视了环境保护。

【解析】办公室主任：不打算使用循环再利用的纸张，因为我认为这种纸是劣质纸张。

文具供应商：循环再利用的纸张不一定是劣质的，因为最初的纸张就是用可回收材料制造的。

文具供应商列举了新的事实，但是，"最初的纸张"质量如何并不清楚，可能也是劣质纸张，因此，他使用的事实无法证明循环再利用纸张的质量。

故（B）项恰当地指出了文具供应商的反驳中存在的漏洞。

【答案】（B）

9. **(2009年在职MBA联考真题)** 张林是奇美公司的总经理，潘洪是奇美公司的财务主管。奇美公司每年生产的紫水晶占全世界紫水晶产品的2%。潘洪希望公司通过增加产量使公司利润增加。张林却认为：增加产量将会导致全球紫水晶价格下降，反而会导致利润减少。

以下哪项最为恰当地指出了张林的逻辑推断中的漏洞？
(A) 将长期需要与短期需要互相混淆。
(B) 将未加工的紫水晶与加工后紫水晶的价格互相混淆。
(C) 不当地假设奇美公司的产品是与全球的紫水晶市场紧密联系的。
(D) 不当地假设奇美公司的生产目标与财务目标不一定是一致的。
(E) 不当地假设奇美公司的产品供给变化会显著改变整个水晶市场产品的总供给。

【解析】张林：增加产量将会导致全球紫水晶价格下降，反而会导致利润减少。

其论证假设了奇美公司紫水晶产量的提高，使得全球紫水晶供给增加，从而导致价格下降，利润减少，但是此假设未必成立，奇美公司的产品供给不一定会影响全球水晶市场的产品供给。(E) 项正确地指出了张林推断中存在的漏洞。

【答案】（E）

10. **(2010年在职MBA联考真题)** 即使在古代，规模生产谷物的农场，也只有依靠大规模的农产品市场才能生存，而这种大规模的农产品市场意味着有相当人口的城市存在。因为中国历史上只有一家一户的小农经济，从来没有出现过农场这种规模生产的农业模式，因此，现在考古所发现的中国古代城市，很可能不是人口密集的城市，而只是为举行某种仪式的人群临时聚集地。

以下哪项最为恰当地指出了上述论证中存在的漏洞？
(A) 该结论只是对其前提中某个断定的重复。
(B) 论证中对某个关键概念的界定前后不一致。
(C) 在同一个论证中，对一个带有歧义的断定做出了不同的解释。
(D) 把某种情况的不存在，作为证明此种情况的必要条件也不存在的根据。
(E) 把某种情况在现实中不存在，作为证明此类情况不可能发生的根据。

【解析】题干：只有相当人口的城市存在，才会有大规模的农产品市场；只有存在大规模的农产品市场，才会有规模生产谷物的农场。

符号化：规模生产谷物的农场→大规模的农产品市场→相当人口的城市存在，可知"相当人口的城市存在"是"规模生产谷物的农场"的必要条件。

题干中的结论：¬规模生产谷物的农场→¬人口密集的城市。根据箭头指向原则，此结论不成立。

所以，不能由"没有规模生产谷物的农场"（某种情况不存在），推出"不是人口密集的城市"（此种情况的必要条件不存在），（D）项恰当地指出了上述论证中存在的漏洞。

【答案】（D）

11.（2010 年在职 MBA 联考真题）小陈经常因驾驶汽车超速收到交管局寄来的罚单。他调查发现同事中开小排量汽车超速的可能性低得多。为此，他决定将自己驾驶的大排量汽车卖掉，换购一辆小排量汽车，以此降低超速驾驶的可能性。

小陈的论证推理最容易受到以下哪项的批评？

（A）仅仅依据现象间有联系就推断出有因果关系。
（B）依据一个过于狭隘的范例得出一般结论。
（C）将获得结论的充分条件当作必要条件。
（D）将获得结论的必要条件当作充分条件。
（E）进行了一个不太可信的调查研究。

【解析】小陈采用求异法：

大排量，则罚单多；
小排量，则罚单少；
所以，大排量导致更多的超速驾驶。

求异法求得的因果关系未必成立。"更多的超速驾驶"与驾驶习惯的关系更大，而与排量大小关系不大。因此，小陈的推理犯了强拉因果的逻辑错误，最易受到（A）项的批评。

【答案】（A）

变化 2　论证的评价：论证与反驳方法

解题思路

论证方法题，主要考查论证和反驳的方法，如归纳论证、类比论证、选言证法、归谬法、例证法、举反例等，可能会涉及逻辑谬误。

典型真题

12.（2009 年管理类联考真题）去年经纬汽车专卖店调高了营销人员的营销业绩奖励比例。专卖店李经理打算新的一年继续执行该奖励比例，因为去年该店的汽车销售数量较前年增加了 16%。陈副经理对此持怀疑态度。她指出，他们的竞争对手并没有调整营销人员的奖励比例，但在过去的一年中也出现了类似的增长。

以下哪项最为恰当地概括了陈副经理的质疑方法？

(A) 运用一个反例,否定李经理的一般性结论。
(B) 运用一个反例,说明李经理的论据不符合事实。
(C) 运用一个反例,说明李经理的论据虽然成立,但不足以推出结论。
(D) 指出李经理的论证对一个关键概念的理解和运用有误。
(E) 指出李经理的论证中包含自相矛盾的假设。

【解析】李经理的论据:去年经纬汽车专卖店调高了奖励比例,结果增加了销售量。

李经理的结论:新的一年继续执行该奖励比例以继续增加销售量。

陈副经理提出了一个反例,用以说明销售量的增加并不一定是调高奖励比例的结果。这就说明,李经理的论据虽然成立,但不足以推出结论,故(C)项最为恰当。

(A)项,不恰当,因为李经理的结论只针对经纬汽车专卖店,不是一般性结论。
(B)项,不恰当,因为陈副经理并没有反对李经理的论据。
(D)项,概念混淆,不恰当。
(E)项,自相矛盾,不恰当。

【答案】(C)

13. (2009年管理类联考真题) 张教授:在南美洲发现的史前木质工具存在于13 000年以前。有的考古学家认为,这些工具是其祖先从西伯利亚迁徙到阿拉斯加的人群使用的。这一观点难以成立,因为要到达南美洲,这些人群必须在13 000年前经历长途跋涉,而在从阿拉斯加到南美洲之间,从未发现13 000年前的木质工具。

李研究员:您恐怕忽视了,这些木质工具是在泥煤沼泽中发现的,北美很少有泥煤沼泽。木质工具在普通的泥土中几年内就会腐烂化解。

以下哪项最为准确地概括了李研究员的应对方法?
(A) 指出张教授的论据违背事实。
(B) 引用与张教授的结论相左的权威性研究成果。
(C) 指出张教授曲解了考古学家的观点。
(D) 质疑张教授的隐含假设。
(E) 指出张教授的论据实际上否定其结论。

【解析】张教授的隐含假设是:如果这些工具是从西伯利亚迁徙到阿拉斯加的人群使用的,那么,在从阿拉斯加到南美洲之间,应该能发现13 000年前的木质工具。李研究员对这一假设进行了质疑(质疑隐含假设)。

【答案】(D)

14. (2009年在职MBA联考真题) 张教授:在西方经济萧条时期,由汽车尾气造成的空气污染状况会大大改善,因为开车上班的人大大减少了。

李工程师:情况恐怕不是这样。在萧条时期买新车的人大大减少,而车越老,排放的超标尾气造成的污染越严重。

以下哪项最为准确地概括了李工程师的反驳所运用的方法?
(A) 运用了一个反例,质疑张教授的论据。
(B) 做出一个断定,只要张教授的结论不成立,则该断定一定成立。

(C) 提出一种考虑，虽然不否定张教授的论据，但能削弱这一论据对其结论的支持。

(D) 论证一个见解，张教授的论证虽然缺乏说服力，但其结论是成立的。

(E) 运用归谬反驳张教授的结论，即如果张教授的结论成立，会得出荒谬的推论。

【解析】张教授：萧条时期，开车上班的人减少 ——导致——→ 由汽车尾气造成的空气污染状况会大大改善。

李工程师：萧条时期买新车的人减少，但老车会造成更严重的污染。

李工程师并没有否定张教授的论据（开车上班的人减少），而是指出，萧条时期用较老的车，会造成更严重的污染，削弱张教授的论据对其结论的支持。故（C）项最为准确。

【答案】(C)

15.（2009年在职MBA联考真题）松鼠在树干中打洞吮食树木的浆液。因为树木的浆液成分主要是水加上一些糖分，所以松鼠的目标是水或糖分。又因为树木周边并不缺少水源，松鼠不必费那么大劲打洞取水。因此，松鼠打洞的目的是摄取糖分。

以下哪项最为恰当地概括了上述论证方法？

(A) 通过否定两种可能性中的一种，来肯定另一种。

(B) 通过某种特例，来概括一般性的结论。

(C) 在已知现象与未知现象之间进行类比。

(D) 通过反例否定一般性的结论。

(E) 通过否定某种现象存在的必要条件，来断定此种现象不存在。

【解析】题干：松鼠的目标是水或糖分，不是水，所以是糖分；

即：水∨糖分，¬水→糖分。

这种逻辑方法也叫选言证法（排除法），一共有两种可能，否定其中一种，肯定另外一种，所以（A）项恰当。

(B) 项，归纳法，通过某种特例，来概括一般性的结论，不恰当。

(C) 项，类比论证，不恰当。

(D) 项，反例削弱，不恰当。

(E) 项，不恰当。

【答案】(A)

16.（2010年在职MBA联考真题）辩论吸烟问题时，正方认为：吸烟有利于减肥，因为戒烟后人们往往比戒烟前体重增加。反方驳斥道：吸烟不能导致减肥，因为吸烟的人常常在情绪紧张时试图通过吸烟缓解，但不可能从根本上解除紧张的情绪，而紧张的情绪导致身体消瘦。戒烟后人们可以通过其他更有效的方法解除紧张的情绪。

反方应用了以下哪项辩论策略？

(A) 引用可以质疑正方证据精确性的论据。

(B) 给出另一事实对正方的因果联系做出新的解释。

(C) 依赖科学知识反驳易于使人混淆的谬论。

(D) 揭示正方的论据与结论是因果倒置。

(E) 常识并不都是正确的，要学会透过现象看本质。

【解析】正方：戒烟后人们的体重增加 —证明→ 吸烟有利于减肥。

反方指出：是紧张的情绪导致了吸烟者身体消瘦，而不是吸烟导致的，另有他因。

故（B）项恰当地指出了反方应用的辩论策略。

（A）项，质疑论据，正方的论据是"戒烟后人们的体重增加"，反方没有对这一论据进行质疑。

（C）项，题干仅涉及双方的辩论，没有涉及谁说的是科学知识，谁说的是谬论。

（D）项，显然反方并没有说正方因果倒置。

（E）项，题干不涉及"常识"。

【答案】（B）

变化3　论证的评价：论证结构

解题思路

美国著名逻辑学家欧文·M·柯匹和卡尔·科恩在他们合著的《逻辑学导论》一书中，介绍了如何用图示的方法表示论证。用图示的方法，可以直观地展示论证的结构，帮助我们去理解论证。

老吕将两位前辈的图示方法略做优化，约定如下：

（1）用带圈号的数字①、②、③、④标志段落中的句子。

（2）论据总是在左边，论点总是在右边。

（3）论据对论点的支持用"→"标示，若有多个论据支持同一论点，则用"}"标示。

（4）同级论据写成一列。

根据上述约定，我们将以下例子进行图示。

例1.

①历史上，女性结婚非常早。②莎士比亚的《罗密欧与朱丽叶》中的朱丽叶结婚时，还不满十四岁。③在中世纪，十三岁是犹太女性通常的结婚年龄。④在罗马帝国时期，很多罗马女性在十三岁或者更早就结婚了。

例2.

①国产影片《英雄》显然是前两年最好的古装武打片。②这部电影是由著名导演、演员、摄影师、武打设计师参与的一部国际化大制作的电影，③票房收入明显领先，④说明观看该片的人数远多于观看进口的美国大片《卧虎藏龙》的人数，尽管《卧虎藏龙》也是精心制作的中国古装武打片。

典型真题

17.（2019年管理类联考真题） 有一论证（相关语句用序号表示）如下：

①今天，我们仍然要提倡勤俭节约。
②节约可以增加社会保障资源。
③我国尚有不少地区的人民生活贫困，亟需更多社会保障资源，但也有一些人浪费严重。
④节约可以减少资源消耗。
⑤因为被浪费的任何粮食或者物品都是消耗一定的资源得来的。

如果用"甲→乙"表示甲支持（或证明）乙，则以下哪项对上述论证基本结构的表示最为准确？

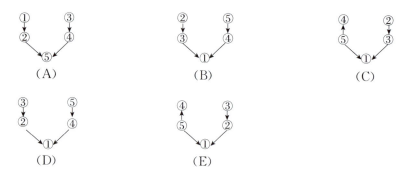

【解析】由题干易知，中心论点是①，而②和④是分论点。
②的论据应该和社会保障资源相关，故论据应该为③。
④的论据应该和资源消耗有关，故论据应该为⑤。
故（D）项正确。
【答案】(D)

变化 4　论证的评价：评价题

> **解题思路**
>
> 题干给出一个可能成立也可能不成立的论证，问"回答以下哪个问题对评价以上论证最有帮助？"或者"为了评价上述论证，回答以下哪个问题最不重要？"这类题目，老吕称为评价题。
>
> 我们要找到一个对题干的论证起正反两方面作用的选项，即正着说可以支持题干，反着说又能削弱题干的选项。可见，这类题目的本质还是支持题和削弱题。
>
> 常用建立对比实验的方法。

典型真题

18.（2017年管理类联考真题） 研究者调查了一组大学毕业即从事有规律的工作正好满8年的白领，发现他们的体重比刚毕业时平均增加了8公斤。研究者由此得出结论，有规律的工作会增加人们的体重。

关于上述结论的正确性，需要询问的关键问题是以下哪项？

(A) 和该组调查对象其他情况相仿且经常进行体育锻炼的人，在同样的8年中体重有怎样的变化？

(B) 该组调查对象的体重在8年后是否会继续增加？

(C) 为什么调查关注的时间段是调查对象在毕业工作后8年，而不是7年或者9年？

(D) 该组调查对象中男性和女性的体重增加是否有较大差异？

(E) 和该组调查对象其他情况相仿但没有从事有规律工作的人，在同样的8年中体重有怎样的变化？

【解析】研究者：有规律的工作会增加人们的体重。

(A) 项，无关选项，加入经常进行体育锻炼这一因素，则无法得出有规律的工作对体重的影响。

(B) 项，无关选项，说明了时间对体重的影响。

(C) 项，无关选项，说明了时间对体重的影响。

(D) 项，无关选项，说明了性别对体重的影响。

(E) 项，如果肯定回答，则削弱题干；如果否定回答，则支持题干。故此项正确。

【答案】(E)

19. (2009年在职MBA联考真题) 贾女士：在英国，根据长子继承权的法律，男人的第一个妻子生的第一个儿子有首先继承家庭财产的权利。

陈先生：你说的不对。布朗公爵夫人就合法地继承了她父亲的全部财产。

以下哪项对陈先生所作断定的评价最为恰当？

(A) 陈先生的断定是对贾女士的反驳，因为他举出了一个反例。

(B) 陈先生的断定是对贾女士的反驳，因为他揭示了长子继承权性别歧视的实质。

(C) 陈先生的断定不能构成对贾女士的反驳，因为任何法律都不可能得到完全的实施。

(D) 陈先生的断定不能构成对贾女士的反驳，因为他对布朗夫人继承父产的合法性并未给予论证。

(E) 陈先生的断定不能构成对贾女士的反驳，因为他把贾女士的话误解为只有儿子才有权继承财产。

【解析】贾女士认为：长子具有首先继承家庭财产的权利。

陈先生举了一个反例，即，布朗公爵夫人不是长子，也继承了家庭财产；此反例只能反驳：不是长子，不能继承家庭财产，即：只有长子才具有继承家庭财产的权利。

故 (E) 项是对陈先生论断的正确评价。

【答案】(E)

20. (2009年在职MBA联考真题) 一种流行的看法是：人们可以通过动物的异常行为来预测地震。实际上，这种看法是基于主观类比，不一定能揭示客观联系。一条狗在地震前行为异常，这自然会给它的主人留下深刻印象，但事实上，这个世界上的任何一刻，都有狗出现行为异常。

为了评价上述论证，回答以下哪个问题最不重要？

(A) 两种不同类型的动物，在地震前的异常行为是否类似？

(B) 被认为是地震前兆的动物异常行为，在平时是否也同样出现过？
(C) 地震前有异常行为的动物在整个动物中所占的比例是多少？
(D) 在地震前有异常行为的动物中，此种异常行为未被注意的比例是多少？
(E) 同一种动物，在两次地震前的异常行为是否类似？

【解析】要评价的题干中的论证是：是否可以通过动物的异常行为来预测地震。

(A) 项，无关选项，例如，青蛙在地震前异常大叫，鸡在地震前异常上树，二者并不类似，却都可以预测地震。

(B) 项，如果认为是地震前兆的动物异常行为，在平时没有出现过，根据求异法，则可以预测；反之，则不能预测。所以此问题对于题干中论证成立与否有重要作用。

(C) 项，地震前有异常行为的动物在整个动物中所占的比例大，根据求同法，则可以预测；若比例很小，则不能预测。所以此问题对于题干中论证成立与否有重要作用。

(D) 项，在地震前有异常行为的动物中，此种异常行为未被注意的比例小，根据求异法，则可以预测；反之，则不能预测。所以此问题对于题干中论证成立与否有重要作用。

(E) 项，同一种动物，在两次地震前的异常行为若类似，根据求同法，则可以预测，反之，则不能预测。所以此问题对于题干中论证成立与否有重要作用。

【答案】(A)

21. (2014年在职MBA联考真题) 许多孕妇都出现了维生素缺乏的症状，但这通常不是由于孕妇的饮食缺乏维生素，而是由于腹内婴儿的生长使她们比其他人对维生素有更高的需求。

以下哪项对于评价上述结论最为重要？

(A) 对一些不缺乏维生素的孕妇的日常饮食进行检测，确定其中维生素的含量。
(B) 对日常饮食中维生素足量的孕妇和其他妇女进行检测，并分别确定他们是否缺乏维生素。
(C) 对日常饮食中维生素不足量的孕妇和其他妇女进行检测，并分别确定他们是否缺乏维生素。
(D) 对一些缺乏维生素的孕妇的日常饮食进行检测，确定其中维生素的含量。
(E) 对孕妇的科学食谱进行研究，以确定有利于孕妇摄入足量维生素的最佳食谱。

【解析】题干：是婴儿的生长而不是孕妇的饮食缺乏维生素 —导致→ 许多孕妇出现维生素缺乏症状。

上述论证是否成立取决于，日常饮食维生素足量的情况下，孕妇和其他妇女是否缺乏维生素。孕妇缺乏而其他妇女不缺乏，则题干论证正确；若均不缺乏或者均缺乏，则很可能是其他原因导致的某些孕妇缺乏维生素。因此本题正确答案为 (B) 项。

(A) 项，无关选项，题干所讨论的是缺乏维生素的孕妇，与不缺乏维生素的孕妇无关。

(C) 项，因为饮食已经缺乏维生素，故无法判断孕妇缺乏维生素是否是婴儿的原因。

(D) 项，无关选项，仅仅检测饮食中的维生素的含量，不知道其实际需求的含量，不足以确定其是否缺乏维生素。

(E) 项，无关选项。

【答案】(B)

第3章 论证

题型20 论证的争议：争论焦点题

命题概率

近12年真题命题数量6道，平均每年0.5道。

母题变化

解题思路

争论焦点题的四大原则：

（1）**差异原则**。

争论的焦点必须是二者观点不同的地方，即有差异的地方。

（2）**双方表态原则**。

争论的焦点必须是双方均明确表态的地方。如果一方对一个观点表态，另外一方对此观点没有表态，则不是争论的焦点。

（3）**论点优先原则**。

论据服务于论点，所以当反方质疑对方论据时，往往是为了说明对方论点不成立，这时争论的焦点一般是双方的论点不同。在双方论点相同时，质疑对方论据，争论的焦点才是论据。

（4）**举例部分无焦点原则**。

使用例证法或者举反例时，例子一般不是争论的焦点。

［注意］前两个原则必须满足，后两个原则多数题会满足。

典型真题

1.（2009年管理类联考真题）张教授：在南美洲发现的史前木质工具存在于13 000年以前。有的考古学家认为，这些工具是其祖先从西伯利亚迁徙到阿拉斯加的人群使用的。这一观点难以成立，因为要到达南美洲，这些人群必须在13 000年前经历长途跋涉，而在从阿拉斯加到南美洲之间，从未发现13 000年前的木质工具。

李研究员：您恐怕忽视了，这些木质工具是在泥煤沼泽中发现的，北美很少有泥煤沼泽。木质工具在普通的泥土中几年内就会腐烂化解。

以下哪项最为准确地概括了张教授与李研究员所讨论的问题？

（A）上述史前木质工具是否是其祖先从西伯利亚迁徙到阿拉斯加的人群使用的？

（B）张教授的论据是否能推翻上述考古学家的结论？

（C）上述人群是否可能在13 000年前完成从阿拉斯加到南美洲的长途跋涉？

(D) 上述木质工具是否只有在泥煤沼泽中才不会腐烂化解？

(E) 上述史前木质工具存在于13 000年以前的断定是否有足够的根据？

【解析】张教授：从阿拉斯加到南美洲之间，从未发现13 000年前的木质工具 —证明→ 考古学家的观点是不成立的。

李研究员指出："没发现"木质工具不代表"没有"木质工具，可能是腐烂了。所以，张教授的论据未必能推翻考古学家的观点。

因此，两人争论的问题是张教授的论据是否能推翻上述考古学家的结论。故（B）项正确。

【答案】（B）

2.（2010年管理类联考真题） 陈先生：未经许可侵入别人的电脑，就好像开偷来的汽车撞伤了人，这些都是犯罪行为。但后者性质更严重，因为它既侵占了有形财产，又造成了人身伤害；而前者只是在虚拟世界中捣乱。

林女士：我不同意，例如，非法侵入医院的电脑，有可能扰乱医疗数据，甚至危及病人的生命。因此，非法侵入电脑同样会造成人身伤害。

以下哪项最为准确地概括了两人争论的焦点？

(A) 非法侵入别人电脑和开偷来的汽车是否同样会危及人的生命？

(B) 非法侵入别人电脑和开偷来的汽车伤人是否都构成犯罪？

(C) 非法侵入别人电脑和开偷来的汽车伤人是否是同样性质的犯罪？

(D) 非法侵入别人电脑的犯罪性质是否和开偷来的汽车伤人一样的严重？

(E) 是否只有侵占有形财产才构成犯罪？

【解析】陈先生：非法侵入别人的电脑只是在虚拟世界中捣乱；开偷来的汽车伤人既侵占了有形财产，又造成了人身伤害。因此，后者性质更严重。

林女士：非法侵入电脑同样会造成人身伤害。因此，我不同意你的观点。

林女士通过反驳对方的论据，质疑陈先生"后者性质更严重"的结论，所以二人争论的焦点是二者的犯罪性质是否同样严重。故（D）项正确。

(A) 项，干扰项，偷换了概念，题干说的是"人身伤害"，(A) 项说的是"危及人的生命"，不是争论焦点，并且此项也违反论点优先原则。

(B) 项，二人观点相同（违反差异原则）。

(C) 项，无关选项，二人讨论的是犯罪的严重程度。

(E) 项，无关选项，二人均未对此表态（违反双方表态原则）。

【答案】（D）

3.（2016年管理类联考真题） 赵明与王洪都是某高校辩论协会成员，在为今年华语辩论赛招募新队员的问题上，两人发生了争执。

赵明：我们一定要选拔喜爱辩论的人。因为一个人只有喜爱辩论，才能投入精力和时间研究辩论并参加辩论赛。

王洪：我们招募的不是辩论爱好者，而是能打硬仗的辩手，无论是谁，只要能在辩论赛中发挥应有的作用，他就是我们理想的人选。

以下哪项最可能是两人争论的焦点？

（A）招募的标准是从现实出发还是从理想出发。

（B）招募的目的是研究辩论规律还是培养实战能力。

（C）招募的目的是为了培养新人还是赢得比赛。

（D）招募的标准是对辩论的爱好还是辩论的能力。

（E）招募的目的是为了集体荣誉还是满足个人爱好。

【解析】赵明：我们一定要选拔喜爱辩论的人（爱好）。

王洪：我们需要招募的是能打硬仗的辩手（能力）。

赵明和王洪争论的焦点是应该招募什么样的新辩手，招募喜爱辩论的还是辩论能力强的，故（D）项正确。（A）、（B）、（C）、（E）项所涉及的双方都未明确表态。

【答案】(D)

4. **（2017年管理类联考真题）** 王研究员：我国政府提出的"大众创业、万众创新"激励着每一位创业者。对于创业者来说，最重要的是需要一种坚持精神。不管在创业中遇到什么困难，都要坚持下去。

李教授：对于创业者来说，最重要的是要敢于尝试新技术。因为有些新技术一些大公司不敢轻易尝试，这就为创业者带来了成功的契机。

根据以上信息，以下哪项最准确地指出了王研究员与李教授观点的分歧所在？

（A）最重要的是敢于迎接各种创业难题的挑战，还是敢于尝试那些大公司不敢轻易尝试的新技术。

（B）最重要的是坚持创业，有毅力有恒心把事业一直做下去，还是坚持创新，做出更多的科学发现和技术发明。

（C）最重要的是坚持把创业这件事做好，成为创业大众的一员，还是努力发明新技术，成为创新万众的一员。

（D）最重要的是需要一种坚持精神，不畏艰难，还是要敢于尝试新技术，把握事业成功的契机。

（E）最重要的是坚持创业，敢于成立小公司，还是尝试新技术，敢于挑战大公司。

【解析】王研究员：对于创业者来说，最重要的是需要一种坚持精神。

李教授：对于创业者来说，最重要的是要敢于尝试新技术。

故两个人的争论焦点是，对于创业者来说最重要的是坚持的精神还是尝试新技术，即（D）项正确。

（A）项，王研究员和李教授两人均没有涉及"迎接各种创业难题的挑战"，违反双方表态原则。

(B) 项，王研究员和李教授两人均没有涉及"坚持创新"，违反双方表态原则。

(C) 项，王研究员和李教授两人均没有涉及"发明新技术"，违反双方表态原则。

(E) 项，王研究员和李教授两人均没有涉及"敢于成立小公司"，违反双方表态原则。

【答案】(D)

5. (2009年在职MBA联考真题) 总经理：快速而准确地处理订单是一项关键商务。为了增加利润，我们应当用电子方式而不是继续用人工方式处理客户订单，因为这样订单可以直接到达公司相关业务部门。

董事长：如果用电子方式处理订单，我们一定会赔钱。因为大多数客户喜欢通过与人打交道来处理订单。如果转用电子方式，我们的生意就会失去人情味，就难以吸引更多的客户。

以下哪项最为恰当地概括了上述争论的问题？

(A) 转用电子方式处理订单是否不利于保持生意的人情味？

(B) 用电子方式处理订单是否比人工方式更为快速和准确？

(C) 转用电子方式处理订单是否有利于提高商业利润？

(D) 快速而准确的运作方式是否一定能提高商业利润？

(E) 客户喜欢用何种方式处理订单？

【解析】总经理：采用电子方式处理客户订单 —导致→ 增加利润。

董事长：采用电子方式处理订单 —导致→ 赔钱。

显然二者争论的焦点为：转用电子方式处理订单是否有利于提高商业利润。故 (C) 项正确。

(A) 项，只有董事长对"人情味"表达看法，总经理没有，不是双方争论的焦点（违反双方表态原则）。

(B) 项，总经理认为电子方式"快速而准确"，董事长没有反驳"快速而准确"，不是双方争论的焦点（违反双方表态原则）。

(D) 项，扩大了讨论的范围，题干讨论的是"电子方式处理订单"，不是"快速而准确的运作方式"。

(E) 项，总经理没有对客户喜欢与否表态，不是双方争论的焦点（违反双方表态原则）。

【答案】(C)

6. (2010年在职MBA联考真题) 甲：从互联网上人们可以获得任何想要的信息和资料。因此，人们不需要听取专家的意见，只要通过互联网就可以很容易地学到他们需要的知识。

乙：过去的经验告诉我们：随着知识的增加，对专家的需求也相应地增加。因此，互联网反而会增加我们咨询专家的机会。

以下哪项是上述论证的焦点？

(A) 互联网是否能有助于信息在整个社会的传播？

(B) 互联网是否能增加人们学习知识时请教专家的可能性?

(C) 互联网是否能使更多的人容易获得更多的资料?

(D) 专家在未来是否将会更多地依靠互联网?

(E) 互联网知识与专家的关系以及两者的重要性?

【解析】甲：互联网导致人们不再需要听取专家的意见。

乙：互联网会增加我们咨询专家的机会。

因此，二者争论的焦点是：互联网是否能增加人们学习知识时请教专家的可能性，即（B）项正确。

【答案】(B)

第 4 章　因果关系

题型 21　因果关系的削弱

命题概率

近 12 年真题命题数量 27 道，平均每年 2.25 道。

母题变化

◆ 变化 1　因果关系的削弱：找原因

解题思路

"找原因"型削弱题

如果题干是已知发现了某种现象（某个事件），推测这种现象（这个事件）产生的原因，就称为"找原因"型题目。题干的基本结构为：

结果 —猜测→ 原因，或者，现象 ←导致— 原因

削弱方法有以下几种：

(1) 否因削弱。

指出对方的原因没有发生。

(2) 否果削弱。

指出对方的结果没有发生。

(3) 另有他因。

其他原因导致了结果 B 的发生，而不是原因 A。另有他因是万能命题法，所有因果联系都可以用"另有他因"来削弱。

(4) 有因无果。

出现了原因 A，却没有出现结果 B。

(5) 无因有果。

没有原因 A，也出现了结果 B。

(6)因果倒置。

B是造成A的原因,而非A是造成B的原因。

(7)因果无关。

题干中的因和果并不存在因果关系。

【注意】

如果一个选项的内容不涉及题干中的论证,对题干论证成立与否起不到作用,则称为无关选项。

无关选项是最常见的错误选项。因为无关选项一般不涉及题干中的关键词,所以使用关键词定位法一般可以迅速排除无关选项。

需要注意的是,"另有他因"和"无关选项"都是在选项中出现了题干中没有提及的新内容。如果这个新内容可以造成题干中的结果,则称为另有他因。但是如果这个新内容和题干中的论据不相关,也不能造成题干中的结果,则称为无关选项。

典型真题

1.(2009年管理类联考真题) S市持有驾驶证的人员数量较五年前增加了数十万,但交通死亡事故却较五年前有明显的减少。由此可以得出结论:目前S市驾驶员的驾驶技术熟练程度较五年前有明显的提高。

以下各项如果为真,都能削弱上述论证,除了:

(A)交通事故的主要原因是驾驶员违反交通规则。
(B)目前S市的交通管理力度较五年前有明显加强。
(C)S市加强对驾校的管理,提高了对新驾驶员的培训标准。
(D)由于油价上涨,许多车主改乘公交车或地铁上下班。
(E)S市目前的道路状况及安全设施较五年前有明显改善。

【解析】 题干的论证关系:S市持有驾驶证的人员增加,但交通死亡事故却明显减少(现象)——证明→S市驾驶员的驾驶技术提高了。

本题是一个果因推理:S市持有驾驶证的人员增加,但交通死亡事故却明显减少(果)←导致——S市驾驶员的驾驶技术提高了(因)。

(C)项,支持题干,驾校的培训标准提高了,意味着驾驶员的驾驶技术通过培训得到了提高。其余各项均为另有他因,削弱题干。

【答案】(C)

2.(2010年管理类联考真题) 一般认为,剑乳齿象是从北美洲迁入南美洲的。剑乳齿象的显著特征是具有较直的长剑型门齿,颚骨较短,齿的齿冠隆起,齿板数目为7~8个,并呈乳状突起,剑乳齿象因此得名。剑乳齿象的牙齿比较复杂,这表明它能吃草,在南美洲的许多地方都有证据显示史前人类捕捉过剑乳齿象。由此可以推测,剑乳齿象的灭绝可能与人类的过度捕杀有密切关系。

以下哪项如果为真，最能反驳上述结论？
(A) 史前动物之间经常发生大规模相互捕杀的现象。
(B) 剑乳齿象在遇到人类攻击时缺乏自我保护能力。
(C) 剑乳齿象也存在由南美洲进入北美洲的回迁现象。
(D) 由于人类活动范围的扩大，大型食草动物难以生存。
(E) 幼年剑乳齿象的牙齿结构比较简单，自我生存能力弱。

【解析】题干：人类的过度捕杀 —导致→ 剑乳齿象的灭绝。

(A) 项，另有他因，可能是史前动物之间经常发生的大规模相互捕杀导致了剑乳齿象的灭绝，削弱题干。

(B) 项，支持题干，说明了剑乳齿象为什么会因为人类捕杀而灭绝。

(C) 项，无关选项，"回迁现象"与"灭绝"无关。

(D) 项，支持题干，"人类活动"包含"捕杀"。

(E) 项，削弱力度弱，剑乳齿象幼年时自我生存能力弱，不代表它们不能生存（例如：在成年象抚育下生存）。

【答案】(A)

3. (2011年管理类联考真题) 某教育专家认为："男孩危机"是指男孩调皮捣蛋、胆小怕事、学习成绩不如女孩好等现象。近些年，这种现象已经成为儿童教育专家关注的一个重要问题。这位专家在列出一系列统计数据后，提出了"今日男孩为什么从小学、中学到大学全面落后于同年龄段的女孩"的疑问，这无疑加剧了无数男生家长的焦虑。该专家通过分析指出，恰恰是家庭和学校不适当的教育方法导致了"男孩危机"现象。

以下哪项如果为真，最能对该专家的观点提出质疑？
(A) 家庭对独生子女的过度呵护，在很大程度上限制了男孩发散思维的拓展和冒险性格的养成。
(B) 现在的男孩比以前的男孩在女孩面前更喜欢表现出"绅士"的一面。
(C) 男孩在发展潜能方面要优于女孩，大学毕业后他们更容易在事业上有所成就。
(D) 在家庭、学校教育中，女性充当了主要角色。
(E) 现代社会游戏泛滥，男孩天性比女孩更喜欢游戏，这耗去了他们大量的精力。

【解析】专家：家庭和学校不适当的教育方法 —导致→ "男孩危机"现象。

(A) 项，支持题干，为家庭的不恰当教育提供了新的论据。

(B)、(C)、(D) 项，无关选项，与"男孩危机"现象的产生无关。

(E) 项，另有他因，不是家庭和学校的教育方法不当，而是游戏泛滥导致了"男孩危机"现象，削弱专家的观点。

【答案】(E)

4. (2013年管理类联考真题) 某公司去年初开始实施一项"办公用品节俭计划"，每位员工每月只能免费领用限量的纸笔等各类办公用品。年末统计时发现，公司用于各类办公用品的支出较上年度下降了30%。在未实施该计划的过去5年间，公司年均消耗办公用品10万元。公司总经理由此得出：该计划去年已经为公司节约了不少经费。

以下哪项如果为真，最能构成对总经理推论的质疑？

（A）另一家与该公司规模及其他基本情况均类似的公司，未实施类似的节俭计划，在过去的 5 年间办公用品年均消耗也为 10 万元。

（B）在过去的 5 年间，该公司大力推广无纸化办公，并且取得很大成效。

（C）"办公用品节俭计划"是控制支出的重要手段，但说该计划为公司"一年内节约不少经费"，没有严谨的数据分析。

（D）另一家与该公司规模及其他基本情况均类似的公司，未实施类似的节俭计划，但在过去的 5 年间办公用品人均消耗额越来越低。

（E）去年，该公司在员工困难补助、交通津贴等方面的开支增加了 3 万元。

【解析】公司总经理："办公用品节俭计划" —导致→ 节约经费。

（A）项，不能削弱，因为虽然两家公司在过去的 5 年间办公用品年均消耗值一样，但是不知道没实行此计划之前的费用趋势如何，可能此公司的办公用品消耗是递增的。

（B）项，削弱力度弱，因为无法判断无纸化办公取得的"很大成效"是不是"节约经费"，例如可以是提高办公效率等成效。

（C）项，不能削弱，因为承认了"办公用品节俭计划"可以控制支出，并且（C）项中说没有严谨的数据分析，实际上题干是有数据分析的。

（D）项，无因有果，没有实施办公用品节俭计划的公司，人均消耗额也越来越低，故能削弱题干。

（E）项，无关选项，题干仅涉及"节约办公经费"，与其他方面的开支无关。

【答案】(D)

5.（2010 年在职 MBA 联考真题）某网络公司通过问卷对登录"心理医生之窗"网站寻求心理帮助的人群进行调查。结果显示：持续登录"心理医生之窗"网站 6 个月或更长时间的人群中，46％声称与"心理医生之窗"网站的沟通与交流使他们的心情变得好多了。因此，更长时间登录"心理医生之窗"网站比短期登录会更有效地改善人们的心理状态。

以下哪项如果为真，最能削弱上述论断？

（A）持续登录该网站 6 个月以上的人群中，10％的人反映登录后心情变得更糟了。

（B）持续登录该网站 6 个月以上的人比短期登录的人更愿意回答问卷调查的问题。

（C）对"心理医生之窗"网站不满意的人往往是那些没有耐心的人，他们对问卷调查往往持消极态度。

（D）登录网站获得良好心情的人会更积极地登录，而那些感觉没有效果的人往往会离开。

（E）登录"心理医生之窗"网站不足半年的人多于登录该网站 6 个月以上的人。

【解析】题干：持续登录"心理医生之窗"网站 6 个月或更长时间的人群中，46％心情变好 —证明→ 更长时间登录"心理医生之窗"网站比短期登录会更有效地改善人们的心理状态。

（A）项，不能削弱，10％的人心情变差不能削弱 46％的人心情变好。

（B）项，无关选项，"更愿意回答"与"心情好坏"没有关系。

(C) 项，无关选项，有没有"耐心"和心情是不是变好无关。

(D) 项，因果倒置，不是因为长时间登录该网站让人们心情变好，而是人们心情变好才会更积极地登录该网站，削弱题干。

(E) 项，无关选项。

【答案】(D)

6. (2011年在职MBA联考真题) 中国的姓氏有一个非常大的特点，那就是同是一个汉族姓氏，却很可能有着非常大的血缘差异。总体而言，以武夷山－南岭为界，中国姓氏的血缘明显地分成南、北两大分支。两地汉族血缘差异颇大，甚至比南、北两地汉族与当地少数民族的差异还要大。这说明，随着人口的扩张，汉族不断南下，并在2 000多年前渡过长江进入湖广，最终越过海峡到达海南岛。在这个过程中间，南迁的汉族人不断同当地说侗台、南亚和苗族语的诸多少数民族融合，从而稀释了北方汉族的血缘特征。

以下哪项如果为真，最能反驳上述论证？

(A) 南方的少数民族有可能是更久远的时候南迁的北方民族。
(B) 封建帝王曾经敕封少数民族中的部分人以帝王姓氏。
(C) 同姓的南北两支可能并非出自同一祖先。
(D) 历史上也曾有少数民族北迁的情况。
(E) 不同姓的南北两支可能出自同一祖先。

【解析】题干：南迁的汉族人与当地少数民族融合 —导致→ 汉族的同一姓氏南北两地血缘差异大。

题干中讲的是"汉族同一姓氏"南北两地的血缘差异，而(A)、(B)、(D)项说的是"少数民族"的血缘差异，(E)项说的是"不同姓"的血缘差异，均与题干的论证没有关系，可直接排除。

(C)项，另有他因，不同的祖先导致汉族同一姓氏南北两地血缘差异大，而不是汉族与少数民族融合，削弱题干。

【答案】(C)

7. (2014年在职MBA联考真题) 一家评价机构，为评价图书的受欢迎程度进行了社会调查。结果表明：生活类图书的销售量超过了科技类图书的销售量，因此，生活类图书的受欢迎程度要高于科技类图书。

以下哪项最能反驳上述论证？

(A) 销售量只是部分反映图书的受欢迎程度。
(B) 购买科技类图书的往往都受过高等教育。
(C) 生活类图书的种类远远超过科技类图书的种类。
(D) 销售的图书可能有一些没有被阅读。
(E) 有些生活类图书可能不在书店里销售。

【解析】题干：生活类图书的销售量超过了科技类图书的销售量（现象）—证明→ 生活类图书的受欢迎程度要高于科技类图书（原因）。

(A) 项，有一定的削弱作用，但"部分反映"说明仍然可以反映，故削弱力度弱。

(B) 项，无关选项。

(C) 项，另有他因，生活类图书的种类更多导致其销售量更大，削弱题干。

(D) 项，无关选项，题干中讨论的是图书销售量与受欢迎程度之间的关系，与其是否被阅读无关。

(E) 项，不能削弱，"有些"生活类图书可能不在书店里销售，不能说明其不受欢迎。

【答案】(C)

变化2　因果关系的削弱：推测结果

解题思路

1. 如果题干是基于某个事件，推测这个事件在未来会引发的结果，就称为"推测结果"型题目。题干的基本结构为：

$$原因 \xrightarrow{推测} 结果$$

削弱方法最常见的有两种：一是指出这个事件并未发生（否因），二是指出由于某种原因，使得题干推测的这个结果并不会出现（结果推断不当）。

2. 需要注意的是，推测结果的论证也是论证的种类之一，因此，有些同学无法分辨此类论证与普通论证的区别，实在分不清楚的同学，也可以不做区分，通过论证的削弱方式进行理解也可以解题，如：提出反面论据、反驳对方的论据等。

典型真题

8.（2010年管理类联考真题）在某次课程教学改革的研讨会上，负责工程类教学的程老师说，在工程设计中，用于解决数学问题的计算机程序越来越多了，这样就不必要求工程技术类大学生对基础数学有深刻的理解。因此，在未来的教学体系中，基础数学课程可以用其他重要的工程类课程替代。

以下哪项如果为真，能削弱程老师的上述论证？

Ⅰ．工程类基础课程中已经包含了相关的基础数学内容。

Ⅱ．在工程设计中，设计计算机程序需要对基础数学有全面的理解。

Ⅲ．基础数学课程的一个重要目标是培养学生的思维能力，这种能力对工程设计来说很关键。

(A) 仅Ⅱ。　　　　　　　　(B) 仅Ⅰ和Ⅱ。

(C) 仅Ⅰ和Ⅲ。　　　　　　(D) 仅Ⅱ和Ⅲ。

(E) Ⅰ、Ⅱ和Ⅲ。

【解析】程老师：计算机程序可以解决数学问题 $\xrightarrow{导致}$ 工程技术类大学生不必深刻理解基础数学 $\xrightarrow{推测}$ 在未来的教学体系中，基础数学课程可以被其他重要的工程类课程替代（对未来结果的推测）。

Ⅰ项，工程类基础课程中已经包含了相关的基础数学内容，那么基础数学课程就没必要开了（即可以被其他重要的工程类课程替代），支持题干。

Ⅱ、Ⅲ项，指出了基础数学课程的重要性，不可以被替代，削弱题干。

【答案】(D)

9. （2011年管理类联考真题） 3D立体技术代表了当前电影技术的尖端水准，由于使电影实现了高度可信的空间感，它可能成为未来电影的主流。3D立体电影中的银幕角色虽然由计算机生成，但是那些包括动作和表情的电脑角色的"表演"，都以真实演员的"表演"为基础，就像数码时代的化妆技术一样。这也引起了某些演员的担心：随着计算机技术的发展，未来计算机生成的图像和动画会替代真人表演。

以下哪项如果为真，最能减弱上述演员的担心？

(A) 所有电影的导演只能和真人交流，而不是和电脑交流。

(B) 任何电影的拍摄都取决于制片人的选择，演员可以跟上时代的发展。

(C) 3D立体电影目前的高票房只是人们一时图新鲜的结果，未来尚不可知。

(D) 掌握3D立体技术的动画专业人员不喜欢去电影院看3D电影。

(E) 电影故事只能用演员的心灵、情感来表现，其表现形式与导演的喜好无关。

【解析】演员的担心：随着计算机技术的发展，未来计算机生成的图像和动画会替代真人表演（对未来结果的推测）。

(E) 项能削弱演员的担心，因为：如果电影故事只能用演员的心灵、情感来表现，则由于计算机生成的图像和动画并没有心灵、情感等，所以不太可能会替代作为真人的演员来进行表演。

(A) 项，可以削弱，但导演只能和"真人"交流，不代表导演只能和"演员"交流，比如，导演可以和电脑动画制作者交流，再由电脑动画制作者完成电影，所以(A)项的削弱力度不如(E)项。

其余各项均不正确。

【答案】(E)

10. （2011年管理类联考真题） 随着互联网的发展，人们的购物方式有了新的选择。很多年轻人喜欢在网络上选择自己满意的商品，通过快递送上门，购物足不出户，非常便捷。刘教授据此认为，那些实体商场的竞争力会受到互联网的冲击，在不远的将来，会有更多的网络商店取代实体商店。

以下哪项如果为真，最能削弱刘教授的观点？

(A) 网络购物虽然有某些便利，但容易导致个人信息被不法分子利用。

(B) 有些高档品牌的专卖店，只愿意采取街面实体商店的销售方式。

(C) 网络商店与快递公司在货物丢失或损坏的赔偿方面经常互相推诿。

(D) 购买黄金珠宝等贵重物品，往往需要现场挑选，且不适宜网络支付。

(E) 通常情况下，网络商店只有在其实体商店的支撑下才能生存。

【解析】刘教授：网络购物便捷 —推测→ 在不远的将来，会有更多的网络商店取代实体商店（对未来结果的推测）。

(A)、(C)、(D) 项，都表示网购有弊端，可以削弱。

(B) 项，实体商店有优势，可以削弱，但"有些"是弱化词，故削弱力度小。

（E）项，网络商店必须依赖实体商店，说明实体商店不可取代，削弱力度最强。

【答案】（E）

11.（2011年管理类联考真题） 国外某教授最近指出，长着一张娃娃脸的人意味着他将享有更长的寿命，因为人们的生活状况很容易反映在脸上。从1990年春季开始，该教授领导的研究小组对1 826对70岁以上的双胞胎进行了体能和认知测试，并拍了他们的面部照片。在不知道他们确切年龄的情况下，三名研究助手先对不同年龄组的双胞胎进行年龄评估。结果发现，即使是双胞胎，被猜出的年龄也相差很大。然后，研究小组用若干年时间对这些双胞胎的晚年生活进行了跟踪调查，直至他们去世。调查表明：双胞胎中，外表年龄差异越大，看起来老的那个就越可能先去世。

以下哪项如果为真，最能形成对该教授调查结论的反驳？

（A）如果把调查对象扩大到40岁以上的双胞胎，结果可能有所不同。
（B）三名研究助手比较年轻，从事该项研究的时间不长。
（C）外表年龄是每个人生活环境、生活状况和心态的集中体现，与生命老化关系不大。
（D）生命老化的原因在于细胞分裂导致染色体末端不断损耗。
（E）看起来越老的人，在心理上一般较为成熟，对于生命有更深刻的理解。

【解析】 题干：双胞胎中，外表年龄差异越大，看起来老的那个就越可能先去世（对未来结果的推测）。

（A）项，诉诸无知，"结果可能有所不同"，即结论是不是真的尚待证明。
（B）项，诉诸人身，年轻不代表研究结果不准确。
（C）项，因果无关，指出外表年龄与生命老化无关，削弱题干。
（D）、（E）项，无关选项，不涉及外表显老和先去世的关系。

【答案】（C）

12.（2014年管理类联考真题） 随着光纤网络带来的网速大幅度提高，高速下载电影、在线看大片等都不再是困扰我们的问题。即使在社会生产力发展水平较低的国家，人们也可以通过网络随时随地获得最快的信息、最贴心的服务和最佳体验。有专家据此认为：光纤网络将大幅度提高人们的生活质量。

以下哪项如果为真，最能质疑该专家的观点？

（A）网络上所获得的贴心服务和美妙体验有时是虚幻的。
（B）即使没有光纤网络，同样可以创造高品质的生活。
（C）随着高速网络的普及，相关上网费用也随之增加。
（D）人们生活质量的提高仅决定于社会生产力的发展水平。
（E）快捷的网络服务可能使人们将大量时间消耗在娱乐上。

【解析】 专家：人们通过网络随时随地获得最快的信息、最贴心的服务和最佳体验——推测→光纤网络将大幅度提高人们的生活质量。

（A）项，不能削弱，"有时虚幻"无法削弱整体体验。
（B）项，无关选项，没有光纤网络，同样可以创造高品质的生活，不代表光纤网络不能提高人们的生活质量。

(C) 项，无关选项，上网费用是否增加与光纤网络能否提高人们的生活质量无关。

(D) 项，可以削弱，人们生活质量的提高仅决定于社会生产力的发展水平，而与光纤网络无关，则光纤网络不能大幅度提高人们的生活质量，结果推断不当。

(E) 项，不能削弱，可能有恶果不等于事实如此。

【答案】(D)

13. **(2019年管理类联考真题)** 旅游是一种独特的文化体验。游客可以跟团游，也可以自由行。自由行游客虽避免了跟团游的集体束缚，但也放弃了人工导游的全程讲解，而近年来他们了解旅游景点的文化需求却有增无减。为适应这一市场需求，基于手机平台的多款智能导游App被开发出来。它们可定位用户位置，自动提供景点讲解、游览问答等功能。有专家就此指出，未来智能导游必然会取代人工导游，传统的导游职业将消亡。

以下哪项如果为真，最能质疑上述专家的诊断？

(A) 至少有95%的国外景点所配备的导游讲解器没有中文语音，中国出境游客因为语言和文化上的差异，对智能导游App的需求比较强烈。

(B) 旅行中才会使用的智能导游App，如何保持用户黏性、未来又如何取得商业价值等都是待解问题。

(C) 好的人工导游可以根据游客需求进行不同类型的讲解，不仅关注景点，还可表达观点，个性化很强，这是智能导游App难以企及的。

(D) 目前发展较好的智能导游App用户量在百万级左右，这与当前中国旅游人数总量相比还只是一个很小的比例，市场还没有培养出用户的普遍消费习惯。

(E) 国内景区配备的人工导游需要收费，大部分导游讲解的内容都是事先背好的标准化内容。但是，即便人工导游没有特色，其退出市场也需要一定的时间。

【解析】专家：智能导游App可定位用户位置，自动提供景点讲解等功能——推测→未来智能导游必然会取代人工导游，传统的导游职业将消亡（对未来结果的推测）。

(A) 项，提供论据，支持智能导游App。

(B) 项，无关选项，题干的论证与"用户黏性""商业价值"等无关。

(C) 项，提出反面论据，直接指出了智能导游App无法代替人工导游，最能削弱题干。

(D) 项，此项是"目前"的情况，而题干论证的是"未来"的情况，无关选项。

(E) 项，说明人工导游的讲解是标准化的，是可以被智能导游App取代的，只是退出市场需要时间而已，支持在"未来"智能导游会取代人工导游。

【答案】(C)

14. **(2020年管理类联考真题)** 移动支付如今正在北京、上海等大中城市迅速普及，但是，并非所有中国人都熟悉这种新的支付方式，许多老年人仍然习惯传统的现金交易。有专家因此断言，移动支付的迅速普及会将老年人阻挡在消费经济之外，从而影响他们晚年的生活质量。

以下哪项如果为真，最能质疑上述专家的论断？

(A) 到2030年，中国60岁以上人口将增至3.2亿，老年人的生活质量将进一步引起社会关注。

(B) 有许多老年人因年事已高，基本不直接进行购物消费，所需物品一般由儿女或社会提供，他们的晚年生活很幸福。

(C) 国家有关部门近年来出台多项政策指出，消费者在使用现金支付被拒时可以投诉，但仍有不少商家我行我素。

(D) 许多老年人已在家中或社区活动中心学会移动支付的方法以及防范网络诈骗的技巧。

(E) 有些老年人视力不好，看不清手机屏幕；有些老年人记忆力不好，记不住手机支付密码。

【解析】专家：许多老年人仍然习惯传统的现金交易——推测→移动支付的迅速普及会将老年人阻挡在消费经济之外，从而影响他们晚年的生活质量。

(B) 项，此项说明即使老年人不会移动支付，也可以由子女代购，并不会影响老年人的生活质量，削弱题干。

(D) 项，如果题干说的是所有老年人都不会移动支付，则此项是很好的削弱，但题干的论证只涉及一部分老年人不会移动支付，与有许多老年人会移动支付并不矛盾。故此项是干扰项。

其余各项均为无关选项。

【答案】(B)

15. （2014年在职MBA联考真题）随着互联网的飞速发展，足不出户购买自己心仪的商品已经成为现实。即使在经济发展水平较低的国家和地区，人们也可以通过网络购物来满足自己对物质生活的追求。

以下哪项最能质疑上述观点？

(A) 随着网购销售额的增长，相关税费也会随之增加。

(B) 即使在没有网络的时代，人们一样可以通过实体店购买心仪的商品。

(C) 网络上的商品展示不能完全反映真实情况。

(D) 便捷的网络购物可能耗费人们更多的时间和精力，影响人际间的交流。

(E) 人们对物质生活追求的满足仅仅取决于所在地区的经济发展水平。

【解析】题干：随着互联网的飞速发展，足不出户购买自己心仪的商品已经成为现实——推测→即使在经济发展水平较低的国家和地区，人们也可以通过网络购物来满足自己对物质生活的追求（对未来结果的推测）。

(A) 项，无关选项。

(B) 项，不能削弱，能通过实体店购买心仪的商品，不能削弱网络带来的便捷性。

(C) 项，不能削弱，"商品展示不能完全反映真实情况"与"人们可以通过网络购物来满足自己对物质生活的追求"没有必然的联系。

(D) 项，不能削弱，指出网络购物有负面影响，但影响交流与满足对物质生活的追求之间关系并未说明。

(E) 项，因果无关，对物质生活的追求仅与经济发展水平有关，与互联网的发展无关，削弱题干。

【答案】(E)

变化3 因果关系的削弱：求异法

解题思路

求异法题目的题干，一般是两组对象进行比较（横向对比），或者同一组对象前后进行比较（纵向对比）的形式。

横向对比：

第一组对象：有 A，有 B；

第二组对象：无 A，无 B；

故有：A $\xrightarrow{导致}$ B。

纵向对比：

同一对象有因素 A 前：没有 B；

同一对象有因素 A 后：有 B；

故有：A $\xrightarrow{导致}$ B。

削弱方法：

使用求异法，要保证只能有一个差异因素。所以，最常用的削弱方式是"还有其他差异因素"对结果产生影响（另有他因）。常见的差异因素有：比较对象本身有差异、比较的起点不一致、比较对象所处环境不一致，等等。因果倒置也常在选项中出现。

典型真题

16.（2013年管理类联考真题）某组研究人员报告说：与心跳速度每分钟低于58次的人相比，心跳速度每分钟超过78次者心脏病发作或者发生其他心血管问题的概率高出39％，死于这类疾病的风险高出77％，其整体死亡率高出65％。研究人员指出，长期心跳过速导致了心血管疾病。

以下哪项如果为真，最能对该研究人员的观点提出质疑？

(A) 各种心血管疾病影响身体的血液循环机能，导致心跳过速。

(B) 在老年人中，长期心跳过速的不到39％。

(C) 在老年人中，长期心跳过速的超过39％。

(D) 野外奔跑的兔子心跳很快，但是很少发现它们患心血管疾病。

(E) 相对老年人，年轻人生命力旺盛，心跳较快。

【解析】题干：

心跳速度每分钟低于58次的人：得心血管疾病的概率低；

心跳速度每分钟超过78次的人：得心血管疾病的概率高出39％，死亡率高出65％；

故：心跳过速 $\xrightarrow{导致}$ 心血管疾病。

(A) 项，心血管疾病导致心跳过速，而不是心跳过速导致心血管疾病，指出题干因果倒置，削弱题干。

(D) 项，兔子心跳很快（有因），但是很少发现它们患心血管疾病（无果）。但兔子与人差异过大，存在类比不当，故削弱力度小。

其余各项均为无关选项。

【答案】(A)

17. (2016年管理类联考真题) 研究人员发现，人类存在3种核苷酸基因类型：AA型，AG型以及GG型。一个人有36%的概率是AA型，有48%的概率是AG型，有16%的概率是GG型。在1 200名参与实验的老年人中，拥有AA型和AG型基因类型的人都在上午11时之前去世，而拥有GG型基因类型的人几乎都在下午6时左右去世。研究人员据此认为：GG型基因类型的人会比其他人平均晚死7个小时。

以下哪项如果为真，最能质疑上述研究人员的观点？

(A) 拥有GG型基因类型的实验对象容易患上心血管疾病。
(B) 当死亡临近的时候，人体会还原到一种更加自然的生理节律感应阶段。
(C) 有些人是因为疾病或者意外事故等其他因素而死亡的。
(D) 对人死亡时间的比较，比一天中的哪一时刻更重要的是哪一年、哪一天。
(E) 平均寿命的计算依据应是实验对象的生命存续长度，而不是实验对象的死亡时间。

【解析】题干使用求异法：拥有AA型和AG型基因类型的人都在上午11时之前去世，拥有GG型基因类型的人几乎都在下午6时左右去世 —证明→ GG型基因类型的人会比其他人平均晚死7个小时。

(A)、(B) 项，无关选项。

(C) 项，无关选项，无法确定此项中的"有些人"是哪种基因的人。

(D) 项，可以削弱。比如2017年1月1日18点死亡的人，要比2017年1月2日8点死亡的人的死亡时间更早，而不是更晚。

(E) 项，此项为干扰项，因为题干的结论是GG型基因类型的人会比其他人平均"晚死"7个小时，即只比较了死亡时间，而没有比较寿命。而此项讨论的是"平均寿命"，为无关选项。

【答案】(D)

18. (2020年管理类联考真题) 某教授组织了120名年轻的参试者，先让他们熟悉电脑上的一个虚拟城市，然后让他们以最快的速度寻找由指定地点到达关键地标的最短路线，最后再让他们识别茴香、花椒等40种芳香植物的气味。结果发现，寻路任务中得分较高者其嗅觉也比较灵敏。该教授由此推测，一个人空间记忆力好、方向感强，就会使其嗅觉更为灵敏。

以下哪项如果为真，最能质疑该教授的上述推测？

(A) 大多数动物主要是靠嗅觉寻找食物、躲避天敌，其嗅觉进化有助于"导航"。
(B) 有些参试者是美食家，经常被邀请到城市各处的特色餐馆品尝美食。
(C) 部分参试者是马拉松运动员，他们经常参加一些城市举办的马拉松比赛。
(D) 在同样的测试中，该教授本人在嗅觉灵敏度和空间方向感方面都不如年轻人。
(E) 有的年轻人喜欢玩方向感要求较高的电脑游戏，因过分投入而食不知味。

【解析】某教授：寻路任务中得分较高者其嗅觉也比较灵敏 —证明→ 一个人空间记忆力好、方向感强，就会使其嗅觉更为灵敏。

（A）项，因果倒置，说明是嗅觉灵敏导致方向感强，而不是方向感强导致嗅觉灵敏，削弱题干。

（B）项，不确定此项中的"有些参试者"是寻路任务中得分高的人还是得分低的人，因此无法削弱或支持题干。

（C）项，无关选项，不确定"马拉松运动员"与题干中测试的关系。

（D）项，无关选项，题干不涉及"教授"和"年轻人"的比较。

（E）项，典型干扰项"有的不"，另外"食不知味"是指心里有事，因此吃东西不香，而不是嗅觉不灵敏。

【答案】（A）

19.（2010年在职MBA联考真题）新挤出的牛奶中含有溶菌酶等抗菌活性成分。将一杯原料奶置于微波炉加热至50℃，其溶菌酶活性降低至加热前的50%。但是，如果用传统热源加热原料奶至50℃，其内的溶菌酶活性几乎与加热前一样，因此，对酶产生失活作用的不是加热，而是产生热量的微波。

以下哪项如果属实，最能削弱上述论证？

（A）将原料奶加热至100℃，其中的溶菌酶活性会完全失活。
（B）加热对原料奶酶的破坏可通过添加其他酶予以补偿，而微波对酶的破坏却不能补偿。
（C）用传统热源加热液体奶达到50℃的时间比微波炉加热至50℃的时间长。
（D）经微波炉加热的牛奶口感并不比用传统热源加热的牛奶口感差。
（E）微波炉加热液体会使内部的温度高于液体表面达到的温度。

【解析】题干：

微波炉加热原料奶至50℃，溶菌酶活性降低至加热前的50%；
传统热源加热原料奶至50℃，溶菌酶活性几乎与加热前一样；
故：对酶产生失活作用的不是加热，而是产生热量的微波。

（A）项，无关选项，此题与题干中的条件并不相同，在100℃时能使溶菌酶活性完全失活，不代表在50℃时也可以。例如，100℃的水可以烫死一个人，不代表50℃的水也可以烫死一个人。

（B）、（C）、（D）项，均为无关选项。

（E）项，削弱题干，在使用求异法时，只能有一个差异因素，如果（E）项为真，则出现了两个差异因素：加热方式不同，内部温度也不同，另有他因。

【答案】（E）

20.（2012年在职MBA联考真题）研究人员报告说，一项超过1万名70岁以上老人参与的调查显示，每天睡眠时间超过9小时或少于5小时的人，他们的平均认知水平低于每天睡眠时间为7小时左右的人。研究人员据此认为，要改善老年人的认知能力，必须使用相关工具检测他们的睡眠时间，并对睡眠进行干预，使其保持适当的睡眠时间。

以下哪项如果为真，最能质疑上述研究人员的观点？

（A）尚没有专业的医疗器具可以检测人的睡眠时间。
（B）每天睡眠时间为7小时左右的都是70岁以上的老人。
（C）每天睡眠时间超过9小时或少于5小时的都是80岁以上的老人。

(D) 70岁以上的老人一旦醒来就很难再睡着。
(E) 70岁以上的老人中,有一半以上失去了配偶。

【解析】题干:

睡眠7小时左右的老人:认知能力高;
睡眠时间超过9小时或少于5小时的老人:认知能力低;
故:保持适当的睡眠时间可改善老年人的认知能力。

(A)项,题干中的措施为必须使用"相关工具"检测他们的睡眠时间,而此项偷换为"没有专业的医疗器具",故无法削弱题干。

(B)项,不能削弱,此项与题干的背景知识相同。

(C)项,另有他因,每天睡眠时间超过9小时或少于5小时的老人认知能力低,是因为年龄更大。

(D)、(E)项,无关选项。

【答案】(C)

21. (2013年在职MBA联考真题)"辣椒缓解消化不良",吃完火辣大餐却饱受消化不良之苦的人,看到这句话或许会大惊失色,不敢相信。然而,意大利的专家们通过实验得出的结论却是如此。他们给患有消化不良的实验者在饭前服用含有辣椒成分的药片,在5个星期之后,有60%的实验者的不适症状得到了缓解。

以下哪项如果为真,最能反驳上述实验结论?

(A) 辣椒中含有的辣椒素在一定程度上可以对一种神经传递素的分泌起阻碍作用。
(B) 在该实验中,有5%的实验者的不适症状有所加重。
(C) 在另一组饭后服用该药片的实验者中也有55%的实验者的不适症状得到了缓解。
(D) 注意健康饮食之后,消化不良患者一般会在一个月内缓解不适症状。
(E) 在实验前,并没有告知实验者所服用的药片中含有辣椒成分。

【解析】题干采用对比实验:

服用含有辣椒成分的药片前:消化不良;
服用含有辣椒成分的药片后:5个星期后,60%的实验者的不适症状得到了缓解;
所以,辣椒缓解消化不良。

(A)项,无关选项,无法确定"神经传递素的分泌"是否和消化不良有关。

(B)项,削弱力度弱,"5%的实验者的不适症状有所加重",不能削弱"60%的实验者的不适症状得到缓解"。

(C)项,提供新论据,支持题干。

(D)项,说明不适症状得到缓解可能是由于注意健康饮食,另有他因,削弱题干。

(E)项,排除他因,支持题干。

【答案】(D)

变化 4　因果关系的削弱：百分比对比型

解题思路

百分比对比型题目的本质是求异法，一般分为三种场合：正面场合（如吸烟的人）、反面场合（如不吸烟的人）、全体场合（所有人）。

根据求异法，如果正面场合和反面场合、全体场合的百分比有差异，则支持因果关系；如果正面场合和反面场合、全体场合的百分比没有差异，则削弱因果关系。

例如：

<u>正面场合：得糖尿病的人，60%肥胖；</u>
<u>反面场合：不得糖尿病的人，40%肥胖；</u>
支持：肥胖引发糖尿病。

再如：

<u>正面场合：得糖尿病的人，60%肥胖；</u>
<u>全体场合：所有人，40%肥胖；</u>
支持：肥胖引发糖尿病。

又如：

<u>正面场合：得糖尿病的人，60%肥胖；</u>
<u>全体场合：所有人，60%肥胖；</u>
削弱：肥胖引发糖尿病。

口诀：同比削弱，差比加强。

典型真题

22.（2010年管理类联考真题）对某高校本科生的某项调查统计发现：在因成绩优异被推荐免试攻读硕士研究生的文科专业学生中，女生占有70%。由此可见，该校本科生文科专业的女生比男生优秀。

以下哪项如果为真，能最有力地削弱上述结论？
（A）在该校本科生文科专业学生中，女生占30%以上。
（B）在该校本科生文科专业学生中，女生占30%以下。
（C）在该校本科生文科专业学生中，男生占30%以下。
（D）在该校本科生文科专业学生中，女生占70%以下。
（E）在该校本科生文科专业学生中，男生占70%以上。

【解析】题干：在因成绩优异被推荐免试攻读硕士研究生的文科专业学生中，女生占70% ——证明→该校本科生文科专业的女生比男生优秀。

（C）项与题干形成求异法：

　　题干：推荐免试攻读硕士研究生的文科专业学生中，女生占70%；
　　（C）项：所有文科专业学生中，男生占30%以下（即女生占70%以上）；

正面场合和全体场合无差异，削弱：该校本科生文科专业的女生比男生优秀。

【答案】（C）

23. （2009年在职MBA联考真题）据某国卫生部门统计，2004年全国糖尿病患者中，年轻人不到10%，70%为肥胖者。这说明，肥胖将极大地增加患糖尿病的危险。

以下哪项如果为真，将严重削弱上述结论？

（A）医学已经证明，肥胖是心血管疾病的重要诱因。
（B）2004年，该国的肥胖者的人数比1994年增加了70%。
（C）2004年，肥胖者在该国中老年人中所占的比例超过60%。
（D）2004年，该国年轻人中的肥胖者所占的比例，比1994年提高了30%。
（E）2004年，该国糖尿病的发病率比1994年降低了20%。

【解析】题干：糖尿病患者中，年轻人不到10%，70%为肥胖者 ——证明——→ 肥胖将极大地增加患糖尿病的危险。

（C）项，指出正面场合和全体场合几乎无差异：

题干：糖尿病患者中，年轻人不到10%，70%为肥胖者，说明大部分是中老年肥胖者；

（C）项：所有中老年人中，肥胖者超过60%；

削弱：肥胖将极大地增加患糖尿病的危险。

【答案】（C）

变化5 因果关系的削弱：共变法

解题思路

共变法，是指两个现象存在共生共变的关系，则把其中一个现象作为另外一个现象的原因。使用共变法，最常犯的错误是 因果倒置。

另外，两个共变的现象很可能是由另外一个共同的原因导致的，所以共变法的因果关系可以用另有他因来削弱，此时，也称为 共因削弱。

【注意】

①穆勒五法是求因果的方法，因此，这类题型本质上还是因果型的题目，以上所有关于因果关系的削弱方法也适用于求因果五法型题目。

②求因果五法的作用是探求某个现象的原因，所以题干一般先写结果，后写原因，且原因常常是题干的结论。

典型真题

24. （2010年管理类联考真题）一般认为，出生地间隔较远的夫妻所生子女的智商较高。有资料显示，夫妻均是本地人，其所生子女的平均智商为102.45；夫妻是省内异地的，其所生子女的平均智商为106.17；而隔省婚配的，其所生子女的智商则高达109.35。因此，异地通婚可提高下一代的智商水平。

以下哪项如果为真，最能削弱上述结论？

（A）统计孩子平均智商的样本数量不够多。
（B）不难发现，一些天才儿童的父母均是本地人。

(C) 不难发现，一些低智商儿童的父母的出生地间隔较远。

(D) 能够异地通婚者是智商比较高的，他们自身的高智商促成了异地通婚。

(E) 一些情况下，夫妻双方出生地间隔很远，但他们的基因可能接近。

【解析】题干使用共变法：夫妻均是本地人，其所生子女的平均智商为102.45；夫妻是省内异地的，其所生子女的平均智商为106.17；而隔省婚配的，其所生子女的智商则高达109.35。因此，异地通婚可提高下一代的智商水平。

(A) 项，质疑样本的数量，可以削弱，但是没有(D)项削弱力度大。

(B) 项和(C)项的错误相同，个体数据不能削弱全体的平均数。

(D) 项，另有他因，不是异地通婚导致孩子智商高，而是他们本身智商高导致他们异地通婚，进而导致孩子的智商较高(共因削弱)。

(E) 项，无关选项，题干没有提及基因相近与否和智商高低的关系。

【答案】(D)

25. (2014年管理类联考真题) 不仅人上了年纪会难以集中注意力，就连蜘蛛也有类似的情况。年轻蜘蛛结的网整齐均匀，角度完美；年老蜘蛛结的网可能出现缺口，形状怪异。蜘蛛越老，结的网就越没有章法。科学家由此认为，随着时间的流逝，这种动物的大脑也会像人脑一样退化。

以下哪项如果为真，最能质疑科学家的上述论证？

(A) 优美的蛛网更容易受到异性蜘蛛的青睐。

(B) 年老蜘蛛的大脑较之年轻蜘蛛，其脑容量明显偏小。

(C) 运动器官的老化会导致年老蜘蛛结网能力下降。

(D) 蜘蛛结网只是一种本能的行为，并不受大脑控制。

(E) 形状怪异的蛛网较之整齐均匀的蛛网，其功能没有大的差别。

【解析】题干使用共变法：蜘蛛越老，结的网就越没有章法(结果) —证明→ 随着时间的流逝，这种动物的大脑也会像人脑一样退化(原因)。

前提说的是"结网"，结论说的是"大脑"，只要说明"结网"和"大脑"不相关，就能削弱题干。

(A)、(E) 项，无关选项。

(B) 项，"脑容量偏小"与"大脑退化"的关系没有明确指出，故不能削弱。

(C) 项，另有他因，可以削弱，但力度不如(D)项。

(D) 项，说明"结网"与"大脑"不相关，即因果无关，是必然的削弱。

【答案】(D)

26. (2014年管理类联考真题) 人们普遍认为适量的体育运动能够有效降低中风的发生率，但科学家还注意到有些化学物质也有降低中风风险的效用。番茄红素是一种让番茄、辣椒、西瓜和番木瓜等蔬果呈现红色的化学物质。研究人员选取一千余名年龄在46～55岁之间的人，进行了长达12年的跟踪调查，发现其中番茄红素水平最高的四分之一的人中有11人中风，番茄红素水平最低的四分之一的人中有25人中风。他们由此得出结论：番茄红素能降低中风的发生率。

以下哪项如果为真，最能对上述研究结论提出质疑？
（A）番茄红素水平较低的中风者中有三分之一的人病情较轻。
（B）吸烟、高血压和糖尿病等会诱发中风。
（C）如果调查 56~65 岁之间的人，情况也许不同。
（D）番茄红素水平高的人中约有四分之一喜爱进行适量的体育运动。
（E）被跟踪的另一半人中有 50 人中风。

【解析】题干使用求异法：

番茄红素水平最高的四分之一的人：11 人中风；
番茄红素水平最低的四分之一的人：25 人中风；
———————————————————————
所以，番茄红素能降低中风的发生率。

（A）项，无关选项，题干只讨论发生中风与否，没有讨论中风的严重性。
（B）项，无关选项，题干讨论的是"番茄红素水平"与中风的关系，此项不涉及此论证。
（C）项，诉诸无知。
（D）项，另有他因，但是因为不知道番茄红素水平低的人体育运动量的多少，如果少于四分之一，则质疑题干；如果也有四分之一甚至多于四分之一，则不能质疑题干。所以此项削弱力度弱。
（E）项，此项与题干构成共变法实验：
番茄红素水平最高的四分之一的人：11 人中风；
番茄红素水平居中的二分之一的人：50 人中风；
番茄红素水平最低的四分之一的人：25 人中风。
如果番茄红素水平确实影响中风的发生率，那么，应该是番茄红素水平高的，中风率最低；番茄红素水平居中的，中风率居中；番茄红素水平最低的，中风率最高。但由此项却发现，番茄红素水平居中和最低的人，发病率一样，说明番茄红素水平并不是影响中风发生率的关键因素，削弱题干。

【答案】（E）

27. （2014 年在职 MBA 联考真题）挣更多的钱能让人更快乐，至少在某种程度上是这样的。但是新的研究表明，反过来也是如此，快乐的人能挣更多的钱。伦敦大学的研究人员在对一万多名美国人进行研究后发现，那些情绪积极、在成长过程中对生活感到更满意的人，在达到 29 岁的年龄时其收入也较高。

以下哪项最能对上述研究结论提出质疑？
（A）在比较富裕的家庭中成长起来的年轻人对生活大多持消极态度。
（B）除了情绪，专业化程度和工作能力也会直接影响收入水平。
（C）对生活感到更满意的年轻人大都出生于比较富裕的家庭，而且都具有良好的职业背景。
（D）应该比较一下被调查对象的职业分布情况。
（E）如果调查人们 22 岁时对自己人生的满意度，结果可能会有所不同。

【解析】题干使用共变法：调查表明，那些情绪积极、在成长过程中对生活感到更满意的人，在达到 29 岁的年龄时其收入也较高 ——证明→ 快乐的人能挣更多的钱。

（A）项，无关选项，题干讨论的是情绪积极的人。

（B）项，无关选项，除了情绪以外是否还有其他因素影响收入，与情绪是否影响收入无关。

（C）项，另有他因，富裕家庭和职业背景导致他们收入高并且对生活感到满意，削弱题干。

（D）项，无关选项，题干仅仅讨论收入，与职业无关。

（E）项，诉诸无知。

【答案】（C）

题型 22　因果关系的支持

命题概率

近 12 年真题命题数量 20 道，平均每年 1.67 道。

母题变化

变化 1　因果关系的支持：找原因

解题思路

因果关系型的支持题，多数是考"找原因"。找原因的题目，支持方法如下：

（1）因果相关。

直接说明题干中的因果关系成立，即搭桥法。

（2）排除他因。

题干说原因 A 导致了结果 B 的发生，正确的选项指出不是别的原因导致了 B 发生，当然就支持了题干。

（3）无因无果。

题干：有原因 A 时，有结果 B；

选项：无原因 A 时，无结果 B。

根据求异法，支持 A、B 之间存在因果关系。

（4）并非因果倒置。

题干认为 A 是 B 的原因，正确的选项排除 B 是 A 的原因这种可能。

典型真题

1.（2010 年管理类联考真题）一种常见的现象是，从国外引进的一些畅销科普读物在国内并不畅销。有人对此解释说，这与我们多年来沿袭的文理分科有关。文理分科人为地造成了自然科学与人文社会科学的割裂，导致科普类图书的读者市场还没有真正形成。

以下哪项如果为真，最能加强上述观点？

(A) 有些自然科学工作者对科普读物也不感兴趣。
(B) 科普读物不是没有需求,而是有效供给不足。
(C) 由于缺乏理科背景,非自然科学工作者对科学敬而远之。
(D) 许多科普电视节目都拥有固定的收视群,相应的科普读物也大受欢迎。
(E) 国内大部分科普读物只是介绍科学常识,很少真正关注科学精神的传播。

【解析】题干:文理分科──导致──>自然科学与人文社会科学的割裂──导致──>科普类图书的读者市场还没有真正形成──导致──>国外畅销科普读物在国内并不畅销。

(A)项,不能支持,"有些"自然科学工作者的情况,无法支持整体状况。

(B)项,另有他因,削弱题干。

(C)项,补充新论据,缺乏理科背景的人,对科学敬而远之,从而导致他们不喜欢阅读科普类图书,说明题干中的现象确实是"文理分科"的结果,加强题干。

(D)、(E)项,无关选项,没有涉及"文理分科"。

【答案】(C)

2. (2010年管理类联考真题) S市环保检测中心的统计分析表明,2009年空气质量为优的天数为150天,比2008年多出22天。二氧化碳、一氧化碳、二氧化氮、可吸入颗粒物四项污染物浓度平均值,与2008年相比分别下降了约21.3%、25.6%、26.2%、15.4%。S市环保负责人指出,这得益于近年来本市政府持续采取的控制大气污染的相关措施。

以下除哪项外,均能支持上述市环保负责人的看法?
(A) S市广泛展开环保宣传,加强了市民的生态理念和环保意识。
(B) S市启动了内部控制污染方案,凡是不达标的燃煤锅炉停止运行。
(C) S市执行了机动车排放国Ⅳ标准,单车排放比Ⅲ降低了49%。
(D) S市市长办公室最近研究了焚烧秸秆的问题,并着手制定相关条例。
(E) S市制定了"绿色企业"标准,继续加快污染重、能耗高的企业的退出。

【解析】S市环保负责人:近年来S市政府持续采取控制大气污染的措施──导致──>S市空气质量改善。

(A)、(B)、(C)、(E)四项均补充论据,指出了S市政府为控制大气污染采取的具体措施,支持题干中的结论。

(D)项,相关措施尚未实施,所以不能支持题干中的结论。

【答案】(D)

3. (2015年管理类联考真题) 自闭症会影响社会交往、语言交流和兴趣爱好等方面的行为。研究人员发现,实验鼠体内神经连接蛋白的蛋白质如果合成过多,就会导致自闭症。由此他们认为,自闭症与神经连接蛋白的蛋白质合成量具有重要关联。

以下哪项如果为真,最能支持上述观点?
(A) 生活在群体之中的实验鼠较之独处的实验鼠患自闭症的比例要小。
(B) 雄性实验鼠患自闭症的比例是雌性实验鼠的5倍。

(C) 抑制神经连接蛋白的蛋白质合成可缓解实验鼠的自闭症状。

(D) 如果将实验鼠控制蛋白合成的关键基因去除，其体内的神经连接蛋白就会增加。

(E) 神经连接蛋白正常的老年实验鼠患自闭症的比例很低。

【解析】题干：实验鼠体内神经连接蛋白的蛋白质如果合成过多，就会导致自闭症 —证明→ 自闭症与神经连接蛋白的蛋白质合成量具有重要关联。

(A)、(B)、(E) 项，另有他因，指出自闭症可能与"独处""性别""年龄"有关，削弱题干。

(C) 项，无因无果，支持题干。

(D) 项，无关选项。

【答案】(C)

4.（2018年管理类联考真题） 分心驾驶是指驾驶人为满足自己的身体舒适、心情愉悦等需求而没有将注意力全部集中于驾驶过程的驾驶行为，常见的分心行为有抽烟、饮水、进食、聊天、刮胡子、使用手机、照顾小孩等。某专家指出，分心驾驶已成为我国道路交通事故的罪魁祸首。

以下哪项如果为真，最能支持上述专家的观点？

(A) 一项统计研究表明，相对于酒驾、药驾、超速驾驶、疲劳驾驶等情形，我国由分心驾驶导致的交通事故占比最高。

(B) 驾驶人正常驾驶时反应时间为 0.3~1.0 秒，使用手机时反应时间则延迟 3 倍左右。

(C) 开车使用手机会导致驾驶人注意力下降 20%；如果驾驶人边开车边发短信，则发生车祸的概率是其正常驾驶时的 23 倍。

(D) 近来使用手机已成为我国驾驶人分心驾驶的主要表现形式，59%的人开车过程中看微信，31%的人玩自拍，36%的人刷微博、微信朋友圈。

(E) 一项研究显示，在美国超过 1/4 的车祸是由驾驶人使用手机引起的。

【解析】专家：分心驾驶已成为我国道路交通事故的罪魁祸首。

(A) 项，指出相对于其他情况，由分心驾驶导致的交通事故占比最高，支持"分心驾驶已成为我国道路交通事故的罪魁祸首"。

(B)、(C) 项，说明使用手机可能会引发交通事故，但使用手机只是分心驾驶的一种情况，支持力度弱。

(D) 项，无关选项，此项仅说明"使用手机"和"分心驾驶"之间的关系，未涉及"使用手机"是否引发"交通事故"。

(E) 项，无关选项，题干仅涉及"我国"，与"美国"的情况无关。

【答案】(A)

5.（2013年在职MBA联考真题） 3年来，在河南信阳息县淮河河滩上，连续发掘出 3 艘独木舟。其中，2010 年息县城郊乡徐庄村张庄组的淮河河滩下发现第一艘独木舟，被证实为目前我国考古发现最早、最大的独木舟之一。该艘独木舟长 9.3 米，最宽处 0.8 米，高 0.6 米。根据碳-14 测定，这些独木舟的选材竟和云南热带地区所产的木头一样。这说明，3 000 多年前的古代，河南的气候和现在热带的气候很相似。淮河中下游两岸气候温暖湿润，林木高大茂密，动植物种类繁多。

以下哪项如果为真，最能支持以上论证？

(A) 这些独木舟的原料不可能从遥远的云南原始森林运来，只能就地取材。
(B) 这些独木舟在水中浸泡了上千年，十分沉重。
(C) 刻舟求剑故事的发生地，就是包括当今河南许昌以南在内的楚地。
(D) 独木舟舟体两头呈尖状，由一根完整的原木凿成，保存较为完整。
(E) 在淮河流域的原始森林中，如今仍然生长着一些热带植物。

【解析】题干：在河南发现的古代独木舟的选材和云南热带地区所产的木头一样（果）——证明→古代河南的气候和现在热带的气候很相似（因）。

(A)项，支持题干，排除了河南发现的古代独木舟是由云南地区的木材制作的可能，排除他因。

其余各项均不能支持题干。

【答案】(A)

6. (2013年在职MBA联考真题) 从"阿喀琉斯基猴"身上，研究者发现了许多类人猿的特征。比如，它脚后跟的一块骨头短而宽。此外，"阿喀琉斯基猴"的眼眶较小，科学家据此推测它与早期类人猿的祖先一样，是在白天活动的。

以下哪项如果为真，最能支持上述科学家的推测？

(A) 短而宽的后脚骨使得这种灵长类动物善于在树丛中跳跃捕食。
(B) 动物的视力与眼眶大小不存在严格的比例关系。
(C) 最早的类人猿与其他灵长类动物分开的时间，至少在5 500万年以前。
(D) 以夜间活动为主的动物，一般眼眶较大。
(E) 对"阿喀琉斯基猴"的基因测序表明，它和类人猿是近亲。

【解析】科学家："阿喀琉斯基猴"的眼眶较小（果）——证明→"阿喀琉斯基猴"是在白天活动的（因）。

(D)项，夜间活动的动物，一般眼眶较大，无因无果，支持题干。

其余各项均为无关选项。

【答案】(D)

变化2　因果关系的支持：求因果五法

解题思路

（1）求异法。

①使用求异法要求只能有一个差异因素，因此，常用排除其他差异因素的方法支持（排除他因）。

②若题干为有因有果，选项为无因无果即可支持（增加对照组）。

③并非因果倒置。

（2）求同法。

①使用求同法要求只能有一个共同因素，因此，常用排除其他共同因素的方法支持（排除他因）。

②并非因果倒置。

（3）共变法。

共变法，是指两个现象存在共生共变的关系，则把其中一个现象作为另外一个现象的原因。使用共变法，最常犯的错误是因果倒置，因此，要支持共变法，就要排除因果倒置的可能。

典型真题

7.（2012年管理类联考真题）葡萄酒中含有白藜芦醇和类黄酮等对心脏有益的抗氧化剂。一项新研究表明白藜芦醇能防止骨质疏松和肌肉萎缩。由此，有关研究人员推断，那些长时间在国际空间站或宇宙飞船上的宇航员或许可以补充一下白藜芦醇。

以下哪项如果为真，最能支持上述研究人员的推断？

（A）研究人员发现由于残疾或者其他因素而很少活动的人会比经常活动的人更容易出现骨质疏松和肌肉萎缩等症状，如果能喝点葡萄酒，则可以获益。

（B）研究人员模拟失重状态，对老鼠进行试验，一个对照组未接受任何特殊处理，另一组则每天服用白藜芦醇。结果对照组的老鼠骨头和肌肉的密度都降低了，而服用白藜芦醇的一组则没有出现这些症状。

（C）研究人员发现由于残疾或者其他因素而很少活动的人，如果每天服用一定量的白藜芦醇，则可以改善骨质疏松和肌肉萎缩等症状。

（D）研究人员发现，葡萄酒能抗失重所造成的负面影响。

（E）某医学博士认为，白藜芦醇或许不能代替锻炼，但它能减缓人体某些机能的退化。

【解析】研究人员：白藜芦醇能防止骨质疏松和肌肉萎缩 ——证明→ 宇航员或许可以补充一下白藜芦醇。

（B）项，使用求异法：

不服用白藜芦醇组：骨头和肌肉的密度都降低了；

服用白藜芦醇组：没有出现这些症状；

故：白藜芦醇能防止骨质疏松和肌肉萎缩。

（B）项，类比法，虽然用的是老鼠实验，还是有支持"白藜芦醇防止骨质疏松和肌肉萎缩"的作用的。

（A）、（C）项，研究对象不是"失重环境"中的对象，而是"很少活动"的对象，不相关。

（D）项，扩大了讨论范围，题干是"防止骨质疏松和肌肉萎缩"，此项是"负面影响"。

（E）项，诉诸权威。

【答案】（B）

8. (2013年管理类联考真题) 人们知道鸟类能感觉到地球磁场，并利用它们导航。最近某国科学家发现，鸟类其实是利用右眼"查看"地球磁场的。为检验该理论，当鸟类开始迁徙的时候，该国科学家把若干知更鸟放进一个漏斗形状的庞大的笼子里，并给其中部分知更鸟的一只眼睛戴上一种可屏蔽地球磁场的特殊金属眼罩。笼壁上涂着标记性物质，鸟要通过笼子细口才能飞出去。如果鸟碰到笼壁，就会黏上标记性物质，以此来判断鸟能否找到方向。

以下哪项如果为真，最能支持研究人员的上述发现？

（A）戴眼罩的鸟，不论左眼还是右眼，顺利从笼中飞了出去；没戴眼罩的鸟朝哪个方向飞的都有。

（B）没戴眼罩的鸟和左眼戴眼罩的鸟顺利从笼中飞了出去，右眼戴眼罩的鸟朝哪个方向飞的都有。

（C）没戴眼罩的鸟和右眼戴眼罩的鸟顺利从笼中飞了出去，左眼戴眼罩的鸟朝哪个方向飞的都有。

（D）没戴眼罩的鸟顺利从笼中飞了出去；戴眼罩的鸟，不论左眼还是右眼，朝哪个方向飞的都有。

（E）没戴眼罩的鸟和左眼戴眼罩的鸟朝哪个方向飞的都有，右眼戴眼罩的鸟顺利从笼中飞了出去。

【解析】题干中的结论：鸟类利用右眼判断地球磁场和方向。

（B）项使用求异法，将可以使用右眼和不能使用右眼的鸟进行了对比，支持题干：

左眼戴眼罩的和不戴眼罩的鸟：顺利从笼中飞出；

右眼戴眼罩的鸟：朝哪个方向飞的都有；

故：鸟类利用右眼判断地球磁场和方向。

【答案】（B）

9. (2014年管理类联考真题) 实验发现，孕妇适当补充维生素D可降低新生儿感染呼吸道合胞病毒的风险。科研人员检测了156名新生儿脐带血中维生素D的含量，其中54%的新生儿被诊断为维生素D缺乏，这当中有12%的孩子在出生后一年内感染了呼吸道合胞病毒，这一比例远高于维生素D正常的孩子。

以下哪项如果为真，最能对科研人员的上述发现提供支持？

（A）上述实验中，54%的新生儿维生素D缺乏是由于他们的母亲在妊娠期间没有补充足够的维生素D造成的。

（B）孕妇适当补充维生素 D 可降低新生儿感染流感病毒的风险，特别是在妊娠后期补充维生素 D，预防效果会更好。

（C）上述实验中，46％补充维生素 D 的孕妇所生的新生儿也有一些在出生一年内感染呼吸道合胞病毒。

（D）科研人员实验时所选的新生儿在其他方面跟一般新生儿的相似性没有得到明确验证。

（E）维生素 D 具有多种防病健体功能，其中包括提高免疫系统功能、促进新生儿呼吸系统发育、预防新生儿呼吸道病毒感染等。

【解析】题干使用求异法：

维生素 D 缺乏的孩子：有 12％在出生后一年内感染了呼吸道合胞病毒；

维生素 D 正常的孩子：没有这么高的比例；

所以，孕妇适当补充维生素 D 可降低新生儿感染呼吸道合胞病毒的风险。

（A）项，指出新生儿"维生素 D 缺乏"是由于"母亲缺乏维生素 D"造成的，支持孕妇适当补充维生素 D 可使新生儿补充足够的维生素 D，但不支持孕妇适当补充维生素 D 可降低新生儿感染呼吸道合胞病毒的风险。因此，支持力度小。

（B）项，无关选项，"流感病毒"与题干无关。

（C）项，不能支持，"有一些"不能支持或削弱整体比例的大小。

（D）项，诉诸无知，无法确定是否有"其他方面"原因使新生儿感染呼吸道合胞病毒。

（E）项，支持题干，直接说明了维生素 D 具有预防新生儿呼吸道病毒感染的作用，支持力度大。

【答案】（E）

10. （2014年管理类联考真题）某研究中心通过实验对健康男性和女性听觉的空间定位能力进行了研究。起初，每次只发出一种声音，要求被试者说出声源的准确位置，男性和女性都非常轻松地完成了任务；后来多种声音同时发出，要求被试者只关注一种声音并对声源进行定位，与男性相比女性完成这项任务要困难得多，有时她们甚至认为声音是从声源相反方向传来的。研究人员由此得出：在嘈杂环境中准确找出声音来源的能力，男性要胜过女性。

以下哪项如果为真，最能支持研究者的结论？

（A）在实验使用的嘈杂环境中，有些声音是女性熟悉的声音。

（B）在实验使用的嘈杂环境中，有些声音是男性不熟悉的声音。

（C）在安静的环境中，女性注意力更易集中。

（D）在嘈杂的环境中，男性注意力更易集中。

（E）在安静的环境中，人的注意力容易分散；在嘈杂的环境中，人的注意力容易集中。

【解析】题干使用求异法：

安静环境中：男性和女性都说出了声源的准确位置；

嘈杂环境中：男性可以准确说出声源位置，女性很难准确说出声源位置；

所以，在嘈杂环境中准确找出声音来源的能力，男性要胜过女性。

（A）项，"有些"声音是女性熟悉的声音，"有些"是弱化词，微弱支持题干。

（B）项，"有些"声音是男性不熟悉的声音，"有些"是弱化词，微弱支持题干。

注意：（A）、（B）两项一正一反，但是对于题干来说起到的作用是相同的，要选的话应该都选，因此可迅速排除。

（C）项，无关选项，定位关键词"嘈杂环境"，迅速排除此项。

（D）项，提供新论据，支持题干，具体说明了造成男性和女性在嘈杂环境中准确说出声音来源的能力不同的原因。

（E）项，无关选项，题干对比的是男女差异，此项说的是两种环境中的差异。

【答案】（D）

11.（**2015年管理类联考真题**）研究人员安排了一次实验，将100名受试者分为两组：喝一小杯红酒的实验组和不喝酒的对照组。随后，让两组受试者计算某段视频中篮球队员相互传球的次数。结果发现，对照组的受试者都计算准确，而实验组中只有18%的人计算准确。经测试，实验组受试者的血液中酒精浓度只有酒驾法定值的一半。由此专家指出，这项研究结果或许应该让立法者重新界定酒驾法定值。

以下哪项如果为真，最能支持上述专家的观点？

（A）酒驾法定值设置过低，可能会把许多未饮酒者界定为酒驾。

（B）即使血液中酒精浓度只有酒驾法定值的一半，也会影响视力和反应速度。

（C）饮酒过量不仅损害身体健康，而且影响驾车安全。

（D）只要血液中酒精浓度不超过酒驾法定值，就可以驾车上路。

（E）即使酒驾法定值设置较高，也不会将少量饮酒的驾车者排除在酒驾范围之外。

【解析】专家：实验发现，虽然实验组受试者的血液中酒精浓度只有酒驾法定值的一半，但他们在实验中只有18%的人对传球次数的计算准确 —证明→ 应该让立法者重新界定酒驾法定值。

（B）项，补充论据，说明受试者的情况足以影响驾驶，支持重新界定酒驾法定值的结论。

（A）、（D）、（E）项，均说明不需要重新界定酒驾法定值，削弱专家的观点。

（C）项，无关选项，此项说明饮酒过量会带来危害，与题干中重新界定酒驾法定值无关。

【答案】（B）

12.（**2016年管理类联考真题**）考古学家发现，那件仰韶文化晚期的土坯砖边缘整齐，并且没有切割的痕迹，由此他们推测，这件土坯砖应当是使用木质模具压制成型的，而其他5件由土坯砖经过烧制而成的烧结砖，经检测其当时的烧制温度为850℃～900℃。由此考古学家进一步推测，当时的砖是先使用模具将黏土做成土坯，然后再经过高温烧制而成的。

以下哪项如果为真，最能支持上述考古学家的推测？

（A）仰韶文化晚期的年代约为公元前3500年—公元前3000年。

（B）仰韶文化晚期，人们已经掌握了高温冶炼技术。

（C）出土的5件烧结砖距今已有5 000年，确实属于仰韶文化晚期的物品。

（D）没有采用模具而成型的土坯砖，其边缘或者不整齐，或者有切割痕迹。

（E）早在西周时期，中原地区的人就可以烧制铺地砖和空心砖。

【解析】推测①：土坯砖边缘整齐并且没有切割痕迹 —证明→ 这件土坯砖由木质模具压制成型。

推测②：由土坯砖经过烧制而成的烧结砖烧制温度为850℃～900℃＋推测① —证明→ 当时的砖

是先使用模具将黏土做成土坯，然后再经过高温烧制而成的。

（A）项，与题干的两个推测无关，是无关选项。

（B）项，"烧制"并不等于"冶炼"，无关选项。

（C）项，题干论证并不涉及烧结砖的年代，无关选项。

（D）项，没有采用模具而成型的土坯砖→边缘不整齐∨有切割痕迹，等价于：边缘整齐∧没有切割痕迹→采用模具而成型的土坯砖，支持推测①。

（E）项，无关选项。

【答案】（D）

13. （2011年在职MBA联考真题）某研究人员分别用新鲜的蜂王浆和已经存放了30天的蜂王浆喂养蜜蜂幼虫，结果显示：用新鲜蜂王浆喂养的幼虫成长为蜂王。进一步研究发现，新鲜蜂王浆中有一种叫作"royalactin"的蛋白质能促进生长激素的分泌量，使幼虫出现体格变大、卵巢发达等蜂王的特征，研究人员用这种蛋白质喂养果蝇，果蝇也同样出现体长、产卵数和寿命等方面的增长，说明这一蛋白质对生物特征的影响是跨物种的。

以下哪项如果为真，可以支持上述研究人员的发现？

（A）蜂群中的工蜂、蜂王都是雌性且基因相同，其幼虫没有区别。

（B）蜜蜂和果蝇的基因差别不大，它们有许多相同的生物学特征。

（C）"royalactin"只能短期存放，时间一长就会分解为别的物质。

（D）能成长为蜂王的蜜蜂幼虫的食物是蜂王浆，而其他幼虫的食物只是花粉和蜂蜜。

（E）名为"royalactin"的这种蛋白质具有雌性激素的功能。

【解析】题干：

第一组：喂新鲜的蜂王浆，成长为蜂王；

第二组：喂存放了30天的蜂王浆，没有成长为蜂王；

又因为，新鲜蜂王浆的"royalactin"蛋白质能促进生长激素的分泌量；

故：用新鲜蜂王浆喂养的幼虫成长为蜂王。

（A）项，支持题干，排除工蜂和蜂王的区别是基因所致的可能性，排除他因，但力度较小。

（B）项，支持题干，解释了为什么"royalactin"蛋白质对蜜蜂幼虫和果蝇产生了类似的影响，但力度较小。

（C）项，补充论据，解释了新鲜蜂王浆和存放了30天的蜂王浆之间出现区别的原因，可以支持。要注意，此题使用了一个求异法，研究"royalactin"蛋白质对蜜蜂的影响，又使用了一个求同法，研究"royalactin"蛋白质对蜜蜂和果蝇的影响。两个实验有一个共同的研究对象："royalactin"蛋白质。（A）、（B）、（C）三个支持项中，只有（C）项的判断对象是"royalactin"蛋白质，所以（C）项的支持力度最大。

（D）项，无关选项，题干是"新鲜的蜂王浆"与"存放了30天的蜂王浆"之间的对比，而此项说的是"蜂王浆"与"花粉和蜂蜜"的对比。

（E）项，干扰项，因为题干说的是"生长激素"使幼虫出现体格变大、卵巢发达等蜂王的特征，认为这些特征的出现是"雌性激素"的作用是主观臆断，题干未提到这一点。

【答案】（C）

14. （2013年在职MBA联考真题） 在一项研究中，51名中学生志愿者被分成测试组和对照组，进行同样的数学能力培训。在为期5天的培训中，研究人员使用一种称为经颅随机噪声刺激的技术对25名测试组成员脑部被认为与运算能力有关的区域进行轻微的电击。此后的测试结果表明，测试组成员的数学运算能力明显高于对照组成员。而令他们惊讶的是，这一能力提高的效果至少可以持续半年时间。研究人员由此认为，脑部微电击可提高大脑运算能力。

以下哪项如果为真，最能支持上述研究人员的观点？

（A）这种非侵入式的刺激手段成本低廉，且不会给人体带来任何痛苦。

（B）对脑部轻微电击后，大脑神经元间的血液流动明显增强，但多次刺激后又恢复常态。

（C）在实验之前，两个组学生的数学成绩相差无几。

（D）脑部微电击的受试者更加在意自己的行为，测试时注意力更集中。

（E）测试组和对照组的成员数量基本相等。

【解析】题干：

测试组：对脑部进行微电击；

对照组：对脑部不进行微电击；

测试组成员的数学运算能力明显高于对照组成员，且效果可持续半年；

所以，脑部微电击可提高大脑运算能力。

（A）、（B）、（E）项，无关选项。

（C）项，支持题干，排除其他差异因素。

（D）项，削弱题干，使用求异法时只能有一个差异因素，此项指出还有其他差异因素。

【答案】（C）

15. （2013年在职MBA联考真题） 研究发现，昆虫是通过它们身体上的气孔系统来"呼吸"的。气孔连着气管，而且由上往下又附着更多层的越来越小的气孔，由此把氧气送到全身。在目前大气的氧气含量水平下，气孔系统的总长度已经达到极限；若总长度超过这个极限，供氧的能力就会不足。因此，可以判断，氧气含量的多少可以决定昆虫的形体大小。

以下哪项如果为真，最能支持上述论证？

（A）对海洋中的无脊椎动物的研究也发现，在更冷和氧气含量更高的水中，那里的生物的体积也更大。

（B）石炭纪时期地球大气层中氧气的浓度高达35%，比现在的21%要高很多，那时地球上生活着许多巨型昆虫，蜻蜓翼展接近一米。

（C）小蝗虫在低含氧量环境中尤其是氧气浓度低于15%的环境中就无法生存，而成年蝗虫则可以在2%的氧气含量环境下生存下来。

（D）在氧气含量高、气压也高的环境下，接受试验的果蝇生活到第五代，身体尺寸增长了20%。

（E）在同一座山上，生活在山脚下的动物总体上比生活在山顶的同种动物要大。

【解析】题干：①昆虫是通过它们身体上的气孔系统来"呼吸"的。

②在目前大气的氧气含量水平下，气孔系统的总长度已经达到极限；若总长度超过这个极限，供氧的能力就会不足 ——证明→ 氧气含量的多少可以决定昆虫的形体大小。

（A）项，无关选项，题干的主体是"昆虫"，此项是"海洋中的无脊椎动物"。

（B）项，支持题干，此项使用求异法，说明氧气浓度高时的昆虫的形体比氧气浓度低时大。

（C）项，无关选项，题干不涉及小蝗虫与成年蝗虫的比较。

（D）项，不能支持题干，此项有两个差异因素"氧气含量高"和"气压高"，使用求异法要保证只有一个差异因素。

（E）项，不能支持题干，此项中的差异未必是氧气浓度导致，并且题干只涉及"昆虫"，此项的主体是"动物"。

【答案】(B)

变化3　因果关系的支持：预测结果

解题思路

题干中出现推断结果，我们只需要说明一个理由，来支持这个结果会出现即可支持题干。

典型真题

16.（2017年管理类联考真题）进入冬季以来，内含大量有毒颗粒物的雾霾频繁袭击我国部分地区。有关调查显示，持续接触高浓度污染物会直接导致10%至15%的人患有眼睛慢性炎症或干眼症。有专家由此认为，如果不采取紧急措施改善空气质量，这些疾病的发病率和相关的并发症将会增加。

以下哪项如果为真，最能支持上述专家的观点？

（A）有毒颗粒物会刺激并损害人的眼睛，长期接触会影响泪腺细胞。

（B）空气质量的改善不是短期内能够做到的，许多人不得不在污染环境中工作。

（C）眼睛慢性炎症或干眼症等病例通常集中出现于花粉季。

（D）上述被调查的眼疾患者中有65%是年龄在20~40岁之间的男性。

（E）在重污染环境中采取戴护目镜、定期洗眼等措施有助于预防干眼症等眼疾。

【解析】论据：持续接触高浓度污染物会直接导致10%至15%的人患有眼睛慢性炎症或干眼症。

专家观点：如果不采取紧急措施改善空气质量，这些疾病的发病率和相关的并发症将会增加。

（A）项，可以支持，说明了有毒颗粒物对人眼睛的影响。

（B）项，无关选项，是否在污染环境中工作与污染环境是否造成眼部疾病无关。

（C）项，无关选项，花粉季出现的眼睛问题与题干中冬季雾霾导致的眼睛问题无关。

（D）项，无关选项，无法由此项断定题干中的样本是否具有代表性。

（E）项，削弱题干，说明采用其他方式也可以预防眼疾问题，不一定要改善空气质量。

【答案】(A)

第 4 章 因果关系

17.（2017 年管理类联考真题） 译制片配音，作为一种特有的艺术形式，曾在我国广受欢迎。然而时过境迁，现在许多人已不喜欢看配音的外国影视剧。他们觉得还是听原汁原味的声音才感觉到位。有专家由此断言，配音已失去观众，必将退出历史舞台。

以下各项如果为真，则除哪项外都能支持上述专家的观点？

（A）很多上了年纪的国人仍然习惯看配过音的外国影视剧，而在国内放映的外国大片有的仍然是配过音的。

（B）配音是一种艺术再创作，倾注了配音艺术家的心血，但有的人对此并不领情，反而觉得配音妨碍了他们对原剧的欣赏。

（C）许多中国人通晓外文，观赏外国原版影视剧并不存在语言困难；即使不懂外文，边看中文字幕边听原声也不影响理解剧情。

（D）随着对外交流的加强，现在外国影视剧大量涌入国内，有的国人已经等不及慢条斯理、精工细作的配音了。

（E）现在有的外国影视剧配音难以模仿剧中演员的出色嗓音，有时也与剧情不符，对此观众并不接受。

【解析】专家：配音已失去观众，必将退出历史舞台。

（A）项，削弱论据，说明有的人习惯且愿意看有配音的电影，配音并未失去观众。

（B）项，可以支持，说明有的人认为配音妨碍了对原剧的欣赏。

（C）项，可以支持，说明无须配音也不影响理解剧情。

（D）项，可以支持，说明有的人不愿等配音，那么配音就失去了其作用。

（E）项，可以支持，说明配音不被观众接受。

【答案】（A）

18.（2018 年管理类联考真题） 有研究发现，冬季在公路上撒盐除冰，会让本来要成为雌性的青蛙变成雄性，这是因为这些路盐中的钠元素会影响青蛙受体细胞并改变原可能成为雌性青蛙的性别。有专家据此认为，这会导致相关区域青蛙数量的下降。

以下哪项如果为真，最能支持上述专家的观点？

（A）大量的路盐流入池塘可能会给其他水生物造成危害，破坏青蛙的食物链。

（B）如果一个物种以雄性为主，该物种的个体数量就可能受到影响。

（C）在多个盐含量不同的水池中饲养青蛙，随着水池中盐含量的增加，雌性青蛙的数量不断减少。

（D）如果每年冬季在公路上撒很多盐，盐水流入池塘，就会影响青蛙的生长发育过程。

（E）雌雄比例会影响一个动物种群的规模，雌性数量的充足对物种的繁衍生息至关重要。

【解析】专家：路盐中的钠元素会影响青蛙受体细胞并改变原可能成为雌性青蛙的性别 —导致→ 相关区域青蛙数量的下降（推断结果）。

（A）项，说明路盐流入池塘会破坏青蛙的食物链，确实可能会造成青蛙数量下降的结果。但这和题干中"影响青蛙受体细胞并改变青蛙的性别"无关。

（B）项，支持题干，但"可能"是弱化词，支持力度弱。

（C）、（D）项，无关选项。

（E）项，指出雌性数量的充足对物种的繁衍生息至关重要，支持题干。其中"至关重要"一词力度大。

【答案】（E）

19. （2020年管理类联考真题）王研究员：吃早餐对身体有害，因为吃早餐会导致皮质醇峰值更高，进而导致体内胰岛素异常，这可能引发Ⅱ型糖尿病。

李教授：事实并非如此，因为上午皮质醇水平高只是人体生理节律的表现，而不吃早餐不仅会增加患Ⅱ型糖尿病的风险，还会增加患其他疾病的风险。

以下哪项如果为真，最能支持李教授的观点？

（A）一日之计在于晨，吃早餐可以补充人体消耗，同时为一天的工作准备能量。

（B）糖尿病患者若在9点至15点之间摄入一天所需的卡路里，血糖水平就能保持基本稳定。

（C）经常不吃早餐，上午工作处于饥饿状态，不利于血糖调节，容易患上胃溃疡、胆结石等疾病。

（D）如今，人们工作繁忙，晚睡晚起现象非常普遍，很难按时吃早餐，身体常常处于亚健康状态。

（E）不吃早餐的人通常缺乏营养和健康方面的知识，容易形成不良生活习惯。

【解析】李教授：上午皮质醇水平高，只是人体生理节律的表现，不吃早餐不仅会增加患Ⅱ型糖尿病的风险，还会增加患其他疾病的风险 ——证明→ 不吃早餐会对身体有害。

（A）项，不能支持，此项指出吃早餐的益处，但没有体现不吃早餐的害处。

（B）项，无关选项，题干讨论的是不吃早餐会引发Ⅱ型糖尿病，但不涉及不吃早餐对糖尿病患者的影响。

（C）项，可以支持，说明经常不吃早餐"不利于血糖调节"，且容易引发其他疾病。

（D）项，可以支持，说明不按时吃早餐有害处，但"亚健康"与（C）项中引发的疾病相比，支持力度弱。

（E）项，不能支持，"不良生活习惯"与"对身体有害"不是同一概念。

【答案】（C）

20. （2020年管理类联考真题）日前，科学家发明了一项技术，可以把二氧化碳等物质"电成"有营养价值的蛋白粉，这项技术不像种庄稼那样需要具备合适的气温、湿度和土壤条件。他们由此认为，这项技术开辟了未来新型食物生产的新路，有助于解决全球饥饿问题。

以下选项除了哪项均能支持上述科学家的观点？

（A）让二氧化碳、水和微生物一起接受电流电击，可以产生出有营养价值的食物。

（B）粮食问题是全球性重大难题，联合国估计到2050年将有20亿人缺乏基本营养。

（C）把二氧化碳等物质"电成"蛋白粉的技术将彻底改变农业，还能避免对环境造成的不利影响。

（D）由二氧化碳等物质"电成"的蛋白粉约含50%的蛋白质、25%的碳水化合物、核酸和脂肪。

（E）未来这项技术将被引入沙漠和其他面临饥荒的地区，为解决那里的饥饿问题提供帮助。

【解析】科学家：可以把二氧化碳等物质"电成"有营养价值的蛋白粉，这项技术不像种庄稼那样需要具备合适的气温、湿度和土壤条件──证明→这项技术开辟了未来新型食物生产的新路，有助于解决全球饥饿问题。

（A）项，可以支持，说明该项技术可以产生出有营养价值的食物。

（B）项，不能支持，粮食问题是否是全球性重大难题，与该项技术能否解决这一难题无关。

（C）项，可以支持，说明该项技术不仅改变了农业，还有额外的好处。

（D）项，可以支持，说明该项技术可以产生出有营养价值的食物。

（E）项，可以支持，说明该项技术有助于解决沙漠和面临饥荒地区的饥饿问题。

【答案】（B）

题型 23　因果关系的假设

命题概率

近12年真题命题数量3道，平均每年0.25道。

母题变化

变化1　因果关系的假设：找原因

解题思路

因果型假设题的常用方法如下：

（1）因果相关。

指出题干的原因和结果确实存在因果关系。

（2）排除他因。

题干说原因A导致了结果B的发生，其隐含假设是没有别的原因会导致B的发生。

（3）并非因果倒置。

题干认为A是B的原因，要排除B是A的原因这种可能。

典型真题

1.（2011年管理类联考真题）有医学研究显示，行为痴呆症患者大脑组织中往往含有过量的铝。同时有化学研究表明，一种硅化合物可以吸收铝。陈医生据此认为，可以用这种硅化合物治疗行为痴呆症。

以下哪项是陈医生最可能依赖的假设？

（A）行为痴呆症患者大脑组织的含铝量通常过高，但具体数量不会变化。

(B) 该硅化合物在吸收铝的过程中不会产生副作用。

(C) 用来吸收铝的硅化合物的具体数量与行为痴呆症患者的年龄有关。

(D) 过量的铝是导致行为痴呆症的原因,患者脑组织中的铝不是痴呆症引起的结果。

(E) 行为痴呆症患者脑组织中的铝含量与病情的严重程度有关。

【解析】陈医生:行为痴呆症患者大脑组织中往往含有过量的铝——证明→可用可以吸收铝的硅化合物治疗行为痴呆症。

(A) 项,无关选项,行为痴呆症患者大脑组织中铝的具体数量会不会变化和题干中的论证无关。

(B) 项,不必假设,因为若能治好病,有一些副作用可能也是值得的。

(C) 项,无关选项,硅化合物的具体数量是不是和患者的年龄有关与题干的论证没有关系。

(D) 项,并非因果倒置,必须假设,因为如果是行为痴呆症引起过量的铝,而不是过量的铝引起行为痴呆症,则用减少铝的方法无法治疗行为痴呆症(取非法)。

(E) 项,支持题干中的论证,但不必假设,因为铝的含量只要和"行为痴呆症"有关即可,和"病情的严重程度"有没有关系不影响题干的论证。

【答案】(D)

2. (2010年在职MBA联考真题) 1979年,在非洲摩西地区发现有一只大象在觅食时进入赖登山的一个山洞。不久,其他的大象也开始进入洞穴,以后几年进入山洞集聚成为整个大象群的常规活动。1979年之前,摩西地区没有发现大象进入山洞,山洞内没有大象的踪迹。到2006年,整个大象群在洞穴内或附近度过其大部分的冬季。由此可见,大象能够接受和传授新的行为,而这并不是由遗传基因所决定的。

以下哪项是上述论述的假设?

(A) 大象的基因突变可以发生在相对短的时间跨度,如数十年。

(B) 大象群在数十年前出现的新的行为不是由遗传基因预先决定的。

(C) 大象新的行为模式易于成为固定的方式,一般都会延续几代。

(D) 大象的群体行为不受遗传影响,而是大象群内个体间互相模仿的结果。

(E) 某一新的行为模式只有在一定数量的动物群内成为固定的模式,才可以推断出发生了基因突变。

【解析】题干:一只大象进入山洞后,其他大象也进入山洞——证明→大象能够接受和传授新的行为,而这并不是由遗传基因所决定的。

(A) 项,削弱题干,说明是基因的原因。

(B) 项,排除他因,必须假设,排除了大象接受和传授新行为是由遗传基因预先决定的可能。

(C) 项,无关选项。

(D) 项,偷换概念,题干说的是"新的群体行为",此项说的是"群体行为"。

(E) 项,无关选项,是否发生基因突变和题干中的论证无关。

【答案】(B)

第4章 因果关系

变化2 因果关系的假设：推断结果型

解题思路

推断结果型的假设题在真题中出现得非常少，其隐含假设是：有这个原因确实会出现这个结果。

典型真题

3. （2009年在职MBA联考真题）张教授：在西方经济萧条时期，由汽车尾气造成的空气污染状况会大大改善，因为开车上班的人大大减少了。

李工程师：情况恐怕不是这样。在萧条时期买新车的人大大减少，而车越老，排放的超标尾气造成的污染越严重。

张教授的论证依赖以下哪项假设？

(A) 只有就业人员才开车。
(B) 大多数上班族不使用公共交通工具上班。
(C) 空气污染主要是由上班族的汽车所排放的尾气造成的。
(D) 在萧条时期，开车上班人数的减少一定会造成汽车运行总量的减少。
(E) 在萧条时期，开车上班人员的失业率高于不开车的上班人员。

【解析】张教授：在萧条时期，开车上班的人大大减少 —导致→ 由汽车尾气造成的空气污染状况会大大改善。

(C) 项，假设过度，张教授的论证只需假设上班族的汽车所排放的尾气确实是空气污染的原因之一即可，不要求假设它是"主要"原因。

(D) 项，因果相关，必须假设，指出在萧条时期，开车上班的人大大减少，确实会造成汽车运行总量的减少，导致由汽车尾气造成的空气污染状况会大大改善。

其余各项均不必假设。

【答案】(D)

题型24 找原因：解释题

命题概率

近12年真题命题数量21道，平均每年1.75道。

母题变化

变化1 解释现象

解题思路

1. 解释现象

题干给出一段关于某些事实、现象或差异的客观描述，要求找到一个正确的选项，用来解释事实、现象或差异发生的原因。

2. 解释矛盾

题干中存在两个相互矛盾的现象，要求找到正确的选项以化解矛盾或者解释为什么会存在这种矛盾。

3. 解题技巧

（1）转折词。

解释题中往往有转折词，如"但是""然而"等，转折词的前后一般就是矛盾或差异的双方。

（2）关键词。

矛盾或差异的双方如果有关键词不同，可能是因为这个不同导致矛盾或差异。

（3）另有他因。

要找到差异或矛盾的原因，往往通过寻找他因的方法。

（4）不质疑现象。

题干中给出的现象默认为事实，我们需要找到这种现象发生的原因，而不能质疑这些现象。

（5）不质疑矛盾的任何一方。

题干中给出矛盾的双方，我们不质疑任何一方，只解释为什么出现矛盾，或者找个选项化解矛盾。

典型真题

1.（2010年管理类联考真题）美国某大学医学院的研究人员在《小儿科》杂志上发表论文指出，在对2 702个家庭的孩子进行跟踪调查后发现，如果孩子在5岁前每天看电视超过2小时，他们长大后出现行为问题的风险将会增加1倍多。所谓行为问题是指性格孤僻、言行粗鲁、侵犯他人、难与他人合作等。

以下哪项最好地解释了以上论述？

（A）电视节目会使孩子产生好奇心，容易导致孩子出现暴力倾向。

（B）电视节目中有不少内容容易使孩子长时间处于紧张、恐惧的状态。

（C）看电视时间过长，会影响孩子与其他人的交往，久而久之，孩子便会缺乏与他人打交道的经验。

(D) 儿童模仿能力强，如果只对电视节目感兴趣，长此以往，会阻碍他们分析能力的发展。
(E) 每天长时间地看电视，容易使孩子神经系统产生疲劳，影响身心发展。

【解析】需要解释的现象：为什么看电视时间过长会导致行为问题？

各选项中，只有（C）项和（E）项涉及看电视时间过长的影响，其中（C）项直接解释了题干中行为问题产生的原因；（E）项中，影响身心发展不一定导致题干中的行为问题，也可能是其他方面的身心发展问题，所以解释力度不如（C）项。

【答案】(C)

2. （2012年管理类联考真题）乘客使用手机及便携式电脑等电子设备会通过电磁波谱频繁传输信号，机场的无线电话和导航网络等也会使用电磁波谱，但电信委员会已根据不同用途把电磁波谱分成几大块。因此，用手机打电话不会对专供飞机通信系统或全球定位系统使用的波段造成干扰。尽管如此，各大航空公司仍然规定，禁止机上乘客使用手机等电子设备。

以下哪项如果为真，能解释上述现象？

Ⅰ．乘客在空中使用手机等电子设备可能对地面导航网络造成干扰。
Ⅱ．乘客在起飞和降落时使用手机等电子设备，可能影响机组人员工作。
Ⅲ．便携式电脑或者游戏设备可能导致自动驾驶仪出现断路或仪器显示发生故障。

(A) 仅Ⅰ。　　　　　　　　(B) 仅Ⅱ。　　　　　　　　(C) 仅Ⅰ和Ⅱ。
(D) 仅Ⅱ和Ⅲ。　　　　　　(E) Ⅰ、Ⅱ和Ⅲ。

【解析】需要解释的现象：用手机打电话不会对专供飞机通信系统或全球定位系统使用的波段造成干扰，但是，各大航空公司仍然禁止机上乘客使用手机等电子设备。

Ⅰ项、Ⅱ项和Ⅲ项均为另有他因，用手机打电话或者使用电子设备会给飞行造成其他危害，导致航空公司禁止机上乘客使用电子设备，可以解释题干。

【答案】(E)

3. （2013年管理类联考真题）若成为白领的可能性无性别差异，按正常男女出生率102：100计算，当这批人中的白领谈婚论嫁时，女性与男性数量应当大致相等。但实际上，某市妇联近几年举办的历次大型白领相亲活动中，报名的男女比例约为3：7，有时甚至达到2：8。这说明，文化越高的女性越难嫁，文化低的反而好嫁，男性则正好相反。

以下除哪项外，都有助于解释上述分析与实际情况的不一致？

(A) 与男性白领不同，女性白领要求高，往往只找比自己更优秀的男性。
(B) 与本地女性竞争的外地优秀女性多于与本地男性竞争的外地优秀男性。
(C) 大学毕业后出国的精英分子中，男性多于女性。
(D) 一般来说，男性参加大型相亲会的积极性不如女性。
(E) 男性因长相身高、家庭条件等被女性淘汰者多于女性因长相身高、家庭条件等被男性淘汰者。

【解析】理论：白领谈婚论嫁时，女性与男性数量应当大致相等。

实际：白领相亲活动中，女性的报名比例多于男性。

结论：文化越高的女性越难嫁，文化低的反而好嫁；男性则正好相反。

题干涉及两类对象：女性白领和男性白领，需要找到二者的差异因素。

（A）项，可以解释，解释了女性白领难嫁的原因。

（B）项，可以解释，解释了相亲活动中女性多于男性的原因。

（C）、（D）项，可以解释，解释了相亲活动中男性更少的原因。

（E）项，不能解释，因为如果男性被淘汰的多，剩男应该更多，那么相亲活动中应该是男性多于女性，加剧了题干中的矛盾。

【答案】（E）

4. (2014年管理类联考真题) 英国有家小酒馆采取客人吃饭付费"随便给"的做法，即让顾客享用葡萄酒、蟹柳及三文鱼等美食后，自己决定付账金额。大多数顾客均以公平或慷慨的态度结账，实际金额比那些酒水、菜肴本来的价格高出20%。该酒馆老板另有4家酒馆，而这4家酒馆每周的利润与付账"随便给"的酒馆相比少5%。这位老板因此认为，"随便给"的营销策略很成功。

以下哪项如果为真，最能解释老板营销策略的成功？

（A）部分顾客希望自己看上去有教养，愿意掏足够甚至更多的钱。

（B）如果客人支付低于成本价格，就会受到提醒而补足差价。

（C）另外4家酒馆的位置不如这家"随便给"酒馆。

（D）客人常常不知道酒水、菜肴的实际价格，不知道该付多少钱。

（E）对于过分吝啬的顾客，酒馆老板常常也无可奈何。

【解析】需要解释的现象：为什么"随便给"的营销策略很成功？

（A）项，可以解释，说明"随便给"可能收到更多钱，但是"部分顾客"，解释力度不够。

（B）项，可以解释，说明"随便给"策略只可能赚钱，不可能赔钱，解释力度大于（A）项。

（C）项，另有他因，指出盈利的原因并非来自"随便给"的营销策略，削弱了题干而不是解释题干。

（D）项，既然"客人不知道该付多少钱"，那么客人就存在给得过少的可能，因此，不能解释"随便给"营销策略的成功。

（E）项，说明"随便给"的营销策略在遇到"过分吝啬的顾客"时会失效，削弱了题干而不是解释题干。

【答案】（B）

5. (2015年管理类联考真题) 晴朗的夜晚我们可以看到满天星斗，其中有些是自身发光的恒星，有些是自身不发光但可以反射附近恒星光的行星。恒星尽管遥远，但是有些可以被现有的光学望远镜"看到"。和恒星不同，由于行星本身不发光，而且体积远小于恒星，所以，太阳系外的行星大多无法用现有的光学望远镜"看到"。

以下哪项如果为真，最能解释上述现象？

（A）现有的光学望远镜只能"看到"自身发光或者反射光的天体。

（B）有些恒星没有被现有的光学望远镜"看到"。

（C）如果行星的体积够大，现有的光学望远镜就能够"看到"。

（D）太阳系外的行星因距离遥远，很少能将恒星光反射到地球上。

（E）太阳系内的行星大多可以用现有的光学望远镜"看到"。

【解析】待解释的现象：为什么太阳系外的行星大多无法用现有的光学望远镜"看到"。

（A）项，不能解释，因为由题干可知，行星可以反射附近恒星的光，若光学望远镜可以"看到"反射光的天体，那么行星也应该被观测到。

（B）项，无关选项，不能解释。

（C）项，不能解释。

（D）项，可以解释，说明太阳系外的行星无法被"看到"的原因是距离遥远。

（E）项，无关选项，题干的论证对象是"太阳系外的行星"，此项是"太阳系内的行星"。

【答案】（D）

6. （2016年管理类联考真题）2014年，为迎接APEC会议的召开，北京、天津、河北等地实施"APEC治理模式"，采取了有史以来最严格的减排措施。果然，令人心醉的"APEC蓝"出现了。然而，随着会议的结束，"APEC蓝"也渐渐消失了。对此，有些人士表示困惑，既然政府能在短期内实施"APEC治理模式"取得良好效果，为什么不将这一模式长期坚持下去呢？

以下除哪项外，均能解释人们的困惑？

（A）最严格的减排措施在落实过程中已产生很多难以解决的实际困难。

（B）如果近期将"APEC治理模式"常态化，将会严重影响地方经济和社会发展。

（C）任何环境治理都需要付出代价，关键在于付出的代价是否超出收益。

（D）短期严格的减排措施只能是权宜之计，大气污染治理仍需从长计议。

（E）如果APEC会议期间北京雾霾频发，就会影响我们国家的形象。

【解析】题干中待解释的差异：政府能在短期内实施"APEC治理模式"取得良好效果，却不能将这一模式长期坚持下去。

（A）、（B）、（C）、（D）项，均指出"APEC治理模式"不能长期坚持下去的原因，可以解释。

（E）项，指出如果APEC会议期间北京雾霾频发，就会影响我们国家的形象，那么，如果坚持这种模式，不就更有利于国家形象吗？因此，此项不能解释为什么不坚持这一模式。

【答案】（E）

7. （2016年管理类联考真题）某公司办公室茶水间提供自助式收费饮料。职员拿完饮料后，自己把钱放到特设的收款箱中。研究者为了判断职员在无人监督时，其自律水平会受哪些因素的影响，特地在收款箱上方贴了一张装饰图片，每周一换。装饰图片有时是一些花朵，有时是一双眼睛。一个有趣的现象出现了：贴着"眼睛"的那一周，收款箱里的钱远远超过贴其他图片的情形。

以下哪项如果为真，最能解释上述实验现象？

（A）该公司职员看到"眼睛"图片时，就能联想到背后可能有人看着他们。

（B）在该公司工作的职员，其自律能力超过社会中的其他人。

（C）该公司职员看着"花朵"图片时，心情容易变得愉快。

（D）眼睛是心灵的窗口，该公司职员看到"眼睛"图片时会有一种莫名的感动。

（E）在无人监督的情况下，大部分人缺乏自律能力。

【解析】待解释的现象：无人监督时，贴着"眼睛"图片的那一周，收款箱里的钱远远超过贴其他图片的情形。

（A）项，指出差异原因，当图片为"眼睛"时，职员会认为有人监督，因此，更可能会自愿去放钱，可以解释。

（B）、（E）项，并未指出不同图片之间的差异，无法解释。

（C）项，并未说明心情愉快与自愿放钱的关系，无法解释。

（D）项，并未说明感动与自愿放钱的关系，无法解释。

【答案】（A）

8. （2018年管理类联考真题）我国中原地区如果降水量比往年偏低，该地区的河流水位会下降，流速会减缓。这有利于河流中的水草生长，河流中的水草总量通常也会随之而增加。不过，去年该地区在经历了一次极端干旱之后，尽管该地区某河流的流速十分缓慢，但其中的水草总量并未随之而增加，只是处于一个很低的水平。

以下哪项如果为真，最能解释上述看似矛盾的现象？

（A）经过极端干旱之后，该河中以水草为食物的水生动物数量大量减少。

（B）我国中原地区多平原，海拔差异小，其地表河水流速比较缓慢。

（C）该河流在经历了去年极端干旱之后干涸了一段时间，导致大量水生物死亡。

（D）河流流速越慢，其水温变化就越小，这有利于水草的生长和繁殖。

（E）如果河中水草数量达到一定的程度，就会对周边其他物种的生存产生危害。

【解析】待解释的现象：河流流速减缓有利于水草生长，河流中的水草总量通常也会随之而增加，但是，去年该地区在经历了一次极端干旱之后，尽管该地区某河流的流速十分缓慢，但其中的水草总量并未随之而增加，只是处于一个很低的水平。

（C）项，可以解释，说明水草总量没有增加，是因为极端干旱导致的死亡。

（A）、（D）项加剧了题干中的矛盾，其余各项均为无关选项。

【答案】（C）

9. （2010年在职MBA联考真题）大气和云层既可以折射也可以吸收部分太阳光，约有一半照射到地球的太阳光能被地球表面的土地和水面吸收，这一热能值十分巨大。由此可以得出：地球将会逐渐升温以致融化。然而，幸亏有一个可以抵消此作用的因素，即_____。

以下哪项作为上述的后续最为恰当？

（A）地球发散到外空的热能值与其吸收的热能值相近。

（B）通过季风与洋流，地球赤道的热向两极方向扩散。

（C）在日食期间，由于月球的阻挡，照射到地球的太阳光线明显减少。

（D）地球核心因为热能积聚而一直呈熔岩状态。

（E）由于二氧化碳排放增加，地球的温室效应引人关注。

【解析】题干指出地球吸收了大量的热量，应该会导致其逐渐升温，以致融化，但是有一个抵消此作用的因素，这个因素可以使地球的温度不至于升高。

（A）项，指出地球发散的热能值与其吸收的热能值相近，热量散发是热量吸收的抵消因素，故此项最为恰当。

（B）项，此项是地球自身的内部循环，可以起到一定程度的"降温"效果，但是无法达到

"抵消"的效果，故不如（A）项恰当。

（C）项，日食期间的现象是一个特例，很少发生，故不能抵消。

（D）项，显然为无关选项。

（E）项，"温室效应"引人关注，说明地球的温度并未被抵消（即降低），反而升高，加剧题干中的矛盾。

【答案】（A）

10. (2011年在职MBA联考真题) 在一次重大国际田径赛上，某著名长跑运动员顺利进入10 000米决赛。根据以往的成绩，只要她不违规，冠军非她莫属。然而，出乎意料的是她没有得到金牌。

以下除了哪项，都可能是该运动员与金牌无缘的原因？

(A) 因为比赛以外的原因，该运动员故意不得金牌。
(B) 该运动员的教练在场外大声喊话。
(C) 该运动员赛后违禁药物检验呈阳性。
(D) 该运动员忘记了决赛开始的时间。
(E) 该运动员误以为自己比另一个运动员快了一圈。

【解析】待解释的现象：只要她不违规，冠军非她莫属。然而，她没有得到金牌。

（A）、（C）、（D）、（E）项均给出了该运动员与金牌无缘的原因。

（B）项，该运动员的教练在场外大声喊话与是否得金牌最不相关。

【答案】（B）

11. (2014年在职MBA联考真题) 经对交通事故的调查发现，严查酒驾的城市和不严查酒驾的城市，交通事故发生率实际上是差不多的。然而，多数专家认为：严查酒驾确实能降低交通事故的发生。

以下哪项对消除这种不一致最有帮助？

(A) 严查酒驾的城市交通事故发生率曾经都很高。
(B) 实行严查酒驾的城市并没有消除酒驾。
(C) 提高司机的交通安全意识比严格管理更为重要。
(D) 除了严查酒驾外，对其他交通违章也应该制止。
(E) 小城市和大城市交通事故的发生率是不一样的。

【解析】待解释的矛盾：严查酒驾和不严查酒驾的城市，交通事故发生率差不多。然而，多数专家却认为：严查酒驾可以降低交通事故的发生。

（A）项，说明严查酒驾的城市之前交通事故发生率更高，通过严查酒驾，使该城市的交通事故发生率降到了较低的水平，可以解释题干。

（B）项，不能解释，第一，严查酒驾只要可以降低事故发生率即说明有效，不必要求消除酒驾；第二，此项试图质疑严查酒驾的作用，那就说明专家的建议无效，反而加剧了题干的矛盾。

（C）、（D）、（E）项，均为无关选项。

【答案】（A）

变化 2　解释差异

解题思路

解释差异型的题目，题干涉及两类看起来相似、实际上不同的对象，这两类对象在某些方面表现出差异，要求找到造成这种差异的原因。

解释差异题的本质是求异法，前提中的差异因素造成了结果的差异。因此，找到两类对象的差异因素就找到了答案。

典型真题

12.（2011年管理类联考真题）巴斯德认为，空气中的微生物浓度与环境状况、气流运动和海拔高度有关。他在山上的不同高度分别打开装着煮过的培养液的瓶子，发现海拔越高，培养液被微生物污染的可能性越小。在山顶上，20个装了培养液的瓶子，只有1个长出了微生物。普歇另用干草浸液做材料重复了巴斯德的实验，却得出不同的结果：即使在海拔很高的地方，所有装了培养液的瓶子都很快长出了微生物。

以下哪项如果为真，最能解释普歇和巴斯德实验所得到的不同结果？

（A）只要有氧气的刺激，微生物就会从培养液中自发地生长出来。

（B）培养液在加热消毒、密封、冷却的过程中会被外界细菌污染。

（C）普歇和巴斯德的实验设计都不够严密。

（D）干草浸液中含有一种耐高温的枯草杆菌，培养液一旦冷却，枯草杆菌的孢子就会复活，迅速繁殖。

（E）普歇和巴斯德都认为，虽然他们用的实验材料不同，但是经过煮沸，细菌都能被有效地杀灭。

【解析】前提差异：巴斯德的实验中，使用普通培养液；普歇的实验中，采用干草浸液。

结果差异：巴斯德的实验中，海拔越高，培养液被微生物污染的可能性越小；普歇的实验中，即使在海拔很高的地方，所有装了培养液的瓶子都很快长出了微生物。

（D）项指出了前提中的差异为什么可以造成实验结果的不同，可以解释题干。

【答案】（D）

13.（2011年管理类联考真题）随着数字技术的发展，音频、视频的播放形式出现了革命性转变。人们很快接受了一些新形式，比如 MP3、CD、DVD 等。但是对于电子图书的接受并没有达到专家所预期的程度，现在仍有很大一部分读者喜欢捧着纸质出版物。纸质书籍在出版业中依然占据重要地位。因此有人说，书籍可能是数字技术需要攻破的最后一个堡垒。

以下哪项最不能对上述现象提供解释？

（A）人们固执地迷恋着阅读纸质书籍时的舒适体验，喜欢纸张的质感。

（B）在显示器上阅读，无论是笨重的阴极射线管显示器还是轻薄的液晶显示器，都会让人无端地心浮气躁。

（C）现在仍有一些怀旧爱好者喜欢收藏经典图书。

（D）电子书显示设备技术不够完善，图像显示速度较慢。

(E) 电子书和纸质书籍的柔软沉静相比，显得面目可憎。

【解析】需要解释的现象：为什么仍有很大一部分读者喜欢捧着纸质出版物而不是使用电子图书？

题干是两类对象的比较：电子图书和纸质出版物，找到二者的差异之处即可解释。

(A) 项，指出纸质图书的优势，可以解释。

(B) 项，指出电子图书的劣势，可以解释。

(C) 项，一些怀旧爱好者喜欢收藏经典图书并不能解释大部分读者喜欢纸质图书。

(D) 项，指出电子图书的劣势，可以解释。

(E) 项，指出电子图书的劣势，可以解释。

【答案】(C)

14. (2011年管理类联考真题) 随着文化知识越来越重要，人们花在读书上的时间越来越多，文人学子近视患者的比例也越来越高。即便在城里工人、乡镇农民中，也能看到不少人戴近视眼镜。然而，在中国古代很少发现患有近视的文人学子，更别说普通老百姓了。

以下除哪项外，均可以解释上述现象？

(A) 古时候，只有家庭条件好或者有地位的人才读得起书；即便读书，用在读书上的时间也很少，那种头悬梁、锥刺股的读书人更是凤毛麟角。

(B) 古时交通工具不发达，出行主要靠步行、骑马，足量的运动对于预防近视有一定的作用。

(C) 古人生活节奏慢，不用担心交通安全，所以即使患了近视，其危害也非常小。

(D) 古代自然科学不发达，那时学生读的书很少，主要是四书五经，一本《论语》要读好几年。

(E) 古人书写用的是毛笔，眼睛和字的距离比较远，写的字也相对大些。

【解析】题干中的差异：古代的文人学子很少患有近视，而现代的文人学子近视患者的比例越来越高。找到造成古代人和现代人差异的原因即可解释题干中的差异。

(C) 项说的是患有近视的危害，而不是患有近视的原因，所以不能解释题干。

其余各项均解释了古代文人学子很少患有近视的原因。

【答案】(C)

15. (2012年管理类联考真题) 一般商品只有在多次流通过程中才能不断增值，但艺术品作为一种特殊商品却体现出了与一般商品不同的特性。在拍卖市场上，有些古玩、字画的成交价有很大的随机性，往往会直接受到拍卖现场气氛、竞价激烈程度、买家心理变化等偶然因素的影响，成交价有时会高于底价几十倍乃至数百倍，使得艺术品在一次"流通"中实现大幅度增值。

以下哪项最无助于解释上述现象？

(A) 艺术品的不可再造性决定了其交换价格有可能超过其自身价值。

(B) 不少买家喜好收藏，抬高了艺术品的交易价格。

(C) 有些买家就是为了炒作艺术品，以期获得高额利润。

(D) 虽然大量赝品充斥市场，但对艺术品的交易价格没有什么影响。

(E) 国外资金进入艺术品拍卖市场，对价格攀升起到了拉动作用。

【解析】题干中的差异：一般商品只有在多次流通过程中才能不断增值，但是，艺术品在一次"流通"中就能实现大幅度增值。

找到造成"一般商品"和"艺术品"价格差异的因素即可解释题干中的差异。

(A)、(B)、(C)、(E) 项都提供了艺术品增值的原因，故能解释题干。

(D) 项，指出赝品对艺术品的交易价格没有影响，当然也就无法解释艺术品价格的上涨。
【答案】(D)

16. (2014年管理类联考真题) 有气象专家指出，全球变暖已经成为人类发展最严重的问题之一，南北极地区的冰川由于全球变暖而加速融化，已导致海平面上升；如果这一趋势不变，今后势必淹没很多地区。但近几年来，北半球许多地区的民众在冬季感到相当寒冷，一些地区甚至出现了超强降雪和超低气温，人们觉得对近期气候的确切描述似乎更应该是"全球变冷"。

以下哪项如果为真，最能解释上述现象？

(A) 除了南极洲，南半球近几年冬季的平均温度接近常年。
(B) 近几年来，全球夏季的平均气温比常年偏高。
(C) 近几年来，由于两极附近海水温度升高导致原来洋流中断或者减弱，而北半球经历严寒冬季的地区正是原来暖流影响的主要区域。
(D) 近几年来，由于赤道附近海水温度升高导致了原来洋流增强，而北半球经历严寒冬季的地区不是原来寒流影响的主要区域。
(E) 北半球主要是大陆性气候，冬季和夏季的温差通常比较大，近年来冬季极地寒流南侵比较频繁。

【解析】题干中的矛盾：全球变暖，极地冰川融化，但是，北半球许多地区的民众在冬季感到相当寒冷，一些地区甚至出现了超强降雪和超低气温。

(A) 项，不能解释，题干说的是"北半球"，此项说的是"南半球"。
(B) 项，不能解释，题干说的是"冬季"，此项说的是"夏季"。
(C) 项，说明全球变暖中断了原来影响这些出现寒冷天气地区的暖流，可以解释。
(D) 项，不能解释，"北半球经历严寒冬季的地区不是原来寒流影响的主要区域"，那么这些地区不应受洋流增强的影响。
(E) 项，只能解释北半球为什么感觉寒冷，没有说明和"全球变暖"的关系，解释力度不如 (C) 项。

【答案】(C)

17. (2016年管理类联考真题) 在一项关于"社会关系如何影响人的死亡率"的课题研究中，研究人员惊奇地发现：不论种族、收入、体育锻炼等因素，一个乐于助人、和他人相处融洽的人，其平均寿命长于一般人，在男性中尤其如此；相反，心怀恶意、损人利己、和他人相处不融洽的人70岁之前的死亡率比正常人高出1.5～2倍。

以下哪项如果为真，最能解释上述发现？

(A) 身心健康的人容易和他人相处融洽，而心理有问题的人与他人很难相处。
(B) 男性通常比同年龄段的女性对他人有更强的"敌视情绪"，多数国家男性的平均寿命也因此低于女性。
(C) 与人为善带来轻松愉悦的情绪，有益身体健康；损人利己则带来紧张的情绪，有损身体健康。
(D) 心存善念、思想豁达的人大多精神愉悦、身体健康。
(E) 那些自我优越感比较强的人通常"敌视情绪"也比较强，他们长时间处于紧张状态。

【解析】题干中的差异：乐于助人的人平均寿命长于一般人，心怀恶意的人70岁之前的死亡率比正常人高1.5～2倍。

(A) 项，并未涉及平均寿命，无法解释。

(B) 项，引入了新比较，可能是性别原因导致平均寿命差异，无法解释。

(C) 项，指出与人为善带来轻松愉悦的情绪，有益身体健康；损人利己则带来紧张的情绪，有损身体健康，可以解释题干。

(D) 项，只涉及心存善念的人大多身体健康，并未说明心怀恶意的人是否大多身体健康，缺少比较，无法解释。

(E) 项，没有说明敌视情绪和身体健康的关系，无法解释。

【答案】(C)

18. （2017年管理类联考真题）通常情况下，长期在寒冷环境中生活的居民可以有更强的抗寒能力。相比于我国的南方地区，我国北方地区冬天的平均气温要低很多。然而有趣的是，现在许多北方地区的居民并不具有我们所以为的抗寒能力，相当多的北方人到南方来过冬，竟然难以忍受南方的寒冷天气，怕冷程度甚至远超过当地人。

以下哪项如果为真，最能解释上述现象？

(A) 一些北方人认为南方温暖，他们去南方过冬时往往对保暖工作做得不够充分。

(B) 南方地区冬天虽然平均气温比北方高，但也存在极端低温的天气。

(C) 北方地区在冬天通常启用供暖设备，其室内温度往往比南方高出很多。

(D) 有些北方人是从南方迁过去的，他们还没有完全适应北方的气候。

(E) 南方地区湿度较大，冬天感受到的寒冷程度超出气象意义上的温度指标。

【解析】待解释的现象：我国北方地区冬天的平均气温要低很多，一般长期在寒冷环境中生活的居民可以有更强的抗寒能力，但是相当多的北方人到南方来过冬，竟然难以忍受南方的寒冷天气，怕冷程度甚至远超过当地人。

(C) 项，可以解释，北方有暖气，南方没有，所以北方人到了南方会感觉冷。

(E) 项，可以解释，说明南方虽然温度并不算低，但是由于湿度大，导致人们感觉比较寒冷。南方湿度较大，所以体感温度要低于实际温度，但是不是低于北方温度则难以确定。比如实际温度是0℃，体感温度达到了−5℃，但能不能和哈尔滨的−20℃作比较？因此，此项解释力度弱。

其余各项均为个别情况，无法很好地解释题干。

【答案】(C)

19. （2010年在职MBA联考真题）实验证明：茄红素具有防止细胞癌变的作用。近年来W公司提炼出茄红素，将其制成片剂，希望让酗酒者服用以预防饮酒过多引发的癌症。然而，初步的试验发现，经常服用W公司的茄红素片剂的酗酒者反而比不常服用W公司的茄红素片剂的酗酒者更易于患癌症。

以下哪项最能解释上述矛盾？

Ⅰ．癌症的病因是综合的，对预防药物的选择和由此产生的作用也因人而异。

Ⅱ．酒精与W公司的茄红素片剂发生长时间作用后反而使其成为致癌物质。

Ⅲ．W公司生产的茄红素片剂不稳定，易于受其他物质影响而分解变性，从而与身体发生不良反应而致癌；自然茄红素性质稳定，不会致癌。

(A) 仅Ⅰ和Ⅱ。　　　　　　　　(B) 仅Ⅰ和Ⅲ。

(C) 仅Ⅱ和Ⅲ。　　　　　　　　(D) Ⅰ、Ⅱ、Ⅲ。

(E) Ⅰ、Ⅱ、Ⅲ都不是。

【解析】需要解释的差异：茄红素具有防止细胞癌变的作用，但是，W公司提炼的茄红素，酗酒者服用以后反而更容易患癌症。

题干涉及两类对象：茄红素和W公司提炼的茄红素，需要找到二者的差异。

Ⅰ项，不能解释，诉诸无知。

Ⅱ项，可以解释，说明了W公司提炼的茄红素使酗酒者易患癌症的具体原因。

Ⅲ项，比较型解释题，需要找到造成结果不同的差异因素，即"茄红素"与"W公司提炼的茄红素"之间的差异，Ⅲ项说明了二者的差异，可以解释。

【答案】(C)

20. (2010年在职MBA联考真题) 近年以来，A省的房地产市场出现了低迷迹象，成交量减少，房价下跌。但该省的S市是个例外，房价持续上涨，成交活跃。

以下哪项如果属实，最无助于解释上述的例外？

(A) 经批准，S市将建立高新技术开发区，预计大量外资将进入该市。
(B) 该市加大交通基础建设和投资已显示效果，交通拥堵的状况大为改观。
(C) 与东部许多城市相比，S市的房地产价格一直偏低，上涨的空间较大。
(D) S市的银行向房地产开发商发放了大量的贷款，促进该市房地产业的发展。
(E) 经过网络投票和专家评定，S市被评为国内最适合人居住的城市之一。

【解析】题干中的差异：A省的房地产市场低迷，但是，该省的S市却房价上涨，成交活跃。

题干涉及两个对象：A省的房地产和S市的房地产，找到二者的差异之处即可解释。

(A)、(B)、(E)项都指出S市房地产市场的利好因素，可以解释。

(C)项，指出S市原来的房价偏低，上涨空间大，可以解释。

(D)项，银行向房地产开发商发放贷款，是对供给方的利好因素，根据供求规律，在市场低迷期加大供给会导致价格更低，所以(D)项无法解释题干中的矛盾。

【答案】(D)

21. (2010年在职MBA联考真题) 在十九世纪，法国艺术学会是法国绘画及雕塑的主要赞助部门，当时个人赞助者已急剧减少。由于该艺术学会并不鼓励艺术创新，十九世纪的法国雕塑缺乏新意。然而，同一时期的法国绘画却表现出很大程度的创新。

以下哪项如果为真，最有助于解释十九世纪法国绘画与雕塑之间创新的差异？

(A) 在十九世纪，法国艺术学会给予绘画的经费支持比雕塑多。
(B) 在十九世纪，雕塑家比画家获得更多的来自法国艺术学会的支持经费。
(C) 由于颜料和画布价格比雕塑用的石料便宜，十九世纪法国的非赞助绘画作品比非赞助雕塑作品多。
(D) 十九世纪极少数的法国艺术家既进行雕塑创作，也进行绘画创作。
(E) 尽管法国艺术学会仍对雕塑家和画家给予赞助，但十九世纪的法国雕塑家和画家得到的经费支持明显下降。

【解析】前提的相同点：法国绘画及雕塑的主要赞助部门均为不鼓励艺术创新的法国艺术学会。

结论的差异点：法国雕塑缺乏新意，法国绘画却有很大创新。

找到造成法国雕塑与法国绘画的不同结果的差异因素即可。(C)项指出了二者的差异，说明绘画不像雕塑那样依赖于法国艺术学会的赞助，可以解释。

【答案】(C)

第5章 措施目的

题型 25 措施目的的削弱

命题概率

近12年真题命题数量13道,平均每年1.08道。

母题变化

解题思路

措施目的型题目的题干结构一般为:因为某个原因,导致计划采取某个措施(方法、建议),以达到某种目的(解决某个问题),即:

$$\text{原因} \xrightarrow{\text{导致}} \text{措施} \xrightarrow{\text{以求}} \text{目的}。$$

对"措施目的"关系的削弱方式如下面的例子:

注射青霉素(措施),以治疗甲型流感(目的)。

符号化:注射青霉素 $\xrightarrow{\text{以求}}$ 治疗甲型流感。

削弱理由	削弱方式
青霉素尚未提取成功	措施不可行
青霉素治不好甲型流感	措施达不到目的(措施无效)
青霉素会导致严重的过敏	措施有恶果(副作用)

【注意】

一般来说,措施都或多或少地有一些副作用,但如果措施有效并且副作用的危害不是很大,就值得采取这一措施。所以措施有恶果(副作用)常常用作干扰项。

当措施的副作用太大,采取这一措施弊大于利时,这一措施就不值得采取了。此时,措施有恶果的削弱力度就很大了。

典型真题

1.（2010年管理类联考真题） 鸽子走路时，头部并不是有规律地前后移动，而是一直在往前伸。行走时，鸽子脖子往前一探，然后，头部保持静止，等待着身体和爪子跟进。有学者曾就鸽子走路时伸脖子的现象做出假设：在等待身体跟进的时候，暂时静止的头部有利于鸽子获得稳定的视野，看清周围的食物。

以下哪项如果为真，最能支持上述假设？

（A）鸽子行走时如果不伸脖子，很难发现远处的食物。

（B）步伐太大的鸟类，伸脖子的幅度远比步伐小的要大。

（C）鸽子行走速度的变化，刺激内耳控制平衡的器官，导致伸脖子。

（D）鸽子行走时一举翅一投足，都可能出现脖子和头部肌肉的自然反射，所以头部不断运动。

（E）如果雏鸽步态受到限制，功能发育不够完善，那么，成年后鸽子的步伐变小，脖子伸缩幅度则会随之降低。

【解析】题干：伸脖子的目的是使得暂时静止的头部可以获得稳定的视野，看清周围的食物。

（A）项，给出对照组：不伸脖子就难以发现远处的食物，支持题干。

（B）项，无关选项，题干的论证对象是"鸽子"，而此项的论证对象是"鸟类"。

（C）项，此项解释了伸脖子的原因，但并没有对伸脖子的目的进行削弱或支持。

（D）项，此项解释了伸脖子的原因，但并没有对伸脖子的目的进行削弱或支持。

（E）项，显然是无关选项。

【答案】（A）

2.（2011年管理类联考真题） 一些城市，由于作息时间比较统一，加上机动车太多，很容易形成交通早高峰和晚高峰，市民们在高峰时间上下班很不容易。为了缓解人们上下班的交通压力，某政府顾问提议采取不同时间段上下班制度，即不同单位可以在不同的时间段上下班。

以下哪项如果为真，最可能使该顾问的提议无法取得预期效果？

（A）有些上班时间段与员工的用餐时间冲突，会影响他们生活的乐趣，从而影响他们的工作积极性。

（B）许多上班时间段与员工的正常作息时间不协调，他们需要较长一段时间来调整适应，这段时间的工作效率难以保证。

（C）许多单位的大部分工作通常需要员工们在一起讨论，集体合作才能完成。

（D）该市的机动车数量持续增加，即使不在早晚高峰期，交通拥堵也时有发生。

（E）有些单位员工的住处与单位很近，步行即可上下班。

【解析】市政府顾问：采取不同时间段上下班制度（措施）——以求→缓解人们上下班的交通压力（目的）。

（A）项，措施有恶果，但是注意"有些"，这是典型的弱化词，在削弱题中一般不选。

（B）项，措施有恶果，但是这个影响是暂时的，是可以调整的，削弱力度弱。

（C）项，无关选项。

(D)项，措施达不到目的，即使采取了错开上下班时间的措施避开早高峰和晚高峰，交通拥堵仍然会经常发生，削弱题干。

(E)项，不能削弱，"有些"员工步行上下班，不代表交通不拥堵。

【答案】(D)

3. **(2012年管理类联考真题)** 1991年6月15日，菲律宾吕宋岛上的皮纳图博火山突然大爆发，2 000万吨二氧化硫气体冲入平流层，形成的霾像毯子一样盖在地球上空，把部分要照射到地球的阳光反射回太空。几年之后，气象学家发现这层霾使得当时地球表面的温度累计下降了0.5℃。而皮纳图博火山爆发前的一个世纪，因人类活动而造成的温室效应已经使地球表面温度升高了1℃。某位持"人工气候改造论"的科学家据此认为，可以用火箭弹等方式将二氧化硫充入大气层，阻挡部分阳光，达到给地球表面降温的目的。

以下哪项如果为真，最能对该科学家提议的有效性构成质疑？

(A) 如果利用火箭弹将二氧化硫充入大气层，会导致航空乘客呼吸不适。
(B) 如果在大气层上空放置反光物，就可以避免地球表面受到强烈阳光的照射。
(C) 可以把大气中的碳提取出来存储到地下，减少大气层中的碳含量。
(D) 不论任何方式，"人工气候改造"都将破坏地球的大气层结构。
(E) 火山喷发形成的降温效应只是暂时的，经过一段时间温度将再次回升。

【解析】某科学家：用火箭弹等方式将二氧化硫充入大气层，阻挡部分阳光（措施）——以求→给地球表面降温（目的）。

(A)项，措施有恶果，但是"不适"这样的恶果较小，削弱力度较弱。

(B)、(C)项，都提出了给地球表面降温的新措施，但即使这种新措施是有效的，也无法说明题干中的措施无效。

(D)项，措施有恶果，但是无法知道此种方式对大气层的影响有多大，故削弱力度较小。

(E)项，措施达不到目的，直接说明措施无效，削弱力度最大。

【答案】(E)

4. **(2015年管理类联考真题)** 长期以来，手机产生的电磁辐射是否威胁人体健康一直是极具争议的话题。一项长达10年的研究显示，每天使用移动电话通话30分钟以上的人患神经胶质癌的风险比从未使用者要高出40%。由此某专家建议，在获得进一步证据之前，人们应该采取更加安全的措施，如尽量使用固定电话通话或使用短信进行沟通。

以下哪项如果为真，最能表明该专家的建议不切实际？

(A) 大多数手机产生的电磁辐射强度符合国家规定的安全标准。
(B) 现在人类生活空间中的电磁辐射强度已经超过手机通话产生的电磁辐射强度。
(C) 经过较长一段时间，人的身体能够逐渐适应强电磁辐射的环境。
(D) 在上述实验期间，有些人每天使用移动电话通话超过40分钟，但他们很健康。
(E) 即使以手机短信进行沟通，发送和接收信息的瞬间也会产生较强的电磁辐射。

【解析】某专家：人们应该采取更加安全的措施，如尽量使用固定电话通话或使用短信进行沟通——以求→避免手机产生的电磁辐射威胁人体健康。

（A）项，诉诸权威，辐射强度符合国家标准不代表其辐射不会威胁人体健康。

（B）项，说明不使用移动电话通话并不能避免电磁辐射，措施达不到目的，削弱题干。

（C）项，无关选项。

（D）项，"有些人"的情况，无法质疑整体情况，削弱力度弱。

（E）项，干扰项，"发送和接收信息的瞬间"会产生较强的电磁辐射，如果和使用移动电话相比减少了电磁辐射，那么也可以有效降低电磁辐射对人体健康的威胁，故不能削弱题干。

【答案】(B)

5. (2016年管理类联考真题) 近年来，越来越多的机器人被用于在战场上执行侦察、运输、拆弹等任务，甚至将来冲锋陷阵的都不再是人，而是形形色色的机器人。人类战争正在经历自核武器诞生以来最深刻的革命。有专家据此分析指出，机器人战争技术的出现可以使人类远离危险，更安全、更有效率地实现战争目标。

以下哪项如果为真，最能质疑上述专家的观点？

（A）现代人类掌控机器人，但未来机器人可能会掌控人类。

（B）因不同国家之间军事科技实力的差距，机器人战争技术只会让部分国家远离危险。

（C）机器人战争技术有助于摆脱以往大规模杀戮的血腥模式，从而让现代战争变得更为人道。

（D）掌握机器人战争技术的国家为数不多，将来战争的发生更为频繁也更为血腥。

（E）全球化时代的机器人战争技术要消耗更多资源，破坏生态环境。

【解析】专家：机器人战争技术──以求→使人类远离危险，更安全、更有效率地实现战争目标。

（A）项，无关选项。

（B）项，措施可达目的，支持题干。

（C）项，指出机器人战争技术的优点，支持题干。

（D）项，措施达不到目的，削弱题干。

（E）项，措施有恶果，削弱力度较弱。

【答案】(D)

6. (2016年管理类联考真题) 田先生认为，绝大部分笔记本电脑运行速度慢的原因不是CPU性能太差，也不是内存容量太小，而是硬盘速度太慢，给老旧的笔记本电脑换装固态硬盘可以大幅提升使用者的游戏体验。

以下哪项如果为真，最能质疑田先生的观点？

（A）一些笔记本电脑使用者的使用习惯不好，使得许多运行程序占据大量内存，导致电脑运行速度缓慢。

（B）销售固态硬盘的利润远高于销售传统的笔记本电脑硬盘。

（C）固态硬盘很贵，给老旧笔记本换装硬盘费用不低。

（D）使用者的游戏体验很大程度上取决于笔记本电脑的显卡，而老旧笔记本电脑显卡较差。

（E）少部分老旧笔记本电脑的CPU性能很差，内存也小。

【解析】田先生：绝大部分笔记本电脑运行速度慢的原因是硬盘速度太慢──导致→给老旧的笔记

本电脑换装固态硬盘 —以求→ 大幅提升使用者的游戏体验。

（A）项，另有他因，但说的是"有些"电脑，削弱力度弱。

（B）项，无关选项。

（C）项，采取此措施的费用高低与采取此措施是否能达到目的无关，不能削弱。

（D）项，使用者的游戏体验在很大程度上取决于笔记本电脑的显卡，所以换装固态硬盘不能大幅提升使用者的游戏体验。措施达不到目的，可以削弱，力度最大。

（E）项，无关选项。

【答案】(D)

7. （2016年管理类联考真题） 钟医生："通常，医学研究的重要成果在杂志上发表之前需要经过匿名评审，这需要耗费不少时间。如果研究者能放弃这段等待时间而事先公开其成果，我们的公共卫生水平就可以伴随着医学发现更快获得提高。因为新医学信息的及时公布将允许人们利用这些信息提高他们的健康水平。"

以下哪项如果为真，最能削弱钟医生的论证？

（A）大部分医学杂志不愿意放弃匿名评审制度。

（B）社会公共卫生水平的提高还取决于其他因素，并不完全依赖于医学新发现。

（C）匿名评审常常能阻止那些含有错误结论的文章发表。

（D）有些媒体常常会提前报道那些匿名评审杂志准备发表的医学研究成果。

（E）人们常常根据新发表的医学信息来调整他们的生活方式。

【解析】钟医生：放弃匿名评审而事先公开其成果 —导致→ 人们能及时利用这些信息提高他们的健康水平 —以求→ 我们的公共卫生水平可以伴随着医学发现更快获得提高。

（A）项，是否愿意放弃与放弃能否达到目的无关，不能削弱。

（B）项，此项中"并不完全依赖于医学新发现"，说明医学新发现是社会公共卫生水平提高的因素之一，只是不是唯一因素，还是肯定了医学新发现对提高社会公共卫生水平的作用，因此，不能削弱题干。

（C）项，措施有恶果，放弃匿名评审会让人们更多地使用错误结论，可能会降低人们的健康水平，削弱钟医生的论证。

（D）项，无关选项。

（E）项，措施可达目的，支持钟医生的论证。

【答案】(C)

8. （2019年管理类联考真题） 阔叶树的降尘优势明显，吸附PM2.5的效果最好，一棵阔叶树一年的平均滞尘量达3.16公斤。针叶树叶面积小，吸附PM2.5的功效较弱。全年平均下来，阔叶林的吸尘效果要比针叶林强不少，阔叶树也比灌木和草的吸尘效果好得多。以北京常见的阔叶树国槐为例，成片的国槐林吸尘效果比同等面积普通草地的高30%。有些人据此认为，为了降尘北京应大力推广阔叶树，并尽量减少针叶林面积。

以下哪项如果为真，最能削弱上述有关人员的观点？

(A) 阔叶树与针叶树比例失调，不仅极易暴发病虫害、火灾等，还会影响林木的生长和健康。

(B) 针叶树冬天虽然不落叶，但基本处于"休眠"状态，生物活性差。

(C) 植树造林既要治理PM2.5，也要治理其他污染物，需要合理布局。

(D) 阔叶树冬天落叶，在寒冷的冬季，其养护成本远高于针叶树。

(E) 建造通风走廊，能把城市和郊区的森林连接起来，让清新的空气吹入，降低城区的PM2.5。

【解析】题干：全年平均下来，阔叶林的吸尘效果要比针叶林强不少，阔叶树也比灌木和草的吸尘效果好得多 —导致→ 大力推广阔叶树，并尽量减少针叶林面积 —以求→ 降尘。

(A) 项，措施有恶果，大力推广阔叶树，并尽量减少针叶林面积，极易暴发病虫害、火灾等，还会影响林木的生长和健康。

(B) 项，支持题干，说明针叶林有弱点。

(C) 项，无关选项。

(D) 项，措施有恶果，阔叶树的养护成本高，但是如果成本高，可以达到预期的降尘效果，也是可行的，削弱力度不如(A)项。

(E) 项，有其他方式可以降尘，不能削弱大力推广阔叶树可以起到降尘的作用。

【答案】(A)

9. **(2010年在职MBA联考真题)** 某市主要干道上的摩托车车道的宽度为2米，很多骑摩托车的人经常在汽车道上抢道行驶，严重破坏了交通秩序，使交通事故频发。有人向市政府提出建议：应当将摩托车车道扩宽为3米，让骑摩托车的人有较宽的车道，从而消除抢道的现象。

以下哪项如果为真，最能削弱上述论点？

(A) 摩托车车道宽度增加后，摩托车车速将加快，事故也许会随着增多。

(B) 摩托车车道变宽后，汽车车道将会变窄，汽车驾驶者会有意见。

(C) 当摩托车车道扩宽后，有些骑摩托车的人仍会在汽车车道上抢道行驶。

(D) 扩宽摩托车车道的办法对汽车车道上的违章问题没有什么作用。

(E) 扩宽摩托车车道的费用太高，需要进行项目评估。

【解析】题干：扩宽摩托车车道 —以求→ 消除抢道现象。

(A) 项，可能的削弱，力度较轻；措施"也许"有恶果，一般带有"也许""可能"等弱化词的选项，不会成为"最能削弱"的选项。

(B) 项，措施有恶果，引发汽车驾驶者的意见，可以削弱，但"意见"力度较弱。

(C) 项，措施无效，摩托车车道扩宽后，仍会有抢道现象，是力度最强的削弱。

(D) 项，无关选项，"违章问题"与"抢道现象"并不是同一概念，应该选择针对题干中"核心论点"的选项。

(E) 项，诉诸无知，需要进行项目评估不代表项目不可行，经过评估后也许证明可行。

【答案】(C)

第 5 章 措施目的

10.（2011 年在职 MBA 联考真题）某市报业集团经营遇到困难，向某咨询公司求助。咨询公司派出张博士调查了目标报纸的发行时段，早上有晨报，上午有日报，下午有晚报，都不是为夜间准备的。张博士建议他们办一份《都市夜报》，占领这块市场。

以下哪项如果为真，能够恰当地指出张博士分析中存在的问题？

（A）报纸的发行时段和读者阅读时间可能是不同的。
（B）酒吧或影剧院的灯光都很昏暗，无法读报。
（C）许多人睡前有读书的习惯，而读报的比较少。
（D）晚上人们一般习惯于看电视节目，很少读报。
（E）售报亭到夜间就关门了，《都市夜报》发行困难。

【解析】张博士：发行《都市夜报》（措施）——以求——→占领夜间读报的市场（目的）。

（A）项，张博士的调查暗含一个假设：晨报早上卖，日报上午卖，晚报下午卖。此项指出报纸的发行时段和读者的阅读时间可能是不同的，*削弱隐含假设*。

（B）项，酒吧和影剧院是特例，对报纸发行影响有限，不能削弱。

（C）项，"夜报"是晚上发行的报纸，不是"睡前"读的报纸，不能削弱。

（D）、（E）项，*措施不可行*，这两项可以削弱张博士的建议，但是题干要求指出的是"张博士分析中存在的问题"，要求质疑张博士的论证过程，故（A）项更加合适。

【答案】（A）

11.（2013 年在职 MBA 联考真题）借助动物化石和标本中留存的 DNA，运用日益先进的克隆和基因技术，人类已经能够"复活"一些早已灭绝的动物，如猛犸象、渡渡鸟、恐龙等。与此同时，科学界对"人类是否应该复活灭绝动物"也展开了一场大讨论。支持者们相信，复活动物有望恢复某些地区被破坏的生态环境。例如，猛犸象生活在西伯利亚广阔草原上，其排泄物是滋养草原的绝佳肥料。猛犸象灭绝后，缺少肥料的草原逐渐被苔原取代。如果能让猛犸象复活，重回西伯利亚，将有助于缩小苔原面积，逐渐恢复草原生态系统。

以下哪项如果为真，最能反驳上述支持者的观点？

（A）如果投入大量时间、精力和成本去复活已经消失的生物，势必牵制和削弱对现存濒危动物的保护，结果得不偿失。
（B）仅仅克隆出某种灭绝动物的个体，并不等于人类有能力复活整个种群。
（C）即便灭绝动物能够成批复活，适宜它们生长的栖息地或许早已消失，如果不能给予重生物种一个适宜生存的环境，一切努力都将徒劳。
（D）这些动物绝大多数是在人类发展过程中逐渐消失的，正是人类活动，才导致了它们的灭绝。
（E）地球资源有限，复活灭绝了的动物势必对现存生物造成威胁。

【解析】支持者：复活动物（措施）——以求——→恢复某些地区被破坏的生态环境（目的）。

（A）项，措施有恶果，可以削弱。
（B）项，无关选项，题干并没有说人类有能力复活整个种群。
（C）项，措施达不到目的，力度最强的削弱。

（D）项，无关选项，题干没有涉及动物灭绝的原因问题。

（E）项，措施有恶果，可以削弱。

【答案】（C）

12. （2014年在职MBA联考真题） 某市私家车泛滥，加重了该市的空气污染，并且在早高峰和晚高峰期间常常造成多个路段出现严重的拥堵现象。为了解决这一问题，该市政府决定对私家车实行全天候单双号限行，即奇数日只允许尾号为单数的私家车出行，偶数日只允许尾号为双数的私家车出行。

以下哪项最能质疑该市政府的决定？

（A）该市有一家大型汽车生产企业，限行令必将影响该企业的汽车销售。

（B）该市私家车拥有者一般都有两辆或者两辆以上的私家车。

（C）该市私家车车主一般都比较富有，他们不在乎违规罚款。

（D）该市正在大力发展轨道交通，这将有助于克服拥堵现象。

（E）私家车的运行是该市的税收来源之一，税收减少将影响公共交通的进一步改善。

【解析】市政府：对私家车实行全天候单双号限行 ——以求→ 缓解私家车泛滥引发的污染和拥堵问题。

（A）项，措施有恶果，可以削弱，但是，仅仅是对一家大型汽车生产企业产生影响，削弱力度弱。

（B）项，措施达不到目的，说明限行不一定可以缓解私家车泛滥引发的问题，削弱力度最大。

（C）项，无关选项，题干并未提及违规罚款。

（D）项，"大力发展轨道交通是否有效"与"实行单双号限行是否有效"无关。

（E）项，措施有恶果，但影响公共交通改善与私家车泛滥造成的问题相比，属于次要因素，削弱力度弱。

【答案】（B）

13. （2014年在职MBA联考真题） 与矿泉水相比，纯净水缺乏矿物质，而其中有些矿物质是人体必需的。所以营养专家老张建议那些经常喝纯净水的人改变习惯，多饮用矿泉水。

以下哪项最能削弱老张的建议？

（A）人们需要的营养大多数不是来源于饮用水。

（B）人体所需的不仅仅是矿物质。

（C）可以饮用纯净水和矿泉水以外的其他水。

（D）有些矿泉水也缺少人体必需的矿物质。

（E）人们可以从其他食物中得到人体必需的矿物质。

【解析】老张：那些经常喝纯净水的人要改变习惯，多饮用矿泉水 ——以求→ 补充人体必需的矿物质。

（A）项，不能削弱，"大多数营养物质"不是来自饮用水，不能削弱"有的矿物质"来自饮用水。

（B）项，无关选项。

(C)项，无关选项，并不知道"其他水"是否能解决矿物质缺乏的问题，也不能说明老张推荐饮用矿泉水的建议无效。

(D)项，不能削弱，"有些"矿泉水缺少人体必需的矿物质，不能说明不可以通过别的矿泉水获取。

(E)项，措施没有必要，可以从"其他食物"中获取人体需要的矿物质，那就没必要饮用矿泉水，削弱老张的建议。

【答案】(E)

题型 26 措施目的的支持

命题概率

近12年真题命题数量3道，平均每年0.25道。

母题变化

解题思路

1. 措施目的型支持题的题干结构为：措施 A $\xrightarrow{\text{以求}}$ 目的 B。
2. 常见支持方法为：
(1) 措施可行。
(2) 措施可达目的。
(3) 措施无恶果。
(4) 补充要采取这个措施的原因（措施有必要）。

典型真题

1. (2016年管理类联考真题) 有专家指出，我国城市规划缺少必要的气象论证，城市的高楼建得高耸而密集，阻碍了城市的通风循环。有关资料显示，近几年国内许多城市的平均风速已下降10%。风速下降，意味着大气扩散能力减弱，导致大气污染物滞留时间延长，易形成雾霾天气和热岛效应。为此，有专家提出建立"城市风道"的设想，即在城市里制造几条通畅的通风走廊，让风在城市中更加自由地进出，促进城市空气的更新循环。

以下哪项如果为真，最能支持上述建立"城市风道"的设想？
(A) 城市风道形成的"穿街风"，对建筑物的安全影响不大。
(B) 风从八方来，"城市风道"的设想过于主观和随意。
(C) 有风道但没有风，就会让城市风道成为无用的摆设。
(D) 有些城市已拥有建立"城市风道"的天然基础。

(E) 城市风道不仅有利于"驱霾",还有利于散热。

【解析】题干：城市雾霾天气、热岛效应 —导致→ 建立"城市风道" —以求→ 促进空气循环，驱霾散热。

(A) 项，措施无恶果，支持题干但力度较小。

(B)、(C) 项，措施达不到目的，削弱题干。

(D) 项，措施可行，支持题干，但"有的"是弱化词，支持力度小。

(E) 项，措施可达目的，支持力度最大。

【答案】(E)

2. (2017年管理类联考真题) 针对癌症患者，医生常采用化疗的手段将药物直接注入人体杀伤癌细胞，但这也可能将正常细胞和免疫细胞一同杀灭，产生较强的副作用。近来，有科学家发现，黄金纳米粒子很容易被人体癌细胞吸收，如果将其包上一层化疗药物，就可作为"运输工具"，将化疗药物准确地投放到癌细胞中。他们由此断言，微小的黄金纳米粒子能提升癌症化疗的效果，并降低化疗的副作用。

以下哪项如果为真，最能支持上述科学家所做出的论断？

(A) 黄金纳米粒子用于癌症化疗的疗效有待大量临床检验。

(B) 在体外用红外线加热已进入癌细胞的黄金纳米粒子，可以从内部杀灭癌细胞。

(C) 因为黄金所具有的特殊化学性质，黄金纳米粒子不会与人体细胞发生反应。

(D) 现代医学手段已能实现黄金纳米粒子的精准投送，让其所携带的化疗药物只作用于癌细胞，并不伤及其他细胞。

(E) 利用常规计算机断层扫描，医生容易判定黄金纳米粒子是否已投放到癌细胞中。

【解析】科学家：黄金纳米粒子很容易被人体癌细胞吸收，如果将其包上一层化疗药物，就可作为"运输工具"，将化疗药物准确地投放到癌细胞中，因此，微小的黄金纳米粒子能提升癌症化疗的效果，并降低化疗的副作用。

(A) 项，诉诸无知。

(B) 项，无关选项，题干的措施是用黄金纳米粒子携带的化疗药物治疗癌症，(B) 项的措施与此无关。

(C) 项，削弱题干，如果黄金纳米粒子不会与人体细胞发生反应，那么就不会被人体癌细胞吸收，与题干中科学家的发现矛盾。

(D) 项，支持题干，说明题干的措施可行。

(E) 项，支持题干，但力度较弱。因为能否容易判定黄金纳米粒子是否进入癌细胞与其是否有效并不直接相关。

【答案】(D)

3. (2010年在职MBA联考真题) 过去，人们很少在电脑上收到垃圾邮件。现在，只要拥有自己的电子邮件地址，人们一打开电脑，每天可以收到几件甚至数十件包括各种广告和无聊内容的垃圾邮件。因此，应该制定限制各种垃圾邮件的规则并研究反垃圾邮件的有效方法。

以下哪项如果为真，最能支持上述论证？

(A) 目前的广告无孔不入，已经渗透到每个人的日常生活领域。

(B) 目前，电子邮箱地址探测软件神通广大，而防范的软件和措施却软弱无力。

(C) 现在的电脑性能与过去的电脑相比，功能十分强大。

(D) 对于经常使用计算机的现代人来说，垃圾邮件是他们的最主要烦恼之一。

(E) 广告公司通过电子邮件发出的广告，被认真看过的不足千分之一。

【解析】题干：制定限制各种垃圾邮件的规则并研究反垃圾邮件的有效方法（措施）──以求──→解决垃圾邮件的困扰（目的）。

(A) 项，无关选项，"广告"渗透到"日常生活领域"，不是"垃圾邮件"，论证主体不同。

(B) 项，措施有必要，现在的防范软件和措施是软弱无力的，所以需要研究反垃圾邮件的有效方法，支持题干。

(C) 项，无关选项，电脑性能如何与垃圾邮件无关。

(D) 项，支持题干，但力度不如 (B) 项。因为即使垃圾邮件是现代人的最主要烦恼之一，只要现在的防范软件有效，也不用再研究新的反垃圾邮件的方法。因此，此项在必要性上的力度不如 (B) 项大。

(E) 项，无关选项。

【答案】(B)

题型 27　措施目的的假设

命题概率

近 12 年真题命题数量 7 道，平均每年 0.58 道。

母题变化

解题思路

1. "措施目的型"题目的假设方法

(1) 措施可行。

(2) 措施有必要。

(3) 措施有效果。

要注意的是，对于假设题，我们一般并不要求措施没有恶果（副作用），因为，为了达到我们的目的，有点副作用也是可以接受的。

2. "原因＋措施＋目的"结构

措施目的型的题目，常用"某个原因，导致我们要采用某个措施，以达到某个目的"的结构。此结构的推理要成立，除了以上三点外，还必须要求题干中的"原因"和"措施"之间具有必然的因果联系。

典型真题

1.（2015年管理类联考真题） 美国扁桃仁于20世纪70年代出口到我国，当时被误译成"美国大杏仁"。这种误译导致大多数消费者根本不知道扁桃仁、杏仁是两种完全不同的产品。对此，尽管我国林果专家一再努力澄清，但学界的声音很难传达到相关企业和普通大众中。因此，必须制定林果的统一行业标准，这样才能还相关产品以本来面目。

以下哪项最可能是上述论证的假设？

(A) 美国扁桃仁和中国大杏仁的外形很相似。
(B) 进口商品名称的误译会扰乱我国企业正常的对外贸易活动。
(C) "美国大杏仁"在中国市场上销量超过中国杏仁。
(D) 我国相关企业和普通大众并不认可我国林果专家的意见。
(E) 长期以来，我国没有关于林果的统一行业标准。

【解析】题干："美国扁桃仁"被误译成"美国大杏仁"（原因）——导致→制定林果的统一行业标准（措施）——以求→还相关产品以本来面目（目的）。

(B) 项，无关选项，题干的论证不涉及进口商品名称的误译对对外贸易活动的影响。

(E) 项，措施有必要，必须假设，否则，如果我国已经有了林果的统一行业标准，那么就不需要制定这一标准了。

其余各项显然不必假设。

【答案】(E)

2.（2015年管理类联考真题） 张教授指出，生物燃料是指利用生物资源生产的燃料乙醇或生物柴油，它们可以替代由石油制取的汽油和柴油，是可再生能源开发利用的重要方向。受世界石油资源短缺、环保和全球气候变化的影响，20世纪70年代以来，许多国家日益重视生物燃料的发展，并取得显著成效。所以，应该大力开发和利用生物燃料。

以下哪项最可能是张教授论证的预设？

(A) 发展生物燃料可有效降低人类对石油等化石燃料的消耗。
(B) 发展生物燃料会减少粮食供应，而当今世界有数以百万计的人食不果腹。
(C) 生物柴油和燃料乙醇是现代社会能源供给体系的适当补充。
(D) 生物燃料在生产与运输的过程中需要消耗大量的水、电和石油等。
(E) 目前我国生物燃料的开发和利用已经取得很大的成绩。

【解析】张教授：大力开发和利用生物燃料（措施）——以求→替代由石油制取的汽油和柴油（目的）。

(A) 项，措施可达目的，必须假设。

(B)、(D) 项，指出措施有恶果，削弱题干。

(C) 项，无关选项。

(E) 项，无关选项，此项只说明生物燃料的开发和利用已经取得很大的成绩，没有说明是否达到"替代由石油制取的汽油和柴油"的目的。

【答案】(A)

3. (2016年管理类联考真题) 超市中销售的苹果常常留有一定的油脂痕迹，表面显得油光滑亮。牛师傅认为，这是残留在苹果上的农药所致，水果在收摘之前都喷洒了农药，因此，消费者在超市购买水果后，一定要清洗干净方能食用。

以下哪项最可能是牛师傅的看法所依赖的假设？

(A) 除了苹果，其他许多水果运至超市时也留有一定的油脂痕迹。
(B) 超市里销售的水果并未得到彻底清洗。
(C) 只有那些在水果上能留下油脂痕迹的农药才可能被清洗掉。
(D) 许多消费者并不在意超市销售的水果是否清洗过。
(E) 在水果收摘之前喷洒的农药大多数会在水果上留下油脂痕迹。

【解析】牛师傅：超市中销售的苹果有油脂痕迹，这是残留在苹果上的农药所致 —导致→ 食用前一定要清洗干净 —以求→ 去除农药残留。

(A) 项，扩大了论证范围，过度假设。

(B) 项，补充一个原因，说明措施有必要，是必须假设，如果超市里销售的水果已经彻底被清洗，就不会有农药残留，则消费者买到也不必清洗。

(C) 项，不必假设，此项指出只有那些在水果上能留下油脂痕迹的农药才可能被清洗掉，而题干中的目的是去除水果表面的农药残留，不仅仅是指在水果上留下油脂痕迹的农药。

(D) 项，不必假设，题干的论证只涉及清洗水果，而不涉及消费者对此是否"在意"。

(E) 项，不必假设，因为不管农药是否在水果表面留下油脂痕迹，都应该清洗。

【答案】(B)

4. (2016年管理类联考真题) 钟医生："通常，医学研究的重要成果在杂志上发表之前需要经过匿名评审，这需要耗费不少时间。如果研究者能放弃这段等待时间而事先公开其成果，我们的公共卫生水平就可以伴随着医学发现更快获得提高。因为新医学信息的及时公布将允许人们利用这些信息提高他们的健康水平。"

以下哪项最可能是钟医生论证所依赖的假设？

(A) 即使医学论文还没有在杂志上发表，人们还是会使用已公开的相关新信息。
(B) 因为工作繁忙，许多医学研究者不愿成为论文评审者。
(C) 首次发表于匿名评审杂志上的新医学信息一般无法引起公众的注意。
(D) 许多医学杂志的论文评审者本身并不是医学研究专家。
(E) 部分医学研究者愿意放弃在杂志上发表，而选择事先公开其成果。

【解析】钟医生：放弃匿名评审而事先公开其成果 —导致→ 人们能及时利用这些信息提高他们的健康水平 —以求→ 我们的公共卫生水平可以伴随着医学发现更快获得提高。

(A) 项，人们会利用放弃匿名评审的论文，搭桥法，措施可达目的，必须假设。

(B)、(C)、(D) 项，无关选项。

(E) 项，医学研究者是否愿意放弃与放弃能否达到目的无关。

【答案】(A)

5. (2010年在职MBA联考真题)黑脉金蝴蝶幼虫先折断含毒液的乳草属植物的叶脉，使毒液外流，再食入整片叶子。一般情况下，乳草属植物叶脉被折断后其内的毒液基本完全流掉，即便有极微量的残留，对幼虫也不会构成威胁。黑脉金蝴蝶幼虫就是采用这种方式以有毒的乳草属植物为食物来源直到它们发育成熟。

以下哪项最可能是上文所作的假设？

(A) 幼虫有多种方法对付有毒植物的毒液，因此，有毒植物是多种幼虫的食物来源。
(B) 除黑脉金蝴蝶幼虫外，乳草属植物不适合其他幼虫食用。
(C) 除乳草属植物外，其他有毒植物已经进化到能防止黑脉金蝴蝶幼虫破坏其叶脉的程度。
(D) 黑脉金蝴蝶幼虫成功对付乳草属植物毒液的方法不能用于对付其他有毒植物。
(E) 乳草属植物的叶脉没有进化到黑脉金蝴蝶幼虫不能折断的程度。

【解析】题干：先折断含毒液的乳草属植物的叶脉，使毒液外流，再食入整片叶子（措施）——以求→以有毒的乳草属植物为食物来源直到它们发育成熟（目的）。

(A) 项，不必假设，题干说的是"这样的方式"可行，和其他方法是否可行没有关系。

(B) 项，无关选项，题干说的是"黑脉金蝴蝶幼虫"，和"其他幼虫"无关。

(C) 项，无关选项，"其他有毒植物"和"乳草属植物"无关。

(D) 项，无关选项，能不能对付其他有毒植物与题干无关。

(E) 项，措施可行，必须假设，否则，如果乳草属植物的叶脉进化到了黑脉金蝴蝶幼虫不能折断的程度，那么该幼虫就无法折断叶脉获取食物了（取非法）。

【答案】(E)

6. (2010年在职MBA联考真题)赵家村的农田比马家村少得多，但赵家村的单位生产成本近年来明显比马家村低。马家村的人通过调查发现：赵家村停止使用昂贵的化肥，转而采用轮作和每年两次施用粪肥的方法。不久，马家村也采用了同样的措施，很快，马家村获得很好的效果。

以下哪项最可能是上文所作的假设？

(A) 马家村有足够的粪肥来源可以用于农田施用。
(B) 马家村比赵家村更善于促进农作物生长的田间管理。
(C) 马家村经常调查赵家村的农业生产情况，学习降低生产成本的经验。
(D) 马家村用处理过的污水软泥代替化肥，但对生产成本的影响不大。
(E) 赵家村和马家村都减少使用昂贵的农药，降低了生产成本。

【解析】题干：采用轮作和每年两次施用粪肥的方法（措施）——以求→获得单位生产成本降低的效果（目的）。

(A) 项，措施可行，必须假设，否则，如果没有足够的粪肥来源，上述措施就无法得到实施，推翻了题干中的结论。

(B)、(C)、(D) 项，无关选项，与题干中"轮作和每年两次施用粪肥"的措施无关。

(E) 项，另有他因，削弱题干。

【答案】(A)

7. (2014年在职MBA联考真题) 某学会召开的国际性学术会议，每次都收到近千篇的会议论文。为了保证大会交流论文的质量，学术会议组委会决定，每次只从会议论文中挑选出10%的论文作为会议交流论文。

学术会议组委会的决定最可能基于以下哪项假设？
(A) 每次提交的会议论文中总有一定比例的论文质量是有保证的。
(B) 今后每次收到的会议论文数量将不会有大的变化。
(C) 90%的会议论文达不到大会交流论文的质量。
(D) 学术会议组委会能够对论文质量做出准确判断。
(E) 学会有足够的经费保证这样的学术会议能继续举办下去。

【解析】学术会议组委会：从会议论文中挑选出10%的论文作为会议交流论文 —以求→ 保证大会交流论文的质量。

(A) 项，措施可行，必须假设，否则，即使从会议论文中挑选出10%的论文作为会议交流论文也无法保证大会交流论文的质量。

(B) 项，无关选项。

(C) 项，不必假设，即使这些论文能达到交流论文的质量，从中择优更能使这项措施有效。

(D) 项，不必假设，"组委会"不能准确判断，其他专家或机构能准确判断也可以，不是"准确判断"，是较为准确的判断也可以。

(E) 项，无关选项，题干不涉及这项会议是否能够持续办下去，只涉及举办此会议时的论文质量。

【答案】(A)

第 6 章 结构相似题

题型 28 形式逻辑型结构相似题

命题概率

近 12 年真题命题数量 12 道,平均每年 1 道。

母题变化

解题思路

形式逻辑型结构相似题,是对形式逻辑知识的综合考查,需要全面掌握形式逻辑的基础知识。

(1)解题步骤。

①读题干,寻找有没有简单命题或者复言命题的关键词,如果有的话,则判断为形式逻辑型结构相似题。

②写出题干的推理结构,如有必要,将其符号化。

③依次对照选项,找出推理结构与题干相同的选项。

(2)注意事项。

题干中的推理可能是正确的,也可能是错误的。如果题干的推理正确,则选项应该选正确的;如果题干的推理错误,则选项应该选和题干犯了相同错误的。

典型真题

1.(2009 年管理类联考真题)科学离不开测量,测量离不开长度单位。千米、米、分米、厘米等基本长度单位的确立完全是一种人为约定。因此,科学的结论完全是一种人的主观约定,谈不上客观的标准。

以下哪项与题干的论证最为类似?

(A)建立良好的社会保障体系离不开强大的综合国力,强大的综合国力离不开一流的国民教育。因此,要建立良好的社会保障体系,必须有一流的国民教育。

(B)做规模生意离不开做广告,做广告就要有大额资金投入。不是所有人都能有大额资金投入。因此,不是所有人都能做规模生意。

(C) 游人允许坐公园的长椅，要坐公园长椅就要靠近它们，靠近长椅的一条路径要踩踏草地。因此，允许游人踩踏草地。

(D) 具备扎实的舞蹈基本功必须经过常年不懈的艰苦训练。在春节晚会上演出的舞蹈演员必须具备扎实的基本功。常年不懈的艰苦训练是乏味的。因此，在春节晚会上演出是乏味的。

(E) 家庭离不开爱情，爱情离不开信任。信任是建立在真诚的基础上的。因此，对真诚的背离是家庭危机的开始。

【解析】题干：科学（A）离不开测量（B），测量（B）离不开长度单位（C）。长度单位（C）是人为约定（D）。因此，科学（A）是人为约定（D）。

符号化：A 离不开 B，B 离不开 C。C 有性质 D。因此，A 有性质 D。

(A) 项，A 离不开 B，B 离不开 C。因此，要有 A，必须有 C。与题干不同。

(B) 项，A 离不开 B，B 离不开 C。不是所有人都 C。因此，不是所有人都 A。与题干不同。

(C) 项，A 可以 B，B 需要 C，C 需要 D。因此，A 可以 D。与题干不同。

(D) 项，A 离不开 B，B 离不开 C。C 有性质 D。因此，A 有性质 D。与题干相同。

(E) 项，A 离不开 B，B 离不开 C。C 需要 D。因此，不 D 是不 A 的开始。与题干不同。

【答案】(D)

2. （2011年管理类联考真题）所有重点大学的学生都是聪明的学生，有些聪明的学生喜欢逃学，小杨不喜欢逃学，所以，小杨不是重点大学的学生。

以下除哪项外，均与上述推理的形式类似？

(A) 所有经济学家都懂经济学，有些懂经济学的爱投资企业，你不爱投资企业，所以，你不是经济学家。

(B) 所有的鹅都吃青菜，有些吃青菜的也吃鱼，兔子不吃鱼，所以，兔子不是鹅。

(C) 所有的人都是爱美的，有些爱美的还研究科学，亚里士多德不是普通人，所以，亚里士多德不研究科学。

(D) 所有被高校录取的学生都是超过录取分数线的，有些超过录取分数线的是大龄考生，小张不是大龄考生，所以，小张没有被高校录取。

(E) 所有想当外交官的都需要学外语，有些学外语的重视人际交往，小王不重视人际交往，所以，小王不想当外交官。

【解析】题干：所有重点大学的学生（A）都是聪明的学生（B），有些聪明的学生（B）喜欢逃学（C），小杨（X）不喜欢逃学（¬C），所以，小杨（X）不是重点大学的学生（¬A）。

即：所有 A 都是 B，有的 B 是 C，X 不是 C，所以，X 不是 A。

(A)、(B)、(D)、(E) 四个选项均与题干一致。

(C) 项，所有 A 都是 B，有的 B 是 C，X 不是 A，所以 X 不是 C。此项里面有一个概念的偷换："人"和"普通人"，与题干不同。

【答案】(C)

3. （2012年管理类联考真题）经过反复核查，质检员小李向厂长汇报说："726 车间生产的产品都是合格的，所以不合格的产品都不是 726 车间生产的。"

以下哪项和小李的推理结构最为相似？

(A) 所有入场的考生都经过了体温测试，所以没能入场的考生都没有经过体温测试。

(B) 所有出厂设备都是合格的，所以检测合格的设备都已出厂。

(C) 所有已发表的文章都是认真校对过的，所以认真校对过的文章都已发表。

(D) 所有真理都是不怕批评的，所以怕批评的都不是真理。

(E) 所有不及格的学生都没有好好复习，所以没好好复习的学生都不及格。

【解析】题干：726 车间生产的产品（A）→合格（B），所以，不合格的产品（¬B）→不是 726 车间生产的（¬A）。

符号化：A→B，所以，¬B→¬A，是正确的推理。

(A) 项，入场的考生（A）→经过了体温测试（B），所以，没入场的考生（¬A）→没经过体温测试（¬B），与题干不同。

(B) 项，出厂设备（A）→合格（B），所以，合格（B）→出厂设备（A），与题干不同。

(C) 项，已发表（A）→校对过（B），所以，校对过（B）→已发表（A），与题干不同。

(D) 项，真理（A）→不怕批评（B），所以，怕批评（¬B）→不是真理（¬A），与题干相同。

(E) 项，不及格（A）→没复习（B），所以，没复习（B）→不及格（A），与题干不同。

【答案】(D)

4. （2013年管理类联考真题）公司经理：我们招聘人才时最看重的是综合素质和能力，而不是分数。人才招聘中，高分低能者并不鲜见，我们显然不希望招到这样的"人才"。从你的成绩单可以看出，你的学业分数很高，因此，我们有点怀疑你的能力和综合素质。

以下哪项和经理得出结论的方式最为类似？

(A) 公司管理者并非都是聪明人，陈然不是公司管理者，所以陈然可能是聪明人。

(B) 猫都爱吃鱼，没有猫患近视，所以吃鱼可以预防近视。

(C) 人的一生中健康开心最重要，名利都是浮云，张立名利双收，所以可能张立并不开心。

(D) 有些歌手是演员，所有的演员都很富有，所以有些歌手可能不是很富有。

(E) 闪光的物体并非都是金子，考古队挖到了闪闪发光的物体，所以考古队挖到的可能不是金子。

【解析】题干：高分者并非都是人才，高分者，所以可能不是人才。

(A) 项，管理者并非都是聪明人，不是管理者，所以可能是聪明人，与题干不同。

(E) 项，闪光的并非都是金子，闪光，所以可能不是金子，与题干相同。

其余各项显然均与题干不同。

【答案】(E)

5. （2013年管理类联考真题）只要每个司法环节都能坚守程序正义，切实履行监督制约职能，结案率就会大幅度提高。去年某国结案率比上一年提高了70%，所以，该国去年每个司法环节都能坚守程序正义，切实履行监督制约职能。

以下哪项与上述论证方式最为相似？

(A) 只有在校期间品学兼优，才可以获得奖学金。李明获得了奖学金，所以他在校期间一定品学兼优。

（B）在校期间品学兼优，就可以获得奖学金。李明获得了奖学金，所以他在校期间一定品学兼优。

（C）在校期间品学兼优，就可以获得奖学金。李明没有获得奖学金，所以他在校期间一定不是品学兼优。

（D）在校期间品学兼优，就可以获得奖学金。李明在校期间不是品学兼优，所以他不可能获得奖学金。

（E）李明在校期间品学兼优，但是他没有获得奖学金。所以，在校期间品学兼优，不一定可以获得奖学金。

【解析】题干：坚守程序正义，履行监督制约职能（A）→结案率大幅提高（B）。去年结案率大幅提高（B），所以，坚守程序正义，履行监督制约职能（A）。

符号化：A→B。B，所以 A，题干是错误推理。

（A）项，A←B。B，所以 A，与题干不同。

（B）项，A→B。B，所以 A，与题干相同。

（C）项，A→B。¬B，所以 ¬A，与题干不同。

（D）项，A→B。¬A，所以 ¬B，与题干不同。

（E）项，A∧¬B。所以 A，不一定 B，与题干不同。

【答案】（B）

6. （2017年管理类联考真题）甲：己所不欲，勿施于人。

乙：我反对。己所欲，则施于人。

以下哪项与上述对话方式最为相似？

（A）甲：人非草木，孰能无情？

　　乙：我反对。草木无情，但人有情。

（B）甲：人不犯我，我不犯人。

　　乙：我反对。人若犯我，我就犯人。

（C）甲：人无远虑，必有近忧。

　　乙：我反对。人有远虑，亦有近忧。

（D）甲：不在其位，不谋其政。

　　乙：我反对。在其位，则行其政。

（E）甲：不入虎穴，焉得虎子。

　　乙：我反对。如得虎子，必入虎穴。

【解析】题干：甲：¬己所欲→¬施于人。乙：己所欲→施于人。

（A）项，甲：¬人草木→¬能无情。乙：¬草木有情∧人有情。故与题干不相似。

（B）项，甲：¬人犯我→¬我犯人。乙：人犯我→我犯人。故与题干相似。

（C）项，甲：¬人远虑→有近忧。乙：人远虑∧有近忧。故与题干不相似。

（D）项，甲：¬在其位→¬谋其政。乙：在其位→行其政。故与题干不相似。

（E）项，甲：¬入虎穴→¬得虎子。乙：得虎子→入虎穴。故与题干不相似。

【答案】（B）

7.（2017年管理类联考真题）赵默是一位优秀的企业家。因为如果一个人既拥有在国内外知名学府和研究机构工作的经历，又有担任项目负责人的管理经验，那么他就能成为一位优秀的企业家。

以下哪项与上述论证最为相似？

（A）人力资源是企业的核心资源。因为如果不开展各类文化活动，就不能提升员工岗位技能，也不能增强团队的凝聚力和战斗力。

（B）袁清是一位好作家。因为好作家都具有较强的观察能力、想象能力及表达能力。

（C）青年是企业发展的未来。因此，企业只有激发青年的青春力量，才能促其早日成才。

（D）李然是信息技术领域的杰出人才。因为如果一个人不具有前瞻性目光、国际化视野和创新思维，就不能成为信息技术领域的杰出人才。

（E）风云企业具有凝聚力。因为如果一个企业能引导和帮助员工树立目标、提升能力，就能使企业具有凝聚力。

【解析】题干：赵默是优秀的企业家。有国内外知名学府和研究机构工作的经历∧有担任项目负责人的管理经验→优秀的企业家。

（A）项，人力资源是核心资源。¬开展文化活动→¬提升技能∧¬增强凝聚力和战斗力，与题干不同。

（B）项，袁清是好作家。好作家→较强的观察能力、想象能力和表达能力，与题干不同。

（C）项，青年是企业发展的未来。激发青年的青春力量←促其早日成才，与题干不同。

（D）项，李然是人才。¬具有前瞻性目光、国际化视野和创新思维→¬人才，与题干不同。

（E）项，风云企业具有凝聚力。能引导和帮助员工树立目标∧提升能力→有凝聚力，与题干相同。

【答案】（E）

8.（2017年管理类联考真题）甲：只有加强知识产权保护，才能推动科技创新。

乙：我不同意。过分强化知识产权保护，肯定不能推动科技创新。

以下哪项与上述反驳方式最为类似？

（A）妻子：孩子只有刻苦学习，才能取得好成绩。
　　丈夫：也不尽然。学习光知道刻苦而不能思考，也不一定会取得好成绩。

（B）母亲：只有从小事做起，将来才有可能做成大事。
　　孩子：老妈你错了。如果我们每天只是做小事，将来肯定做不成大事。

（C）老板：只有给公司带来回报，公司才能给他带来回报。
　　员工：不对呀。我上个月帮公司谈成一笔大业务，可是只得到1%的奖励。

（D）老师：只有读书，才能改变命运。
　　学生：我觉得不是这样。不读书，命运会有更大的改变。

（E）顾客：这件商品只有价格再便宜一些，才会有人来买。
　　商人：不可能。这件商品如果价格再便宜一些，我就要去喝西北风了。

【解析】题干：

甲：推动科技创新→加强知识产权保护。

乙：不同意。过分强化知识产权保护→¬推动科技创新。

（A）项，妻子：取得好成绩→刻苦学习。

丈夫：不同意。刻苦∧¬思考→不一定取得好成绩，与题干不同。

（B）项，母亲：做成大事→从小事做起。

孩子：不同意。只做小事→¬做成大事，与题干相同。

（C）项，老板：公司带给他回报→给公司带来回报。

员工：不同意。给公司带来回报∧我得到1%的奖励，即使1%也是有回报的，与题干不同。

（D）项，老师：改变命运→读书。

学生：不同意。¬读书→改变命运，与题干不同。

（E）项，顾客：有人买→价格便宜些。

商人：不同意。价格便宜些→喝西北风，与题干不同。

【答案】（B）

9. （2018年管理类联考真题）刀不磨要生锈，人不学要落后。所以，如果不想落后，就应该多磨刀。

以下哪项与上述论证方式最为相似？

（A）妆未梳成不见客，不到火候不揭锅。所以，如果揭了锅，就应该是到了火候。

（B）兵在精而不在多，将在谋而不在勇。所以，如果想获胜，就应该兵精将勇。

（C）马无夜草不肥，人无横财不富。所以，如果你想富，就应该让马多吃夜草。

（D）金无足赤，人无完人。所以，如果你想做完人，就应该有真金。

（E）有志不在年高，无志空活百岁。所以，如果你不想空活百岁，就应该立志。

【解析】题干：¬磨刀→生锈，¬学→落后。所以，¬落后→磨刀。

即：A→B，C→D。所以，¬D→¬A。

（A）项，A→B，C→D。所以，¬D→¬C。与题干不同。

（B）、（D）、（E）项，显然与题干不同。

（C）项，A→B，C→D。所以，¬D→¬A。与题干最为相似。

【答案】（C）

10. （2020年管理类联考真题）考生若考试通过并且体检合格，则将被录取。因此，如果李铭考试通过，但未被录取，那么他一定体检不合格。

以下哪项与以上论证方式最为相似？

（A）若明天是节假日并且天气晴朗，则小吴将去爬山。因此，如果小吴未去爬山，那么第二天一定不是节假日或者天气不好。

（B）一个数若能被3整除且能被5整除，则这个数能被15整除。因此，一个数若能被3整除但不能被5整除，则这个数一定不能被15整除。

（C）甲单位员工若去广州出差并且是单人前往，则均乘坐高铁。因此，甲单位小吴如果去广州出差，但未乘坐高铁，那么他一定不是单人前往。

（D）若现在是春天并且雨水充沛，则这里野草丰美。因此，如果这里野草丰美，但雨水不充沛，那么现在一定不是春天。

(E) 一壶茶若水质良好且温度适中，则一定茶香四溢。因此，如果这壶茶水质良好且茶香四溢，那么一定温度适中。

【解析】题干：考试通过∧体检合格→被录取。因此，考试通过∧¬被录取→¬体检合格。

形式化：A∧B→C。因此，A∧¬C→¬B。

(A) 项，A∧B→C。因此，¬C→¬A∨¬B，与题干不同。

(B) 项，A∧B→C。因此，A∧¬B→¬C，与题干不同。

(C) 项，A∧B→C。因此，A∧¬C→¬B，与题干相同。

(D) 项，A∧B→C。因此，C∧¬B→¬A，与题干不同。

(E) 项，A∧B→C。因此，A∧C→B，与题干不同。

【答案】(C)

11. （2013年在职MBA联考真题）所有景观房都可以看到山水景致，但是李文秉家看不到山水景致，因此，李文秉家不是景观房。

以下哪项和上述论证方式最为类似？

(A) 善良的人都会得到村民的尊重，乐善好施的成公得到了村民的尊重，因此，成公是善良的人。

(B) 东墩市场的蔬菜都非常便宜，这篮蔬菜不是在东墩市场买的，因此，这篮蔬菜不便宜。

(C) 九天公司的员工都会说英语，林英瑞是九天公司的员工，因此，林英瑞会说英语。

(D) 达到基本条件的人都可以申请小额贷款，孙雯没有申请小额贷款，因此，孙雯没有达到基本条件。

(E) 进入复试的考生笔试成绩都在160分以上，王离芬的笔试成绩没有达到160分，因此，王离芬没有进入复试。

【解析】题干：景观房→看到山水，等价于：¬看到山水→¬景观房，李文秉家→¬看到山水，因此，李文秉家→¬景观房。串联可知题干是正确的推理。

符号化：A→B，C→¬B，因此，C→¬A。

(A) 项，A→B，C→B，因此，C→A，与题干不同。

(B) 项，A→B，C→¬A，因此，C→¬B，与题干不同。

(C) 项，A→B，C→A，因此，C→B，与题干不同。

(D) 项，达到基本条件的人"都可以"申请小额贷款，不等于达到基本条件的人"都会"申请小额贷款，故与题干不同。

(E) 项，A→B，C→¬B，因此，C→¬A，与题干相同。

【答案】(E)

12. （2014年在职MBA联考真题）张老师说：这次摸底考试，我们班的学生全都通过了，所以，没有通过的都不是我们班的学生。

以下哪项和以上推理最为相似？

(A) 所有摸底考试通过的学生都好好复习了，所以，好好复习的学生都通过了。

(B) 所有摸底考试没有通过的学生都没有好好复习，所以，没有好好复习的学生都没有通过。

(C) 所有参加摸底考试的学生都经过了认真准备，所以，没有参加摸底考试的学生都没有认真准备。

(D) 英雄都是经得起考验的，所以，经不起考验的就不是英雄。

(E) 有的学生虽然没有好好复习，但是也通过了。

【解析】张老师：我班学生→通过，所以，¬通过→¬我班学生，是正确的推理。

(D) 项，英雄→经得起考验，所以，¬经得起考验→¬英雄，是正确的推理，与题干相似。

其余各项均不正确。

【答案】(D)

题型 29　论证逻辑型结构相似题

命题概率

近 12 年真题命题数量 19 道，平均每年 1.58 道。

母题变化

解题思路

论证逻辑型结构相似题，是对论证、谬误、求因果五法、归纳类比等各种论证逻辑知识的综合考查。

解题步骤：

①读题干，寻找有没有简单命题或者复言命题的关键词，如果没有，则判断为论证逻辑型结构相似题。

②找到题干的论证方式或谬误。

③依次对照选项，找出论证结构与题干相同的选项，或者犯了与题干相同谬误的选项。

典型真题

1. **(2009年管理类联考真题)** 一些人类学家认为，如果不具备应付各种自然环境的能力，人类在史前年代就不可能幸存下来。然而相当多的证据表明，阿法种南猿——一种与早期人类有关的史前物种，在各种自然环境中顽强生存的能力并不亚于史前人类，但最终灭绝了。因此，人类学家的上述观点是错误的。

上述推理的漏洞也类似地出现在以下哪项中？

(A) 大张认识到赌博是有害的，但就是改不掉。因此，"不认识错误就不能改正错误"这一断定是不成立的。

（B）已经找到了证明造成艾克矿难是操作失误的证据。因此，关于艾克矿难起因于设备老化、年久失修的猜测是不成立的。

（C）大李图便宜，买了双旅游鞋，没穿几天就坏了。因此，怀疑"便宜无好货"是没道理的。

（D）既然不怀疑小赵可能考上大学，那就没有理由担心小赵可能考不上大学。

（E）既然怀疑小赵一定能考上大学，那就没有理由怀疑小赵一定考不上大学。

【解析】题干：①人类学家：不具备应付各种自然环境的能力（¬A），不可能幸存（¬B）。②例证：阿法种南猿，具备应付各种自然环境的能力（A），但最终灭绝了（¬B）。所以，人类学家的观点是错误的。

符号化：①¬A→¬B。②例证：A∧¬B。所以①错误。此推论是错误的。

（A）项，①不认识错误（¬A）就不能改正错误（¬B）。②例证：大张认识到赌博是有害的（A），但就是改不掉（¬B）。所以①错误，与题干相同。

（B）项，A的原因是B，所以A的原因不是C，与题干不同。

（C）项，①便宜（A）无好货（¬B）。②例证：大李图便宜（A），不是好货（¬B）。所以①正确，与题干不同。

（D）、（E）项，显然与题干不同。

【答案】（A）

2.（2009年管理类联考真题）主持人：有网友称你为"国学巫师"，也有网友称你为"国学大师"。你认为哪个名称更适合你？

上述提问中的不当也存在于以下各项中，除了：

（A）你要社会主义的低速度，还是资本主义的高速度？

（B）你主张为了发展可以牺牲环境，还是主张宁可不发展也不能破坏环境？

（C）你认为人都自私，还是认为人都不自私？

（D）你认为"9·11"恐怖袭击必然发生，还是认为有可能避免？

（E）你认为中国队必然夺冠，还是认为不可能夺冠？

【解析】题干："国学巫师"与"国学大师"是反对关系而非矛盾关系，提问不当，因为对方可能既不是"国学巫师"，也不是"国学大师"。

（D）项，"必然发生"和"可能避免"（即"可能不发生"）为矛盾关系，与题干不同。

其余各项中的概念均为反对关系，与题干相同。

【答案】（D）

3.（2010年管理类联考真题）化学课上，张老师演示了两个同时进行的教学实验：一个实验是 $KClO_3$ 加热后，有 O_2 缓慢产生；另一个实验是 $KClO_3$ 加热后迅速撒入少量 MnO_2，这时立即有大量的 O_2 产生。张老师由此指出：MnO_2 是 O_2 快速产生的原因。

以下哪项与张老师得出结论的方法类似？

（A）同一品牌的化妆品价格越高卖得就越火。由此可见，消费者喜欢价格高的化妆品。

（B）居里夫人在沥青矿物中提取放射性元素时发现，从一定量的沥青矿物中提取的全部纯铀的放射性强度比同等数量的沥青矿物中放射性强度低数倍。她据此推断，沥青矿物中还存在其他放射性更强的元素。

（C）统计分析发现，30岁至60岁之间，年纪越大，胆子越小。有理由相信：岁月是勇敢的腐蚀剂。

（D）将闹钟放在玻璃罩里，使它打铃，可以听到铃声；然后把玻璃罩里的空气抽空，再使闹钟打铃，就听不到铃声了。由此可见，空气是声音传播的介质。

（E）人们通过对绿藻、蓝藻、红藻的大量观察，发现结构简单、无根叶是藻类植物的主要特征。

【解析】题干使用求异法：

没有 MnO_2：有 O_2 缓慢产生；

加入少量 MnO_2：立即有大量的 O_2 产生；

所以，MnO_2 是 O_2 快速产生的原因。

（A）项，共变法，与题干不同。

（B）项，剩余法，与题干不同。

（C）项，共变法，与题干不同。

（D）项，求异法，与题干相同。

（E）项，求同法，与题干不同。

【答案】（D）

4.（2010年管理类联考真题）湖队是不可能进入决赛的。如果湖队进入决赛，那么太阳就从西边出来了。

以下哪项与上述论证方式最相似？

（A）今天天气不冷。如果冷，湖面怎么结冰了？

（B）语言是不能创造财富的。若语言能够创造财富，则夸夸其谈的人就是世界上最富有的了。

（C）草木之生也柔脆，其死也枯槁。故坚强者死之徒，柔弱者生之徒。

（D）天上是不会掉馅饼的。如果你不相信这一点，那上当受骗是迟早的事。

（E）古典音乐不流行。如果流行，那就说明大众的音乐欣赏水平大大提高了。

【解析】题干：如果湖队进入决赛，那么太阳就从西边出来了。"太阳从西边出来"显然是荒谬的，所以湖队不可能进入决赛（归谬法）。

（B）项，若语言能够创造财富，则夸夸其谈的人就是世界上最富有的了。"夸夸其谈的人是世界上最富有的"显然是荒谬的，所以语言不能创造财富，也是使用归谬法，故与题干相同。

其余各项均与题干的论证方式不相同。

【答案】(B)

5. (2010年管理类联考真题) 学生：IQ和EQ哪个更重要？您能否给我指点一下？

学长：你去书店问问工作人员关于IQ和EQ的书，哪类销得快，哪类就更重要。

以下哪项与题干中的问答方式最为相似？

(A) 员工：我们正制定一个度假方案，你说是在本市好，还是去外地好？

经理：现在年终了，各公司都在安排出去旅游，你去问问其他公司的同行，他们计划去哪里，我们就不去哪里，不凑热闹。

(B) 平平：母亲节那天我准备给妈妈送一份礼物，你说是送花好，还是送巧克力好？

佳佳：你在母亲节前一天去花店看一下，看看买花的人多不多就行了嘛。

(C) 顾客：我准备买一件毛衣，你看颜色是鲜艳一点好，还是素一点好？

店员：这个需要结合自己的性格与穿衣习惯，各人可以有自己的选择与喜好。

(D) 游客：我们前面有两条山路，走哪一条更好？

导游：你仔细看看，哪一条山路上车马的痕迹深，我们就走哪一条。

(E) 学生：我正在准备期末复习，是做教材上的练习重要，还是理解教材内容更重要？

老师：你去问问高年级得分高的同学，他们是否经常背书、做练习。

【解析】学长：关于IQ和EQ的书，哪类销得快，哪类就更重要，学长犯了诉诸众人的逻辑错误。

(A) 项，不是诉诸众人。

(B) 项，诉诸众人，但是题干进行了两类对象的比较，而(B)项没有比较，因此类似度不高。

(C) 项，诉诸未知。

(D) 项，诉诸众人，且有比较，与题干相同。

(E) 项，诉诸权威。

【答案】(D)

6. (2010年管理类联考真题) 克鲁特是德国家喻户晓的"明星"北极熊，北极熊是北极名副其实的霸主，因此，克鲁特是名副其实的北极霸主。

以下除哪项外，均与上述论证中出现的谬误相似？

(A) 儿童是祖国的花朵，小雅是儿童，因此，小雅是祖国的花朵。

(B) 鲁迅的作品不是一天能读完的，《祝福》是鲁迅的作品。因此，《祝福》不是一天能读完的。

(C) 中国人是不怕困难的，我是中国人。因此，我是不怕困难的。

(D) 康怡花园坐落在清水街，清水街的建筑属于违章建筑。因此，康怡花园的建筑属于违章建筑。

（E）西班牙语是外语，外语是普通高等学校招生的必考科目。因此，西班牙语是普通高等学校招生的必考科目。

【解析】题干：克鲁特是德国家喻户晓的"明星"北极熊（类概念）；北极熊（集合概念）是北极名副其实的霸主，所以题干犯了偷换概念的逻辑错误。

也可以认为题干误把事物的全体具有的性质，认为其中每个事物也具有（分解谬误）。

（A）项，儿童（集合概念）是祖国的花朵，小雅是儿童（类概念），偷换概念，与题干相同。

（B）项，鲁迅的作品（集合概念）不是一天能读完的，《祝福》是鲁迅的作品（类概念），偷换概念，与题干相同。

（C）项，中国人（集合概念）是不怕困难的，我是中国人（类概念），偷换概念，与题干相同。

（D）项，康怡花园坐落在清水街（类概念），清水街的建筑（类概念）属于违章建筑，所以此项的推理是正确的，与题干不同。

（E）项，西班牙语是外语（类概念），外语（集合概念）是普通高等学校招生的必考科目，偷换概念，与题干相同。

【答案】（D）

7. （2011年管理类联考真题）一艘远洋帆船载着5位中国人和几位外国人由中国开往欧洲。途中，除5位中国人外，全患上了败血症。同乘一艘船，同样是风餐露宿，漂洋过海，为什么中国人和外国人如此不同呢？原来这5位中国人都有喝茶的习惯，而外国人却没有。于是得出结论：喝茶是这5位中国人未得败血症的原因。

以下哪项和题干中得出结论的方法最为相似？

（A）警察锁定了犯罪嫌疑人，但是从目前掌握的事实看，都不足以证明他犯罪。专案组由此得出结论，必有一种未知的因素潜藏在犯罪嫌疑人身后。

（B）在两块土壤情况基本相同的麦地上，对其中一块施氮肥和钾肥，另一块只施钾肥。结果施氮肥和钾肥的那块麦地的产量远高于另一块。可见，施氮肥是麦地产量较高的原因。

（C）孙悟空："如果打白骨精，师父会念紧箍咒；如果不打，师父就会被妖精吃掉。"孙悟空无奈得出结论："我还是回花果山算了。"

（D）天文学家观测到天王星的运行轨道有特征a、b、c，已知特征a、b分别是由两颗行星甲、乙的吸引所造成的，于是猜想还有一颗未知行星造成天王星的轨道特征c。

（E）一定压力下的一定量气体，温度升高，体积增大；温度降低，体积缩小。气体体积与温度之间存在一定的相关性，说明气体温度的改变是其体积改变的原因。

【解析】题干采用的是求异法：

5位中国人喝茶，没有得败血症；

外国人没有喝茶，得了败血症；

所以，喝茶是这5位中国人未得败血症的原因。

（B）项，与题干一样，也是采用求异法：

施氮肥和钾肥的麦地,产量高;

只施钾肥的麦地,产量低;

所以,施氮肥是麦地产量较高的原因。

(A)项是剩余法,(C)项是二难推理,(D)项是剩余法,(E)项是共变法。

【答案】(B)

8. (2012年管理类联考真题) 居民苏女士在菜市场看到某摊位出售的鹌鹑蛋色泽新鲜、形态圆润,且价格便宜,于是买了一箱。回家后发现有些鹌鹑蛋打不破,甚至丢到地上也摔不坏,再细闻已经打破的鹌鹑蛋,有一股刺鼻的消毒液味道。她投诉至菜市场管理部门,结果一位工作人员声称:鹌鹑蛋目前还没有国家质量标准,无法判定它有质量问题,所以他坚持这箱鹌鹑蛋没有质量问题。

以下哪项与该工作人员得出结论的方式最为相似?

(A) 不能证明宇宙是没有边际的,所以宇宙是有边际的。

(B) "驴友论坛"还没有论坛规范,所以管理人员没有权力删除帖子。

(C) 小偷在逃跑途中跳入2米深的河中,事主认为没有责任,因此不予施救。

(D) 并非外星人不存在,所以外星人存在。

(E) 慈善晚会上的假唱行为不属于商业管理的范围,因此相关部门无法对此进行处罚。

【解析】题干:鹌鹑蛋目前还没有国家质量标准,无法判定它有质量问题,所以这箱鹌鹑蛋没有质量问题。

符号化:不能证明A,所以¬A,犯了诉诸无知的逻辑错误。

(A)项,不能证明A,所以¬A,与题干相同,诉诸无知。

(B)项,没有A,所以不能B,与题干不同。

(D)项,并非外星人不存在=外星人存在。故此项可表述为"外星人存在,因此,外星人存在",犯了循环论证的逻辑错误,与题干不同。

(C)、(E)项,显然均与题干不同。

【答案】(A)

9. (2012年管理类联考真题) 小李将自家护栏边的绿地毁坏,种上了黄瓜。小区物业管理人员发现后,提醒小李:护栏边的绿地是公共绿地,属于小区的所有人。物业为此下发了整改通知书,要求小李限期恢复绿地。小李对此辩称:"我难道不是小区的人吗?护栏边的绿地既然属于小区的所有人,当然也属于我。因此,我有权在自己的土地上种黄瓜。"

以下哪项论证和小李的错误最为相似?

(A) 所有人都要对他的错误行为负责,小梁没有对他的这次行为负责,所以小梁的这次行为没有错误。

(B) 所有参展的兰花在这次博览会上被订购一空,李阳花大价钱买了一盆花。由此可见,李阳买的必定是兰花。

(C) 没有人能够一天读完大仲马的所有作品,没有人能够一天读完《三个火枪手》,因此,《三个火枪手》是大仲马的作品之一。

(D) 所有莫尔碧骑士组成的军队在当时的欧洲是不可战胜的,翼雅王是莫尔碧骑士之一,所以翼雅王在当时的欧洲是不可战胜的。

(E) 任何一个人都不可能掌握当今世界的所有知识,"地心说"不是当今世界的知识,因此,有些人可以掌握"地心说"。

【解析】题干:"公共绿地,属于小区的所有人",此处的"所有人"是个集合概念。集合概念的全体具有的性质,组成集合的个体不一定具有。

题干中小李误认为集合体具有的性质,集合体中的每个个体也具有。

(D) 项,所有莫尔碧骑士组成的军队(集合概念)是不可战胜的,翼雅王是莫尔碧骑士(类概念)之一,所以翼雅王是不可战胜的。此项误认为集合体具有的性质,集合体中的每个个体也具有。故 (D) 项所犯的逻辑错误与题干相同。

其余各项均与题干不同。

【答案】(D)

10. (2012年管理类联考真题) 我国著名的地质学家李四光,在对东北的地质结构进行了长期、深入的调查研究后发现,松辽平原的地质结构与中亚细亚极其相似。他推断,既然中亚细亚蕴藏大量的石油,那么松辽平原很可能也蕴藏着大量的石油。后来,大庆油田的开发证明了李四光的推断是正确的。

以下哪项与李四光的推理方式最为相似?

(A) 他山之石,可以攻玉。

(B) 邻居买彩票中了大奖,小张受此启发,也去买了体育彩票,结果没有中奖。

(C) 某乡镇领导在考察了荷兰等国的花卉市场后认为要大力发展规模经济,回来后组织全乡镇种大葱,结果导致大葱严重滞销。

(D) 每到炎热的夏季,许多商店会腾出一大块地方卖羊毛衫、长袖衬衣、冬靴等冬令商品,进行反季节销售,结果都很有市场。小王受此启发,决定在冬季种植西瓜。

(E) 乌兹别克地区盛产长绒棉。新疆塔里木河流域和乌兹别克地区在日照情况、霜期长短、气温高低、降雨量等方面均相似,科研人员受此启发,将长绒棉移植到塔里木河流域,果然获得了成功。

【解析】李四光采用的是类比论证:松辽平原的地质结构与中亚细亚极其相似,中亚细亚蕴藏大量的石油,所以,松辽平原很可能也蕴藏着大量的石油。

(E) 项,塔里木河流域和乌兹别克地区在日照情况、霜期长短等方面均相似,乌兹别克地区盛产长绒棉,所以,塔里木河流域可能也适合长绒棉。此项也是类比论证,与题干相同。

(D) 项,虽然也是类比论证,但结构与题干的类似程度不如 (E) 项。

其余各项显然均与题干不同。

【答案】(E)

11.（2014年管理类联考真题）李栋善于辩论，也喜欢诡辩。有一次他论证道："郑强知道数字87654321，陈梅家的电话号码正好是87654321，所以郑强知道陈梅家的电话号码。"

以下哪项与李栋论证中所犯的错误最为类似？

（A）中国人是勤劳勇敢的，李岚是中国人，所以李岚是勤劳勇敢的。

（B）金砖是由原子组成的，原子不是肉眼可见的，所以金砖不是肉眼可见的。

（C）黄兵相信晨星在早晨出现，而晨星其实就是暮星，所以黄兵相信暮星在早晨出现。

（D）张冉知道如果1∶0的比分保持到终场，他们的队伍就会出线，现在张冉听到了比赛结束的哨声，所以张冉知道他们的队伍出线了。

（E）所有蚂蚁都是动物，所以所有大蚂蚁都是大动物。

【解析】题干："数字87654321"与"电话号码正好是87654321"不是同一概念，因此，题干犯了偷换概念的逻辑错误。

推理形式为：A 知道 B_1，C 是 B_2，所以，A 知道 C。

（A）项，第一个"中国人"是集合概念，第二个"中国人"是类概念，也犯了偷换概念的逻辑错误，但是，在其推理形式上，不如（C）项更相似。

（B）项，A 由 B 组成，B 具有性质 C，所以，A 具有性质 C，与题干不同。

（C）项，晨星是指"早晨的金星"，暮星是指"傍晚的金星"，存在偷换概念，而且在推理形式上为：A 相信 B_1，B_2 是 C（等价于 C 是 B_2），所以，A 相信 C。故本项与题干最为相似。

（D）项，显然与题干不同。

（E）项，蚂蚁是动物的一种，这里没涉及动物的大小，大蚂蚁只是蚂蚁中大的一种，而不是动物中大的一种，与题干不同。

【答案】（C）

12.（2015年管理类联考真题）研究人员将角膜感觉神经断裂的兔子分为两组：实验组和对照组。他们给实验组兔子注射一种从土壤霉菌中提取的化合物。3周后检查发现，实验组兔子的角膜感觉神经已经复合；而对照组兔子未注射这种化合物，其角膜感觉神经没有复合。研究人员由此得出结论：该化合物可以使兔子断裂的角膜感觉神经复合。

以下哪项与上述研究人员得出结论的方式最为类似？

（A）科学家在北极冰川地区的黄雪中发现了细菌，而该地区的寒冷气候与木卫二的冰冷环境有着惊人的相似。所以，木卫二可能存在生命。

（B）绿色植物在光照充足的环境下能茁壮成长，而在光照不足的环境下只能缓慢生长。所以，光照有助于绿色植物的生长。

（C）一个整数或者是偶数，或者是奇数。0 不是奇数，所以，0 是偶数。

（D）昆虫都有三对足，蜘蛛并非三对足。所以，蜘蛛不是昆虫。

（E）年逾花甲的老王戴上老花眼镜可以读书看报，不戴则视力模糊。所以，年龄大的人都要戴老花眼镜。

【解析】题干用的是求异法，(B) 项也是求异法。

(A) 项，类比。

(C) 项，选言证法。

(D) 项，演绎推理。

(E) 项，例证法。

【答案】(B)

13. (2016年管理类联考真题) 注重对孩子的自然教育，让孩子亲身感受大自然的神奇与美妙，可促进孩子释放天性，激发自身潜能；而缺乏这方面教育的孩子容易变得孤独，道德、情感与认知能力的发展都会受到一定的影响。

以下哪项与以上陈述方式最为类似？

(A) 脱离环境保护搞经济发展是"竭泽而渔"，离开经济发展抓环境保护是"缘木求鱼"。

(B) 只说一种语言的人，首次被诊断出患阿尔茨海默症的平均年龄约为71岁；说双语的人，首次被诊断出患阿尔茨海默症的平均年龄约为76岁；说三种语言的人，首次被诊断出患阿尔茨海默症的平均年龄约为78岁。

(C) 老百姓过去"盼温饱"，现在"盼环保"；过去"求生存"，现在"求生态"。

(D) 注重调查研究，可以让我们掌握第一手资料；闭门造车，只能让我们脱离实际。

(E) 如果孩子完全依赖电子设备来进行学习和生活，将会对环境越来越漠视。

【解析】题干使用求异法：

注重对孩子的自然教育，能激发其自身的潜能；不注重对孩子的自然教育，其发展会受到一定的影响。

(D) 项，注重调查研究，可以掌握第一手资料；闭门造车（即不注重调查研究），会让我们脱离实际。与题干相同。

其余各项显然均与题干不相同。

【答案】(D)

14. (2018年管理类联考真题) 甲：读书最重要的目的是增长知识、开阔视野。

乙：你只见其一，不见其二，读书最重要的是陶冶性情、提升境界。没有陶冶性情、提升境界，就不能达到读书的真正目的。

以下哪项与上述反驳方式最为相似？

(A) 甲：文学创作最重要的是阅读优秀文学作品。

乙：你只见现象，不见本质，文学创作最重要的是观察生活、体验生活。任何优秀的文学作品都来源于火热的社会生活。

(B) 甲：做人最重要的是要讲信用。

乙：你说得不全面，做人最重要的是要遵纪守法。如果不遵纪守法，就没法讲信用。

(C) 甲：作为一部优秀的电视剧，最重要的是能得到广大观众的喜爱。

乙：你只见其表，不见其里，作为一部优秀的电视剧最重要的是具有深刻寓意与艺术魅力。没有深刻寓意与艺术魅力，就不能成为优秀的电视剧。

（D）甲：科学研究最重要的是研究内容的创新。

乙：你只见内容，不见方法，科学研究最重要的是研究方法的创新。只有实现研究方法的创新，才能真正实现研究内容的创新。

（E）甲：一年中最重要的季节是收获的秋天。

乙：你只看结果，不问原因，一年中最重要的季节是播种的春天。没有春天的播种，哪来秋天的收获？

【解析】题干：

甲：读书的目的（A）最重要的是增长知识、开阔视野（B）。

乙：读书的目的（A）最重要的是陶冶性情、提升境界（C）。没有陶冶性情、提升境界（¬C），就达不到读书的目的（¬A）。

（C）项，甲：优秀的电视剧（A）最重要的是能得到广大观众的喜爱（B）。

乙：优秀的电视剧（A）最重要的是具有深刻寓意与艺术魅力（C）。没有深刻寓意与艺术魅力（¬C），就不能成为优秀的电视剧（¬A）。故此项与题干相同。

其余各项均与题干不同。

【答案】（C）

15. （2018年管理类联考真题）甲：知难行易，知然后行。

乙：不对。知易行难，行然后知。

以下哪项与上述对话方式最为相似？

（A）甲：知人者智，自知者明。

乙：不对。知人不易，知己更难。

（B）甲：不破不立，先破后立。

乙：不对。不立不破，先立后破。

（C）甲：想想容易做起来难，做比想更重要。

乙：不对。想到就能做到，想比做更重要。

（D）甲：批评他人易，批评自己难；先批评他人，后批评自己。

乙：不对。批评自己易，批评他人难；先批评自己，后批评他人。

（E）甲：做人难做事易，先做人再做事。

乙：不对。做人易做事难，先做事再做人。

【解析】题干：

甲：知（A）难行（B）易，知（A）然后行（B）。

乙：不对。知（A）易行（B）难，行（B）然后知（A）。

（E）项：

甲：做人（A）难做事（B）易，先做人（A）再做事（B）。

乙：不对。做人（A）易做事（B）难，先做事（B）再做人（A）。

故（E）项与题干相同。

【答案】（E）

16. （2019年管理类联考真题）作为一名环保爱好者，赵博士提倡低碳生活，积极宣传节能减排。但我不赞同他的做法，因为作为一名大学老师，他这样做，占用了大量的科研时间，到现在连副教授都没评上，他的观点怎么能令人信服呢？

以下哪项论证中的错误和上述最为相似？

（A）张某提出要同工同酬，主张在质量相同的情况下，不分年龄、级别一律按件计酬。她这样说不就是因为她年轻、级别低吗？其实她是在为自己谋利益。

（B）公司的绩效奖励制度是为了充分调动广大员工的积极性，它对所有员工都是公平的。如果有人对此有不同的意见，则说明他反对公平。

（C）最近听说你对单位的管理制度提了不少意见，这真令人难以置信！单位领导对你差吗？你这样做，分明是和单位领导过不去。

（D）单位任命李某担任信息科科长，听说你对此有意见。大家都没有提意见，只有你一个人有意见，看来你的意见是有问题的。

（E）有一种观点认为，只有直接看到的事物才能确信其存在。但是没有人可以看到质子、电子，而这些都被科学证明是客观存在的。所以，该观点是错误的。

【解析】题干：赵博士占用大量的科研时间，连副教授都没有评上，因此，他的节能减排的观点不可信。

题干所犯的逻辑谬误为"诉诸人身"，即赵博士连副教授都不是，因此，他的观点不可信。

（A）项，张某太年轻，因此，张某的观点不可信。故此项也犯了诉诸人身的逻辑谬误，与题干相同。

（B）项，绩效奖励制度→公平，反对绩效奖励制度→反对公平，属于形式逻辑错误。

（C）项，诉诸情感。

（D）项，诉诸众人。

（E）项，质子、电子：存在∧¬看到，与"存在→看到"矛盾，可以证明"只有直接看到的事物才能确信其存在"的观点是错误的。因此，此项论证正确。

【答案】（A）

17. （2020年管理类联考真题）学问的本来意义与人的生命、生活有关，但是如果学问成为口号或者教条，就会失去其本来的意义。因此，任何学问都不应该成为口号或者教条。

以下哪项与上述论证方式最为相似？

（A）椎间盘没有血液循环的组织，但是如果要确保其功能正常运转，就需依靠其周围流过的血液提供养分。因此，培养功能正常运转的人工椎间盘应该很困难。

(B) 大脑会改编现实经历，但是如果大脑只是储存现实经历的"文件柜"，就不会对其进行改编。因此，大脑不应该只是储存现实经历的"文件柜"。

(C) 人工智能应该可以判断黑猫和白猫都是猫，但是如果人工智能不预先"消化"大量照片，就无从判断黑猫和白猫都是猫。因此，人工智能必须预先"消化"大量照片。

(D) 机器人没有人类的弱点和偏见，但是只有数据得到正确采集和分析，机器人才不会"主观臆断"。因此，机器人应该也有类似的弱点和偏见。

(E) 历史包含必然性，但是如果坚信历史只包含必然性，就会阻止我们用不断积累的历史数据去证实或证伪它。因此，历史不应该只包含必然性。

【解析】本题考的是归谬法（证假设真）：如果学问成为口号或者教条，就会失去其本来的意义（与"学问的本来意义"矛盾），故，学问不应该成为口号或者教条。

(B) 项，如果大脑只是储存现实经历的"文件柜"，就不会对现实进行改编（与"大脑会改编现实经历"矛盾），故，大脑不应该只是储存现实经历的"文件柜"。所以此项与题干的论证方式相同。

(A) 项，论证中出现了新内容"人工椎间盘"，与题干的论证方式不同。

(C) 项，如果人工智能不预先"消化"大量照片，就无从判断黑猫和白猫都是猫（与"人工智能应该可以判断黑猫和白猫都是猫"矛盾），因此，人工智能必须预先"消化"大量照片。本项是个反证法（证真设假），与题干的论证方式不同。

(D) 项，"只有，才"与题干中的"如果，那么"结构不同。

(E) 项，显然与题干的论证方式不同。

【答案】(B)

18. （2010年在职MBA联考真题）商场调查人员发现，在冬季选购服装时，有些人宁可忍受寒冷也要挑选时尚但并不御寒的衣服。调查人员据此得出结论：为了在众人面前获得仪表堂堂的效果，人们有时宁愿牺牲自己的舒适感。

以下哪项情形与上述论证最相似？

(A) 有些人的工作单位就在住所附近，完全可以步行或骑自行车上下班，但他们仍然购买高档汽车并作为上下班的交通工具。

(B) 有些父母在商场为孩子购买冰鞋时，受到孩子的影响，通常会挑选那些式样新潮的漂亮冰鞋，即使别的种类的冰鞋更安全可靠。

(C) 一对夫妇设宴招待朋友，在挑选葡萄酒时，他们选择了价钱更贵的A型葡萄酒，虽然他们更喜欢喝B型葡萄酒，但他们认为A型葡萄酒可以给宾客留下更深刻的印象。

(D) 有些人在大热天的夜晚睡觉，宁可不使用空调或少使用空调，他们认为这样做不但可以省电，还可以减少因为大量使用空调所导致的对环境的破坏。

(E) 杂技团的管理人员认为，让杂技演员穿上昂贵而又漂亮的服装，才能完美地配合他们的杂技表演，从而更好地感染现场观众。

【解析】题干：人们为了在众人面前获得仪表堂堂的效果，有时宁愿牺牲自己的舒适感，即在"舒适"和"体面"中选择。

（C）项，一对夫妇为了给宾客留下更深刻的印象，选择了价钱更贵的A型葡萄酒，放弃了自己更喜欢喝的B型葡萄酒，即在"舒适"和"体面"中选择，与题干的论证最相似。

（A）项是在"便捷"和"体面"中选择；（B）项是在"体面"和"安全"中选择；（D）项是在"舒适"和"环保"中选择；（E）项不存在选择。

【答案】（C）

19. （2014年在职MBA联考真题）精制糖含量高的食物不会引起后天性糖尿病的说法是不对的。因为精制糖含量高的食物会导致人的肥胖，而肥胖是引起后天性糖尿病的一个重要诱因。

以下哪项与以上论证最为相似？

（A）亚历山大是柏拉图的学生的说法是不对的。事实上，亚历山大是亚里士多德的学生，而亚里士多德是柏拉图的学生。

（B）施肥过度是引发草坪病虫害的主要原因的说法是对的。因为过度施肥会造成青草的疯长，而疯长的青草对于疾病和虫害几乎没有抵抗力。

（C）经常参加剧烈运动的人可能会造成猝死的说法是不对的。因为猝死的原因是心脑血管疾病，而剧烈运动并不一定会造成心脑血管疾病。

（D）接触冷空气易引起感冒的说法是不对的。因为感冒是由病毒引起的，而病毒易在人群拥挤的温暖空气中大量蔓延。

（E）劣质汽油不会引起非正常油耗的说法是不对的。因为劣质汽油会引起发动机阀门的非正常老化，而发动机阀门的非正常老化会引起非正常油耗。

【解析】题干：A不是B的原因是不对的。因为A导致C，而C导致B。

（E）项，劣质汽油不会引起非正常油耗的说法是不对的（A不是B的原因是不对的）。因为劣质汽油会引起发动机阀门的非正常老化（A导致C），而发动机阀门的非正常老化会引起非正常油耗（C导致B）。故（E）项与题干相似。

（A）项，此项不存在因果关系。

其余各项均与题干不相似。

【答案】（E）

第7章 数量关系

题型 30　数量关系的推理

命题概率

近 12 年真题命题数量 19 道，平均每年 1.58 道。

母题变化

◆ 变化 1　一类对象的两次或三次分类问题

解题思路

题干中出现一类对象的两次或三次分类问题，使用九宫格法。

典型真题

1. （2009 年管理类联考真题）某综合性大学只有理科与文科，理科学生多于文科学生，女生多于男生。

如果上述断定为真，则以下哪项关于该大学学生的断定也一定为真？

Ⅰ. 文科的女生多于文科的男生。

Ⅱ. 理科的男生多于文科的男生。

Ⅲ. 理科的女生多于文科的男生。

(A) 仅Ⅰ和Ⅱ。

(B) 仅Ⅲ。

(C) 仅Ⅱ和Ⅲ。

(D) Ⅰ、Ⅱ和Ⅲ。

(E) Ⅰ、Ⅱ和Ⅲ都不一定是真的。

【解析】设某综合性大学的理科女生为 a，文科女生为 b，理科男生为 c，文科男生为 d。根据题干信息，则有表 7-1：

表 7-1

性别\科目	理科	文科
女生	a	b
男生	c	d

①理科学生多于文科学生：$a+c>b+d$。

②女生多于男生：$a+b>c+d$。

①+②得：$2a+b+c>2d+b+c$，故有 $a>d$。

即理科女生多于文科男生，故Ⅲ项一定为真。另外两个复选项不一定为真。

【答案】(B)

2. (2010 年管理类联考真题) 参加某国际学术研讨会的 60 名学者中，亚裔学者 31 人，博士 33 人，非亚裔学者中无博士学位的 4 人。

根据上述陈述，参加此次国际研讨会的亚裔博士有几人？

(A) 1 人。　　　　　　　　(B) 2 人。　　　　　　　　(C) 4 人。
(D) 7 人。　　　　　　　　(E) 8 人。

【解析】设亚裔学者中博士有 a 人，非博士有 c 人；非亚裔学者中博士有 b 人。根据题干信息，可得表 7-2：

表 7-2

学者 60 人	亚裔 31 人	非亚裔 29 人
博士 33 人	a	b
非博士 27 人	c	4

故有：$\begin{cases} c=27-4=23, \\ a=31-c=8, \\ b=29-4=25。 \end{cases}$

所以，亚裔博士有 8 人。

【答案】(E)

3. (2013 年管理类联考真题) 据统计，去年在某校参加高考的 385 名文、理科考生中，女生有 189 人，文科男生有 41 人，非应届男生有 28 人，应届理科考生有 256 人。

由此可见，去年在该校参加高考的考生中：

(A) 非应届文科男生多于 20 人。　　(B) 应届理科女生少于 130 人。
(C) 非应届文科男生少于 20 人。　　(D) 应届理科女生多于 130 人。
(E) 应届理科男生多于 129 人。

【解析】由题意，去年某校参加高考的总人数为 385 人，女生为 189 人，故男生 $=385-189=196$（人）。设应届理科男生为 x 人，应届理科女生为 y 人，应届文科男生为 a 人，非应届文科男生为

b 人，根据题干中的信息，可得表 7-3、表 7-4：

表 7-3

男生 196 人	文科 41 人	理科 155 人
应届生 168 人	a	x
非应届生 28 人	b	

表 7-4

女生 189 人	文科	理科
应届生		y
非应届生		

当 $a=13$，$b=28$ 时，$x_{\max}=168-13=155$，$y_{\min}=256-x_{\max}=256-155=101$；

当 $a=41$，$b=0$ 时，$x_{\min}=168-41=127$，$y_{\max}=256-x_{\min}=256-127=129$。

故，应届理科女生最少有 101 人，最多有 129 人，即（B）项正确。

【答案】(B)

4.（2020 年管理类联考真题）某市 2018 年的人口发展报告显示，该市常住人口 1 170 万，其中常住外来人口 440 万，户籍人口 730 万。从区级人口分布情况来看，该市 G 区常住人口 240 万，居各区之首；H 区常住人口 200 万，位居第二；同时，这两个区也是吸纳外来人口较多的区域，两个区常住外来人口 200 万，占全市常住外来人口的 45% 以上。

根据以上陈述，可以得出以下哪个选项？

(A) 该市 G 区的户籍人口比 H 区的常住外来人口多。
(B) 该市 H 区的户籍人口比 G 区的常住外来人口多。
(C) 该市 H 区的户籍人口比 H 区的常住外来人口多。
(D) 该市 G 区的户籍人口比 G 区的常住外来人口多。
(E) 该市其他各区的常住外来人口都没有 G 区或 H 区的多。

【解析】设 G 区常住外来人口为 a 万人，户籍人口为 b 万人；H 区常住外来人口为 c 万人，户籍人口为 d 万人。根据题干信息，可得表 7-5：

表 7-5

万人

区域 \ 常住人口	常住外来人口 200	户籍人口
G 区 240	a	b
H 区 200	c	d

由上表可得：$\begin{cases} a+b=240 \\ a+c=200 \end{cases}$，两式相减得：$b-c=40$。

故该市 G 区的户籍人口比 H 区的常住外来人口多，即（A）项正确。

【答案】(A)

5. **(2011年在职MBA联考真题)** 某市优化投资环境，2010年累计招商引资10亿元。其中外资5.7亿元，投资第三产业4.6亿元，投资非第三产业5.4亿元。

根据以上陈述，可以得出以下哪项结论？

(A) 投资第三产业的外资大于投资非第三产业的内资。
(B) 投资第三产业的外资小于投资非第三产业的内资。
(C) 投资第三产业的外资等于投资非第三产业的内资。
(D) 投资第三产业的外资和投资非第三产业的内资无法比较大小。
(E) 投资第三产业的外资为4.3亿元。

【解析】设投资第三产业的内资 a 亿元，投资第三产业的外资 b 亿元，投资非第三产业的内资 c 亿元，投资非第三产业的外资 d 亿元。根据题干信息，可得表7-6：

表7-6

总投资10亿元	内资4.3亿元	外资5.7亿元
第三产业4.6亿元	a	b
非第三产业5.4亿元	c	d

故有 $\begin{cases} c+d=5.4 \\ b+d=5.7 \end{cases}$，两式相减得：$b-c=0.3$。

因此，第三产业外资－非第三产业内资＝0.3亿元，即第三产业的外资大于非第三产业的内资，故（A）项正确。

【答案】(A)

6. **(2012年在职MBA联考真题)** 百花山公园是市内最大的市民免费公园，园内种植着奇花异卉以及品种繁多的特色树种。其中，有花植物占大多数。由于地处温带，园内的阔叶树种超过了半数；各种珍稀树种也超过了一般树种。一到春夏之交，鲜花满园；秋收季节，果满枝头。

根据以上陈述，可以得出以下哪项？

(A) 园内珍稀阔叶树种超过了一般非阔叶树种。
(B) 园内阔叶有花植物超过了非阔叶无花植物。
(C) 园内珍稀挂果树种超过了不挂果的一般树种。
(D) 百花山公园的果实市民可以免费采摘。
(E) 园内珍稀有花树种超过了半数。

【解析】题干：有花植物＞无花植物，阔叶树种＞非阔叶树种，珍稀树种＞一般树种。

设珍稀阔叶树种为 a，珍稀非阔叶树种为 b，一般阔叶树种为 c，一般非阔叶树种为 d，如表7-7所示：

表 7-7

	阔叶树种	非阔叶树种
珍稀树种	a	b
一般树种	c	d

(A) 项，由于阔叶树种＞非阔叶树种，即 $a+c>b+d$；珍稀树种＞一般数种，即 $a+b>c+d$。两式相加可得：$a>d$，即珍稀阔叶树种超过了一般非阔叶树种，故此项正确。

(B) 项，无法比较阔叶有花植物与非阔叶无花植物的多少，因为题干信息中，阔叶和非阔叶是对"树"的划分，而不是对"植物"的划分。

(C)、(D) 项，题干没有涉及，无关选项。

(E) 项，与 (B) 项错误相似。

【答案】(A)

变化2　配对问题

解题思路

两两配对问题，使用九宫格法。

7. 在丈夫或妻子至少有一个是中国人的夫妻中，中国女性比中国男性多 2 万人。
如果上述断定为真，则以下哪项一定为真？
Ⅰ. 恰有 2 万名中国女性嫁给了外国人。
Ⅱ. 在和中国人结婚的外国人中，男性多于女性。
Ⅲ. 在和中国人结婚的人中，男性多于女性。
(A) 仅Ⅰ。　　　　　　　　(B) 仅Ⅱ。　　　　　　　　(C) 仅Ⅲ。
(D) 仅Ⅱ和Ⅲ。　　　　　　(E) Ⅰ、Ⅱ和Ⅲ。

【解析】设和中国男性结婚的人中，中国女性为 x 万人，外国女性为 y 万人；和外国男性结婚的人中，中国女性为 a 万人，外国女性为 b 万人。

根据题意，得表 7-8：

表 7-8

男性＼女性	中国女	外国女
中国男	x	y
外国男	a	b

已知中国女性比中国男性多 2 万人，故有：$(x+a)-(x+y)=a-y=2$ 万人。

Ⅰ项，显然不成立。

Ⅱ项，由"$a-y=2$"可知，$a>y$，即在和中国人结婚的外国人中，男性多于女性。故此项成立。

Ⅲ项，由"$(x+a)-(x+y)=2$"，可知 $x+a>x+y$，即在和中国人结婚的人中，男性多于女性。故此项成立。

【答案】(D)

变化3 集合间（概念间）的关系问题

解题思路

（1）子集。

例如：青年女教师是女教师的子集，女教师是教师的子集。

（2）交集。

例如：老吕的学生中女生占一半以上，25岁以下的占一半以上，说明"女生"和"25岁以下的"这两个集合有交集。

典型真题

8. （2015年管理类联考真题）某次讨论会共有18名参会者。已知：

（1）至少有5名青年教师是女性。

（2）至少有6名女教师已过中年。

（3）至少有7名女青年是教师。

根据上述信息，关于参会人员可以得出以下哪项？

(A) 有些青年教师不是女性。　　(B) 有些女青年不是教师。

(C) 青年教师至少有11名。　　(D) 女青年至多有11名。

(E) 女教师至少有13名。

【解析】由条件（2）知，至少有6名中年女教师，由条件（3）知，至少有7名青年女教师，所以女教师至少有13名。故(E)项正确。

【答案】(E)

9. （2012年在职MBA联考真题）"常春藤"通常指美国东部的八所大学。"常春藤"一词一直以来是美国名校的代名词，这八所大学不仅历史悠久、治学严谨，而且教学质量极高。这些学校的毕业生大多数会成为社会精英，他们中的大多数人年薪超过20万美元，有很多政界领袖来自常春藤，更有为数众多的科学家毕业于常春藤。

根据以上陈述，关于常春藤毕业生可以得出以下哪项结论？

(A) 有些社会精英年薪超过20万美元。

(B) 有些政界领袖年薪不足20万美元。

(C) 有些科学家年薪超过20万美元。

(D) 有些政界领袖是社会精英。

(E) 有些科学家成为政界领袖。

【解析】题干中,"这些学校的毕业生大多数会成为社会精英""他们中的大多数人年薪超过20万美元",说明这些学校的毕业生有超过一半的人成为社会精英,也有超过一半的人年薪超过20万美元,故这两类人必然有重合,即(A)项正确。

【答案】(A)

变化4 平均值与加权平均值问题

解题思路

1. 算术平均值的公式: $\bar{x} = \dfrac{x_1 + x_2 + x_3 + \cdots + x_n}{n}$。

2. 加权平均值,即将各数值乘以相应的权数,然后加总求和得到总体值,再除以总的单位数。

例如:一位同学平时测验的成绩为80分,期中考试为90分,期末考试为95分,学校规定的科目成绩的计算方式是:平时测验占20%,期中成绩占30%,期末成绩占50%,那么:

算术平均值 $= \dfrac{80 + 90 + 95}{3} = 88.3$(分)。

加权平均值 $= 80 \times 20\% + 90 \times 30\% + 95 \times 50\% = 90.5$(分)。

典型真题

10. (2014年管理类联考真题)现有甲、乙两所学校,根据上年度的经费实际投入统计,若仅仅比较在校本科生的学生人均经费投入,甲校等于乙校的86%;但若比较所有学生(本科生加上研究生)的人均经费投入,甲校是乙校的118%。各校研究生的人均经费投入均高于本科生。

根据以上信息,最可能得出以下哪项?

(A) 上年度,甲校学生总数多于乙校。
(B) 上年度,甲校研究生人数少于乙校。
(C) 上年度,甲校研究生占该校学生的比例高于乙校。
(D) 上年度,甲校研究生人均经费投入高于乙校。
(E) 上年度,甲校研究生占该校学生的比例高于乙校,或者甲校研究生人均经费投入高于乙校。

【解析】方法一:数学方法。

人均经费 $= \dfrac{\text{人均本科生经费} \times \text{本科生人数} + \text{人均研究生经费} \times \text{研究生人数}}{\text{总人数}}$

$= \dfrac{\text{人均本科生经费} \times \text{本科生比例} \times \text{总人数} + \text{人均研究生经费} \times \text{研究生比例} \times \text{总人数}}{\text{总人数}}$

$=$ 人均本科生经费 $\times$ 本科生比例 $+$ 人均研究生经费 $\times$ 研究生比例。

可见,人均研究生经费和研究生比例都可以影响人均经费,故(E)项为真。

方法二：极端假设法。

假设一种极端情况：甲校本科生1人，平均经费10元；研究生100人，平均经费100元。乙校本科生100人，平均经费15元；研究生1人，平均经费90元。

虽然这个假设的比例与题干并不一致，但趋势是一致的。通过这样的定性，我们可以知道，人均经费比较的趋势，与两种学生占总数的比例是完全可能有关的，与人均经费也是完全可能有关的，但与二者都不是必然相关。

【答案】(E)

11.（2018年管理类联考真题）中国是全球最大的卷烟生产国和消费国，但近年来政府通过出台禁烟令、提高卷烟消费税等一系列公共政策努力改变这一形象。一项权威调查数据显示，在2004年同比上升2.4%之后，中国卷烟消费量在2015年同比下降了2.4%，这是自1995年以来首次下降，尽管如此，2015年中国卷烟消费量仍占全球的45%，但这一下降对全球卷烟总消费量产生巨大影响，使其同比下降了2.1%。

根据以上信息，可以得出以下哪项？
(A) 2015年发达国家卷烟消费量同比下降比率高于发展中国家。
(B) 2015年世界其他国家卷烟消费量同比下降比率低于中国。
(C) 2015年世界其他国家卷烟消费量同比下降比率高于中国。
(D) 2015年中国卷烟消费量大于2013年。
(E) 2015年中国卷烟消费量恰好等于2013年。

【解析】题干：中国卷烟消费量在2015年同比下降了2.4%，使得2015年全球卷烟总消费量同比下降了2.1%。

由平均值的原理可知，中国卷烟消费量下降了2.4%，这说明其他国家卷烟消费量下降比率必须低于2.1%，才能使全球卷烟消费量下降2.1%。所以，其他国家的卷烟消费量下降比率低于2.1%，当然也低于中国（2.4%）。故（B）项正确。

【答案】(B)

12～13题基于以下题干：

某机构对我国东部地区甲、乙、丙三个城市的三类居民住房（按价格从高到低分别是别墅、普通商用房和经济适用房）的平均房价做了调研。公布的信息中有如下内容：按别墅房售价，从高到低是甲城、乙城、丙城；按普通商用房售价，从高到低是甲城、丙城、乙城；按经济适用房售价，从高到低是乙城、甲城、丙城。

12.（2013年在职MBA联考真题）关于以上三个城市的居民住房整体平均价格，以下哪项判断是错误的？
(A) 甲城的居民住房整体平均价格最高。
(B) 乙城的居民住房整体平均价格居中。
(C) 丙城的居民住房整体平均价格最低。
(D) 甲城的居民住房整体平均价格最低。
(E) 乙城的居民住房整体平均价格高于丙城。

【解析】题干中有以下判断：

①别墅价格：甲城＞乙城＞丙城。

②普通商用房价格：甲城＞丙城＞乙城。

③经济适用房价格：乙城＞甲城＞丙城。

此题是一道错题，大多数逻辑辅导书是这样解释的："三种居民住房甲城的价格都高于丙城，所以，甲城的居民住房整体平均价格一定高于丙城，所以（D）项必为假。"但实际上，这是一道加权平均值问题，只知道三种居民住房的价格，并不能确定总体平均价格。我们来看公式：

$$住房平均价格 = \frac{别墅房价格 \times 别墅房面积 + 普通商用房价格 \times 普通商用房面积 + 经济适用房价格 \times 经济适用房面积}{总面积}$$

$$= 别墅房价格 \times \frac{别墅房面积}{总面积} + 普通商用房价格 \times \frac{普通商用房面积}{总面积} + 经济适用房价格 \times \frac{经济适用房面积}{总面积}$$

$$= 别墅房价格 \times 别墅房比例 + 普通商用房价格 \times 普通商用房比例 + 经济适用房价格 \times 经济适用房比例。$$

所以，如果甲城大多数的居民住房是经济适用房，而丙城大多数的居民住房是别墅房，就会出现甲城的居民住房总体平均价格低于丙城的情况。故：模考时我们以（D）项判卷，但实际上此题无正确答案。

【答案】(D)

13. （2013年在职MBA联考真题）要能断定甲城的居民住房整体平均价格最高，仅需要增加以下哪项假定？

Ⅰ. 三个城市在售的经济适用房面积都小于各自总在售居民住房面积的10%。

Ⅱ. 三个城市在售的别墅房、普通商用房、经济适用房面积之比都相同。

Ⅲ. 在售的经济适用房前两名城市的价格差价小于其他类型住房前两名城市的住房差价。

(A) 仅Ⅰ。　　　　　(B) Ⅰ和Ⅱ。　　　　　(C) Ⅰ和Ⅲ。

(D) Ⅱ和Ⅲ。　　　　(E) Ⅰ、Ⅱ、Ⅲ。

【解析】结合上题分析，可知要判断平均价格的高低，既要看价格，又要看面积比。只有Ⅲ项涉及价格，必选。Ⅰ项和Ⅱ项都涉及了面积比，故需分析。

若Ⅰ项为真，无法断定别墅房和普通商用房的比例，例如：

甲城：别墅房占1%，普通商用房占98%，经济适用房占1%。

乙城：别墅房占98%，普通商用房占1%，经济适用房占1%。

此例符合Ⅰ项的断定，但由于乙城别墅房占比极大，所以很可能乙城住房整体平均价格高于甲城。

若Ⅱ项为真，则别墅房、普通商用房、经济适用房的比例相等，则只需要考虑价格问题。此时，甲城的三种住房价格均高于丙城，故甲城的居民住房整体平均价格高于丙城。联立Ⅲ项可知，经济适用房乙城与甲城的价差，低于其他两种住房甲城与乙城的价差，故，甲城的居民住房整体平均价格高于乙城。

综上，Ⅱ项和Ⅲ项必须假设。

【答案】(D)

变化5 比率与增长率问题

解题思路

1. 比率题的解题思路

比率 = $\dfrac{\text{分子}}{\text{分母}}$，当比率出现变化时，要分析分子和分母变化对这个比率的影响。

2. 增长率问题

设基础数量为 a，平均增长率为 x，增长了 n 期（n 年、n 月、n 周等），期末值设为 b，则有 $b = a(1+x)^n$。

典型真题

14.（2014年管理类联考真题）近10年来，某电脑公司的个人笔记本电脑的销量持续增长，但其增长率低于该公司所有产品总销量的增长率。

以下哪项关于该公司的陈述与上述信息相冲突？

(A) 近10年来，该公司个人笔记本电脑的销量每年略有增长。

(B) 个人笔记本电脑的销量占该公司产品总销量的比例近10年来由68%上升到72%。

(C) 近10年来，该公司产品总销量增长率与个人笔记本电脑的销量增长率每年同时增长。

(D) 近10年来，该公司个人笔记本电脑的销量占该公司产品总销量的比例逐年下降。

(E) 个人笔记本电脑的销量占该公司产品总销量的比例近10年来由64%下降到49%。

【解析】题干：近10年来，某电脑公司的个人笔记本电脑的销量持续增长，但其增长率低于该公司所有产品总销量的增长率。

(A) 项，"略有增长"与题干中"持续增长"并不矛盾，可能为真。

(B) 项，个人笔记本电脑销量占比 = $\dfrac{\text{个人笔记本销量}}{\text{总销量}}$，分数值变大，说明分子的增长比例大于分母的增长比例，与题干矛盾。

(C) 项，"同时增长"只是时间上的同步，有可能个人笔记本电脑的销量增长率低于所有产品总销量的增长率，可能为真。

(D)、(E) 项，个人笔记本电脑销量占比 = $\dfrac{\text{个人笔记本销量}}{\text{总销量}}$，分数值变小，可能是分子的增长率小于分母的增长率，故可能为真。

【答案】(B)

15.（2017年管理类联考真题）很多成年人对于儿时熟悉的《唐诗三百首》中的许多名诗，常常仅记得几句名句，而不知诗作者或者诗名。甲校中文系硕士生只有三个年级，每个年级人数相等。统计发现，一年级学生都能把该书中的名句与诗名及其作者对应起来；二年级 2/3 的学生能把该书中的名句与作者对应起来；三年级 1/3 的学生不能把该书中的名句与诗名对应起来。

根据上述信息，关于该校中文系硕士生，可以得出以下哪项？

(A) 1/3 以上的硕士生不能将该书中的名句与诗名或作者对应起来。

(B) 大部分硕士生能将该书中的名句与诗名及其作者对应起来。

(C) 1/3 以上的一、二年级学生不能把该书中的名句与作者对应起来。

(D) 2/3 以上的一、二年级学生不能把该书中的名句与诗名对应起来。

(E) 2/3 以上的一、三年级学生能把该书中的名句与诗名对应起来。

【解析】采用赋值法,设三个年级的人数各有3人,则有表 7-9:

表 7-9

人

项目 年级	名句与诗名对应		名句与作者对应	
	能	不能	能	不能
一年级	3	0	3	0
二年级	?	?	2	1
三年级	2	1	?	?

(A) 项,无法推出,题干信息未提及二年级学生能够将名句与诗名对应的比例和三年级学生能够将名句与作者对应的比例。

(B) 项,由题干信息无法推出此项。

(C) 项,不能将名句与作者对应起来的一、二年级学生比例 $=\dfrac{0+1}{6}=\dfrac{1}{6}<\dfrac{1}{3}$,无法推出。

(D) 项,无法推出,题干信息未提及二年级学生能够将名句与诗名对应的比例。

(E) 项,能将名句与诗名对应起来的一、三年级学生比例 $=\dfrac{3+2}{6}=\dfrac{5}{6}>\dfrac{2}{3}$,可以推出。

【答案】(E)

16. (2009 年在职 MBA 联考真题) 大唐股份有限公司由甲、乙、丙、丁四个子公司组成,每个子公司承担的上缴利润份额与每年该子公司员工占公司总员工数的比例相等。例如,如果某年甲公司员工占总员工的比例是 20%,则当年总公司计划总利润的 20% 须由甲公司承担上缴。但是去年该公司的财务报告却显示,甲公司在员工数量增加的同时向总公司上缴利润的比例却下降了。

如果上述财务报告为真,则以下哪项一定为真?

(A) 甲公司员工增长的比例比前一年小。

(B) 乙、丙、丁公司员工增长的比例都超过了甲公司员工增长的比例。

(C) 甲公司员工增长的比例至少比其他三个子公司中的一个小。

(D) 在四个子公司中,甲公司的员工增长数是最小的。

(E) 在四个子公司中,甲公司的员工数量最少。

【解析】根据题干中的推理,甲公司向总公司上缴利润的比例下降,说明甲公司的员工数量占公司总人数的比例下降了。因为甲公司的员工数量增加了,说明乙、丙、丁中至少有一个公司的员工数量增加比例大于甲公司,即 (C) 项正确。

【答案】(C)

17.（2011年在职MBA联考真题）今年上半年的统计数字表明：甲省CPI在三个月环比上涨1.8%以后，又连续三个月下降1.7%，同期乙省CPI连续三个月环比下降1.7%之后，又连续三个月上涨1.8%。

假若去年12月甲、乙两省的CPI相同，则以下哪项判断不为真？
(A) 今年2月份甲省比乙省的CPI高。
(B) 今年3月份甲省比乙省的CPI高。
(C) 今年4月份甲省比乙省的CPI高。
(D) 今年5月份甲省比乙省的CPI高。
(E) 今年6月份甲省比乙省的CPI高。

【解析】设去年12月份甲、乙两省的CPI均为a，则今年6月份：

甲省CPI：$a(1+1.8\%)^3(1-1.7\%)^3$。

乙省CPI：$a(1-1.7\%)^3(1+1.8\%)^3$。

故甲、乙两省今年6月份的CPI相等，且在今年6月份之前，甲省比乙省的CPI高。故（E）项不为真。

【答案】(E)

◆ 变化6　其他数字问题

18.（2016年管理类联考真题）古人以干支纪年。甲乙丙丁戊己庚辛壬癸为十干，也称天干。子丑寅卯辰巳午未申酉戌亥为十二支，也称地支。顺次以天干配地支，如甲子、乙丑、丙寅、……、癸酉、甲戌、乙亥、丙子等，六十年重复一次，俗称六十花甲子。根据干支纪年，公元2014年为甲午年，公元2015年为乙未年。

根据以上陈述，可以得出以下哪项？
(A) 现代人已不用干支纪年。
(B) 21世纪会有甲丑年。
(C) 干支纪年有利于农事。
(D) 根据干支纪年，公元2024年为甲寅年。
(E) 根据干支纪年，公元2087年为丁未年。

【解析】(A) 项，题干没有提及，无关选项。

(B) 项，根据干支纪年法，天干有10个、地支有12个，因此，天干每过一个循环，会与地支错两位，即会出现甲子、甲寅、甲辰、甲午等年份，但不会出现甲丑年，(B) 项错误。

(C) 项，题干没有提及，无关选项。

(D) 项，从2014年往后数10年可知，2024年为甲辰年，(D) 项错误。

(E) 项，60年一个轮回，2027年为丁未年，故2087年也是丁未年，(E) 项正确。

【答案】(E)

19.（2010年在职MBA联考真题）昨天是小红的生日，后天是小伟的生日。他俩的生日距星期天同样远。

如果上述断定为真，那么今天是星期几？

(A) 今天是星期五。　　　　　(B) 今天是星期一。
(C) 今天是星期二。　　　　　(D) 今天是星期三。
(E) 今天是星期四。

【解析】距离星期天同样远的有三组：星期一和星期六、星期二和星期五、星期三和星期四。由于昨天和后天相隔两天，所以小红的生日是星期二，小伟的生日是星期五，故今天是星期三。

【答案】(D)

20. （2011年在职MBA联考真题）某市为了减少交通堵塞，采取如下限行措施：周一到周五的工作日，非商用车按尾号0、5、1、6、2、7、3、8、4、9分五组按顺序分别限行一天，双休日和法定假日不限行。对违反规定者要罚款。

关于该市居民出行的以下描述中，除哪项外，都可能不违反限行规定？
(A) 赵一开着一辆尾数为1的商用车，每天都在路上跑。
(B) 钱二有两辆私家车，尾号都不相同，每天都开车。
(C) 张三与邻居共有三辆私家车，尾号都不相同，他们合作每天有两辆车开。
(D) 李四、张三与两个邻居共有五辆私家车，尾号都不相同，他们合作每天有四辆车开。
(E) 王五与三个邻居共有六辆私家车，尾号都不相同，他们合作每天有五辆车开。

【解析】题干：
①非商用车按尾号0、5、1、6、2、7、3、8、4、9分五组按顺序分别限行一天。
②双休日和法定假日不限行。
(A) 项，可能不违反规定，因为题干中限行的是非商用车，不涉及商用车是否限行。
(B) 项，可能不违反规定，因为有可能一辆车限行时，开另外一辆不限行的车。
(C) 项，可能不违反规定，如果三辆车，每天最多有一辆车限行，则可以开另外两辆车。
(D) 项，可能不违反规定，如果五辆车的限行时间分别是周一到周五，则每天有四辆车不限行。
(E) 项，必然违反规定，因为有六辆车，至少有两辆车会在同一天限行，这一天最多开四辆车。

【答案】(E)

题型 31　数量关系的削弱

命题概率

近12年真题命题数量6道，平均每年0.5道。

母题变化

变化1 平均值陷阱

解题思路

1. 算术平均值的公式：$\bar{x}=\dfrac{x_1+x_2+x_3+\cdots+x_n}{n}$。

2. 平均值的状况不能代表个体的状况，个体的状况也不能代表平均值的状况。

典型真题

1.（2011年管理类联考真题）受多元文化和价值观的冲击，甲国居民的离婚率明显上升。最近一项调查表明，甲国的平均婚姻存续时间为8年。张先生为此感慨，现在像钻石婚、金婚、白头偕老这样的美丽故事已经很难得了，人们淳朴的爱情婚姻观一去不复返了。

以下哪项如果为真，最可能表明张先生的理解不确切？

（A）现在有不少闪婚一族，他们经常在很短的时间里结婚又离婚。

（B）婚姻存续时间长并不意味着婚姻的质量高。

（C）过去的婚姻主要由父母包办，现在主要是自由恋爱。

（D）尽管婚姻存续时间短，但年轻人谈恋爱的时间比以前增加很多。

（E）婚姻是爱情的坟墓，美丽感人的故事更多体现在恋爱中。

【解析】题干：甲国的平均婚姻存续时间为8年 $\xrightarrow{\text{证明}}$ 现在像钻石婚、金婚、白头偕老等存续时间长的婚姻已经很难得了。

甲国的平均婚姻存续时间短，不代表"存续时间长的婚姻"变少了，可能是"存续时间短的婚姻"变多了。

（A）项，说明平均婚姻存续时间短，是因为闪婚一族的影响，而不是金婚等存续时间长的婚姻变少了，另有他因，表明张先生的理解不确切。

其余各项均为无关选项，题干论证不涉及这些选项中的"婚姻的质量""爱情婚姻观念""谈恋爱时间"和"婚姻与恋爱的关系"。

【答案】（A）

2.（2014年管理类联考真题）已知某班共有25位同学，女生中身高最高者与最低者相差10厘米，男生中身高最高者与最低者相差15厘米。小明认为，根据已知信息，只要再知道男生、女生最高者的具体身高，或者再知道男生、女生的平均身高，均可确定全班同学中身高最高者与最低者之间的差距。

以下哪项如果为真，最能构成对小明观点的反驳？

（A）根据已知信息，如果不能确定全班同学中身高最高者与最低者之间的差距，则也不能确定男生、女生身高最高者的具体身高。

（B）根据已知信息，即使确定了全班同学中身高最高者与最低者之间的差距，也不能确定男生、女生的平均身高。

（C）根据已知信息，如果不能确定全班同学中身高最高者与最低者之间的差距，则既不能确定男生、女生身高最高者的具体身高，也不能确定男生、女生的平均身高。

（D）根据已知信息，尽管再知道男生、女生的平均身高，也不能确定全班同学中身高最高者与最低者之间的差距。

（E）根据已知信息，仅仅再知道男生、女生最高者的具体身高，就能确定全班同学中身高最高者与最低者之间的差距。

【解析】题干涉及以下四组数据：
①女生中身高最高者与最低者相差10厘米。
②男生中身高最高者与最低者相差15厘米。
③男生、女生最高者的具体身高。
④男生、女生的平均身高。

小明认为由①、②、③或者①、②、④均可确定"全班同学中身高最高者与最低者之间的差距"。

但实际上，由①、②、④无法确定"全班同学中身高最高者与最低者之间的差距"。故（D）项正确。

【答案】（D）

变化2 比率陷阱

> **解题思路**
>
> 比率 = $\dfrac{分子}{分母}$，当比率出现变化时，要分析分子和分母变化对这个比率的影响，而不能仅仅分析分子或分母。

典型真题

3. （2018年管理类联考真题）最近一项调研发现，某国30岁至45岁人群中，去医院治疗冠心病、骨质疏松等病症的人越来越多，而原来患有这些病症的大多是老年人。调研者由此认为，该国年轻人中"老年病"发病率有不断增加的趋势。

以下哪项如果为真，最能质疑上述调研结论？

（A）由于国家医疗保障水平的提高，相比以往，该国民众更有条件关注自己的身体健康。
（B）"老年人"的最低年龄比以前提高了，"老年病"的患者范围也有所变化。
（C）近年来，由于大量移民涌入，该国45岁以下年轻人的数量急剧增加。
（D）尽管冠心病、骨质疏松等病症是常见的"老年病"，但老年人患的病未必都是"老年病"。
（E）近几十年来，该国人口老龄化严重，但健康老龄人口的比重在不断增大。

【解析】题干：某国30岁至45岁人群中，去医院治疗冠心病、骨质疏松等病症的人越来越多，而原来患有这些病症的大多是老年人 —证明→ 该国年轻人中"老年病"发病率有不断增加的趋势。

因为，发病率 = $\dfrac{\text{发病人数}}{\text{总人数}}$，因此，仅由分子"发病人数"增加，无法说明发病率提高，在分母变大的情况下，发病率可能反而会降低。

（C）项，说明年轻人的总量增加，使分母变大，故发病率可能会降低，削弱题干。

其余各项均为无关选项，故不能削弱题干。

【答案】（C）

4. （2009 年在职 MBA 联考真题）H 地区 95％的海洛因成瘾者在尝试海洛因前曾吸食过大麻。因此，该地区吸大麻的人数如果能减少一半，新的海洛因成瘾者将显著减少。

以下哪项如果为真，最能削弱上述论证？

（A）长期吸食大麻可能导致海洛因成瘾。
（B）吸毒者可以通过积极地治疗而戒毒。
（C）H 地区吸大麻的人成为海洛因成瘾者的比例很小。
（D）大麻和海洛因都是通过相同的非法渠道获得。
（E）大麻吸食者的戒毒方法与海洛因成瘾者的戒毒方法是不同的。

【解析】题干：95％的海洛因成瘾者在尝试海洛因前曾吸食过大麻 $\xrightarrow{\text{证明}}$ 吸大麻的人数如果能减少一半，新的海洛因成瘾者将显著减少。

题干中的前提是海洛因成瘾者中吸食大麻的比例，而结论依赖的却是吸食大麻者中海洛因成瘾者的比例，不是同一比例。如果"吸大麻的人成为海洛因成瘾者的比例很小"，题干中的结论就可能无法成立，故（C）项正确。

【答案】（C）

5. （2012 年在职 MBA 联考真题）一份研究报告显示，北大干部子女的比例从 20 世纪 80 年代的 20％以上增至 1997 年的近 40％，超过工人、农民和专业技术人员子女，成为最大的学生来源。有媒体据此认为，北大学生中干部子女比例 20 年来不断攀升，远超其他阶层。

以下哪项如果为真，最能质疑上述媒体的观点？

（A）近 20 年统计中的干部许多是企业干部，以前只包括政府机关的干部。
（B）相较于国外，中国教育为工农子女提供了更多受教育及社会流动的机会。
（C）新中国成立后，越来越多的工农子女进入大学。
（D）统计中部分工人子女可能是以前的农民子女。
（E）事实上进入美国精英大学的社会下层子女也越来越少。

【解析】题干：北大干部子女的比例从 20 世纪 80 年代的 20％以上增至 1997 年的近 40％，超过工人、农民和专业技术人员子女 $\xrightarrow{\text{证明}}$ 北大学生中干部子女比例 20 年来不断攀升，远超其他阶层。

（A）项，统计中干部子女比例的提高，是因为统计标准变了，而不是干部子女的比例攀升了，故能削弱媒体的观点。

其余各项均为无关选项。

【答案】（A）

6.（2013年在职MBA联考真题）利兹鱼生活在距今约1.65亿年前的侏罗纪中期，是恐龙时代一种体形巨大的鱼类。利兹鱼在出生后20年内可长到9米长，平均寿命40年左右，最大的体长甚至可达到16.5米。这个体形与现代最大的鱼类鲸鲨相当，而鲸鲨的平均寿命约为70年，因此利兹鱼的生长速度很可能超过鲸鲨。

以下哪项如果为真，最能反驳上述论证？

(A) 利兹鱼和鲸鲨都以海洋中的浮游生物、小型动物为食，生长速度不可能有大的差异。
(B) 利兹鱼和鲸鲨尽管寿命相差很大，但是它们均在20岁左右达到成年，体形基本定型。
(C) 鱼类尽管寿命长短不同，但其生长阶段基本上与其幼年、成年、中老年相应。
(D) 侏罗纪时期的鱼类和现代鱼类其生长周期没有明显变化。
(E) 远古时期的海洋环境和今天的海洋环境存在很大的差异。

【解析】题干：

①利兹鱼与鲸鲨体形相当。

②利兹鱼的平均寿命为40年左右，而鲸鲨的平均寿命约为70年 —证明→ 利兹鱼的生长速度很可能超过鲸鲨。

$$生长速度 = \frac{体形}{生长时间}。$$

题干指出利兹鱼与鲸鲨体形相当（即分子相同），寿命不同，但是"寿命"不代表"生长时间"。

(A) 项，此项中的"不可能"表达的是一种猜测语气，削弱力度弱。

(B) 项，削弱题干，指出二者的生长时间是相同的（即分母也相同），所以生长速度也应该是相同的。

(C) 项，不能削弱题干，因为我们并不能确定题干中两种鱼的"幼年、成年、中老年"时间是多长，因此就无法计算生长速度。

(D)、(E) 项，均为无关选项。

【答案】(B)

题型32 数量关系的假设

命题概率

近12年真题命题数量2道，平均每年0.17道。

母题变化

解题思路

1. 数量关系型假设题是对简单数学公式的考查,例如:平均值、增长率、比例、两个对象的和与差等,建议用数学思维做这样的试题。
2. 很多数量关系型假设题是可能型假设(或充分型假设),找到能使题干成立的数学公式即可。

典型真题

1. (2009年管理类联考真题)某地区过去三年日常生活必需品平均价格增长了30%。在同一时期,购买日常生活必需品的开支占家庭平均月收入的比例并未发生变化。因此,过去三年家庭平均收入一定也增长了30%。

以下哪项最可能是上述论证所假设的?

(A) 在过去的三年中,平均每个家庭购买的日常生活必需品数量和质量没有变化。

(B) 在过去的三年中,除生活必需品外,其他商品平均价格的增长低于30%。

(C) 在过去的三年中,该地区家庭数量增长了30%。

(D) 在过去的三年中,家庭用于购买高档消费品的平均开支明显减少。

(E) 在过去的三年中,家庭平均生活水平下降了。

【解析】题干:

①日常生活必需品平均价格增长了30%。

②购买日常生活必需品的开支占家庭平均月收入的比例并未发生变化——证明→家庭平均收入一定也增长了30%。

因为,支出=价格×购买数量,显然题干暗含一个假设:平均每个家庭购买的日常生活必需品数量和质量没有变化,否则,如果平均每个家庭购买的日常生活必需品数量和质量有变化(提升或者下降),则不能推出题干中的结论(取非法),故(A)项必须假设。

【答案】(A)

2. (2014年在职MBA联考真题)在过去的五年中,W市的食品价格平均上涨了25%。与此同时,居民购买食品的支出占该市家庭月收入的比例却仅仅上涨了约8%。因此,过去两年间W市家庭的平均收入上涨了。

以下哪项最有可能是上述论证的假设?

(A) 在过去五年中,W市的家庭生活水平普遍有所提高。

(B) 在过去五年中,W市除了食品外,其他商品平均价格上涨了25%。

(C) 在过去五年中,W市居民购买食品数量增加了8%。

(D) 在过去五年中,W市每个家庭年购买的食品数量没有变化。

(E) 在过去五年中,W市每个家庭年购买的食品数量减少了。

【解析】题干：W市的食品价格平均上涨了25%，居民购买食品的支出占该市家庭月收入的比例仅上涨了约8% —证明→ W市家庭的平均收入上涨了。

支出＝价格×数量。

所以，若平均每个家庭购买食品的数量没有变化，则根据W市的食品价格平均上涨了25%，可知W市市民的食品支出上涨了25%，而其食品支出占月收入的比例仅上涨了约8%，可说明W市家庭的平均收入上涨了。故（D）项正确。

（A）项，无关选项。

（B）项，无关选项。

（C）项，有助于说明W市家庭的平均收入上涨，但并不是题干的隐含假设。

（E）项，根据"支出＝价格×数量"，即使"食品价格平均上涨了25%"，如果购买的食品数量减少，那么其食品总支出也未必上涨，因此就无法由食品支出占月收入的比例推测W市家庭的收入情况，削弱题干。

【答案】（D）

题型33　数量关系的解释

命题概率

近12年真题命题数量4道，平均每年0.33道。

母题变化

解题思路

1. 数量关系型解释题的结构

数量关系型的题目，涉及一些简单的数学公式，常见比例、利润、增长率、平均值等，用数学的思维解这类题目，会变得相当简单。

2. 解题步骤

①读题干，若题干涉及利润、增长率、比例、平均值等数字关系，可认定是数量关系型解释题。

②判断适用题干的基本数学公式。

③找到造成题干中数量关系的原因。

典型真题

1. （2010年管理类联考真题） 成品油生产商的利润在很大程度上受国际市场原油价格的影响，因为大部分原油是按国际市场价购进的。近年来，随着国际原油市场价格的不断提高，成品油生产商的运营成本大幅度增加，但某国成品油生产商的利润并没有减少，反而增加了。

以下哪项如果为真，最有助于解释上述看似矛盾的现象？

（A）原油成本只占成品油生产商运营成本的一半。

（B）该国成品油价格根据市场供需确定，随着国际原油市场价格的上涨，该国政府为成品油生产商提供相应的补贴。

（C）在国际原油市场价格不断上涨期间，该国成品油生产商降低了个别高薪雇员的工资。

（D）在国际原油市场价格上涨之后，除进口成本增加外，成品油生产的其他成本也有所提高。

（E）该国成品油生产商的原油有一部分来自国内，这部分受国际市场价格波动影响较小。

【解析】需要解释的矛盾：随着国际市场原油价格的不断提高，成品油生产商的运营成本大幅度增加，但是，成品油生产商的利润反而增加了。

利润＝收入－成本。

所以，只需要指出收入提高，即可解释题干中的矛盾。

（B）项，指出政府为成品油生产商提供了补助，使其收入提高，故（B）项可以解释题干中的矛盾。

其余各项均不能解释题干中的矛盾现象。

【答案】（B）

2. （2011年管理类联考真题） 2010年某省物价总水平仅上涨2.4%，涨势比较温和，涨幅甚至比2009年回落了0.6个百分点。可是，普通民众觉得物价涨幅较高，一些统计数据也表明，民众的感觉有据可依。2010年某月的统计报告显示，该月禽蛋类商品价格涨幅达12.3%，某些反季节蔬菜涨幅甚至超过20%。

以下哪项如果为真，最能解释上述看似矛盾的现象？

（A）人们对数据的认识存在偏差，不同来源的统计数据会产生不同的结果。

（B）影响居民消费品价格总水平变动的各种因素互相交织。

（C）虽然部分日常消费品涨幅很小，但居民感觉很明显。

（D）在物价指数体系中占相当权重的工业消费品价格持续走低。

（E）不同的家庭，其收入水平、消费偏好、消费结构都有很大的差异。

【解析】题干中的矛盾：2010年某省物价总水平仅上涨2.4%，涨势比较温和，涨幅甚至比2009年回落了0.6个百分点，但是普通民众觉得物价涨幅较高。

（A）项，在解释题中，默认题干中的信息为真。而此项说明数据来源不准确，存在对题干的质疑，因此不能解释题干中的矛盾。

（D）项，指出由于工业消费品在物价指数体系中的权重较大，而这一部分消费品又不是民众感觉的主要来源，这就很好地解释了题干中看似矛盾的现象。

（B）、（C）、（E）项，无关选项，不能解释题干中的矛盾。

【答案】（D）

3. （2013年管理类联考真题）某大学的哲学学院和管理学院今年招聘新教师，招聘结束后受到了女权主义代表的批评，因为他们在12名女性应聘者中录用了6名，但在12名男性应聘者中却录用了7名。该大学对此解释说，今年招聘新教师的两个学院中，女性应聘者的录用率都高于男性的录用率。具体的情况是：哲学学院在8名女性应聘者中录用了3名，而在3名男性应聘者中录用了1名；管理学院在4名女性应聘者中录用了3名，而在9名男性应聘者中录用了6名。

　　以下哪项最有助于解释女权主义代表和该大学之间的分歧？

　　（A）各个局部都具有的性质在整体上未必具有。

　　（B）人们往往从整体角度考虑问题，不管局部如何，最终的整体结果才是最重要的。

　　（C）有些数学规则不能解释社会现象。

　　（D）现代社会提倡男女平等，但实际执行中还是有一定难度。

　　（E）整体并不是局部的简单相加。

　　【解析】女权主义代表认为：该学校的教师应聘者中，女性录取率低于男性录取率，故歧视女性。

　　校方认为：管理学院和哲学学院的教师应聘者中，女性录取率均高于男性录取率，故没有歧视女性。

　　校方认为局部具有的性质，整体也具有，故（A）项正确。

　　【答案】（A）

4. （2009年在职MBA联考真题）大投资的所谓巨片的票房收入，一般是影片制作与商业宣传总成本的2至3倍。但是电影产业的年收入大部分来自中小投资的影片。

　　以下哪项如果为真，最能解释题干中的现象？

　　（A）大投资的巨片中确实不乏精品。

　　（B）大投资巨片的票价明显高于中小投资的影片。

　　（C）对观众的调查显示，大投资巨片的平均受欢迎程度并不高于中小投资的影片。

　　（D）票房收入不是评价影片质量的主要标准。

　　（E）投入市场的影片中，大部分是中小投资的影片。

　　【解析】要解释的矛盾：巨片能带来2至3倍的收益，但是电影产业的年收入大部分来自中小投资的影片。

$$总收益＝平均单部电影收益×电影数量。$$

　　显然，只需要指出中小投资的影片的上映数量大于巨片的上映数量即可，即（E）项正确。

　　【答案】（E）

第 3 部分

综合推理

第8章　综合推理

题型 34　排序题

命题概率

近 12 年真题命题数量 8 道，平均每年 0.67 道。

母题变化

◆ 变化 1　排序题

解题思路

排序题是综合推理中的一种简单题型。题干给出一组对象的大小关系，从中推出具体的排序。
（1）常采用以下步骤：
①转化为不等式。
②将能串联的不等式串联，不能串联的放一边。
③判断选项的正确性。
（2）优先考虑选项排除法。

典型真题

1. （2011年管理类联考真题）某次认知能力测试，刘强得了 118 分，蒋明的得分比王丽高，张华和刘强的得分之和大于蒋明和王丽的得分之和，刘强的得分比周梅高。此次测试 120 分以上为优秀，五人之中有两人没有达到优秀。
根据以上信息，以下哪项是上述五人在此次测试中得分由高到低的排列？
(A) 张华、王丽、周梅、蒋明、刘强。
(B) 张华、蒋明、王丽、刘强、周梅。
(C) 张华、蒋明、刘强、王丽、周梅。
(D) 蒋明、张华、王丽、刘强、周梅。
(E) 蒋明、王丽、张华、刘强、周梅。

【解析】题干有以下信息：

①刘强＝118分。

②蒋明＞王丽。

③张华＋刘强＞蒋明＋王丽。

④刘强＞周梅。

⑤120分以上为优秀。

⑥五人之中有两人没有达到优秀。

由①、④、⑥知，第四名为刘强，第五名为周梅，排除（A）、（C）项。

再由③张华＋刘强＞蒋明＋王丽，因为这四人中刘强的得分最低，所以张华的得分最高，排除（D）、（E）项。

故（B）项正确。

【答案】（B）

2～3题基于以下题干：

丰收公司邢经理需要在下个月赴湖北、湖南、安徽、江西、江苏、浙江、福建7省进行市场需求调研，各省均调研一次。他的行程需满足如下条件：

（1）第一个或最后一个调研江西省。

（2）调研安徽省的时间早于浙江省，在这两省的调研之间调研除了福建省的另外两省。

（3）调研福建省的时间安排在调研浙江省之前或刚好调研完浙江省之后。

（4）第三个调研江苏省。

2.（2017年管理类联考真题） 如果邢经理首先赴安徽省调研，则关于他的行程，可以确定以下哪项？

（A）第二个调研湖北省。　　　　　（B）第二个调研湖南省。

（C）第五个调研福建省。　　　　　（D）第五个调研湖北省。

（E）第五个调研浙江省。

【解析】已知邢经理第一个调研安徽省，由题干条件（2）可知，第四个调研浙江省。

再由题干条件（2）和（3）可知，福建省只能安排在浙江省之后，即第五个。故（C）项正确。

【答案】（C）

3.（2017年管理类联考真题） 如果安徽省是邢经理第二个调研的省份，则关于他的行程，可以确定以下哪项？

（A）第一个调研江西省。　　　　　（B）第四个调研湖北省。

（C）第五个调研浙江省。　　　　　（D）第五个调研湖南省。

（E）第六个调研福建省。

【解析】已知邢经理第二个调研安徽省，根据题干条件（2）可知，第五个调研浙江省，故（C）项正确。

【答案】（C）

4.（2017年管理类联考真题） 某著名风景区有"妙笔生花""猴子观海""仙人晒靴""美人梳妆""阳关三叠""禅心向天"6个景点。为方便游人，景区提示如下：

(1) 只有先游"猴子观海",才能游"妙笔生花"。
(2) 只有先游"阳关三叠",才能游"仙人晒靴"。
(3) 如果游"美人梳妆",就要先游"妙笔生花"。
(4) "禅心向天"应该第四个游览,之后才可以游览"仙人晒靴"。
张先生按照上述提示,顺利游览了上述 6 个景点。
根据上述信息,关于张先生的游览顺序,以下哪项不可能为真?
(A) 第一个游览"猴子观海"。　　　(B) 第二个游览"阳关三叠"。
(C) 第三个游览"美人梳妆"。　　　(D) 第五个游览"妙笔生花"。
(E) 第六个游览"仙人晒靴"。

【解析】将题干信息形式化:
①妙笔生花→先游猴子观海。
②仙人晒靴→先游阳关三叠。
③美人梳妆→先游妙笔生花。
④禅心向天第四个游览,之后游仙人晒靴。
由①、③可知,"猴子观海"早于"妙笔生花",早于"美人梳妆"。
由②可知,"阳关三叠"早于"仙人晒靴"。
由④可知,"禅心向天"(第四)早于"仙人晒靴",可得:⑤"仙人晒靴"为第五或者第六个游览。
(D) 项,若第五个游览"妙笔生花",则由③可知,第六个需游览"美人梳妆",与⑤矛盾,故 (D) 项正确。
其余各项均与题干不矛盾,可能为真。
【答案】(D)

5. (2018 年管理类联考真题) 某市已开通运营一、二、三、四号地铁线路,各条地铁线每一站运行加停靠所需时间均彼此相同。小张、小王、小李三人是同一单位的职工,单位附近有北口地铁站。某天早晨,三人同时都在常青站乘一号线上班,但三人关于乘车路线的想法不尽相同。已知:
(1) 如果一号线拥挤,小张就坐 2 站后转三号线,再坐 3 站到北口站;如果一号线不拥挤,小张就坐 3 站后转二号线,再坐 4 站到北口站。
(2) 只有一号线拥挤,小王才坐 2 站后转三号线,再坐 3 站到北口站。
(3) 如果一号线不拥挤,小李就坐 4 站后转四号线,坐 3 站之后再转三号线,坐 1 站到达北口站。
(4) 该天早晨地铁一号线不拥挤。
假定三人换乘及步行总时间相同,则以下哪项最可能与上述信息不一致?
(A) 小王和小李同时到达单位。　　(B) 小张和小王同时到达单位。
(C) 小王比小李先到达单位。　　　(D) 小李比小张先到达单位。
(E) 小张比小王先到达单位。

【解析】由条件(4)可知,该天早晨地铁一号线不拥挤,由条件(1)可知,小张需要坐 7

站，换乘一次。

由条件（3）可知，小李需要坐8站，换乘两次。

故小张应该比小李先到达单位。所以（D）项与题干信息不一致。

由题干无法推出小王的乘车路线情况，故（A）、（B）、（C）、（E）项均有可能为真。

【答案】（D）

7.（2019年管理类联考真题） 我国天山是垂直地带性的典范，已知天山的植被形态分布具有如下特点：

（1）从低到高有荒漠、森林带、冰雪带等。

（2）只有经过山地草原，荒漠才能演变成森林带。

（3）如果不经过森林带，山地草原就不会过渡到山地草甸。

（4）山地草甸的海拔不比山地草甸草原的低，也不比高寒草甸高。

根据以上信息，关于天山植被形态，按照由低到高排列，以下哪项是不可能的？

（A）荒漠、山地草原、山地草甸草原、森林带、山地草甸、高寒草甸、冰雪带。

（B）荒漠、山地草原、山地草甸草原、高寒草甸、森林带、山地草甸、冰雪带。

（C）荒漠、山地草甸草原、山地草原、森林带、山地草甸、高寒草甸、冰雪带。

（D）荒漠、山地草原、山地草甸草原、森林带、山地草甸、冰雪带、高寒草甸。

（E）荒漠、山地草原、森林带、山地草甸草原、山地草甸、高寒草甸、冰雪带。

【解析】题干：

（1）荒漠＜森林带＜冰雪带。

（2）荒漠＜山地草原＜森林带。

（3）山地草原＜森林带＜山地草甸。

（4）山地草甸草原≤山地草甸≤高寒草甸。

即：荒漠＜山地草原＜森林带＜冰雪带；山地草甸草原≤山地草甸≤高寒草甸。

由题干条件（4）可知，山地草甸在山地草甸草原和高寒草甸之间，故（B）项不可能。

其余各项均与题干条件不矛盾，可能为真。

【答案】（B）

7.（2020年管理类联考真题） 小王：在这次年终考评中，女员工的绩效都比男员工高。

小李：这么说，新入职员工中绩效最好的还不如绩效最差的女员工。

以下哪项如果为真，最能支持小李的上述论断？

（A）男员工都是新入职的。

（B）新入职的员工有些是女性。

（C）新入职的员工都是男性。

（D）部分新入职的女员工没有参与绩效考评。

（E）女员工更乐意加班，而加班绩效翻倍计算。

【解析】小李：如果"女员工的绩效＞男员工的绩效"，那么，"绩效最差的女员工＞新入职员工中绩效最好的员工"。

如果（C）项为真，则女员工的绩效＞所有新入职的员工的绩效，故，绩效最差的女员工＞

新入职员工中绩效最好的员工，能使小李的论断为真，故选（C）项。

其余各项均不正确。

【答案】(C)

变化2　排序＋匹配题

> **解题思路**
>
> 可利用"不等式＋表格"综合求解。

典型真题

8.（2012年在职MBA联考真题）在某公司的招聘会上，公司行政部、人力资源部和办公室拟各招聘一名工作人员。来自中文系、历史系和哲学系的三名毕业生前来应聘这三个不同的职位。招聘信息显示，历史系毕业生比应聘办公室的年龄大，哲学系毕业生和应聘人力资源部的着装颜色相近，应聘人力资源部的比中文系毕业生年龄小。

根据以上陈述，可以得出以下哪项？

(A) 哲学系毕业生比历史系毕业生年龄大。

(B) 中文系毕业生比哲学系毕业生年龄大。

(C) 历史系毕业生应聘行政部。

(D) 中文系毕业生应聘办公室。

(E) 应聘办公室的比应聘行政部的年龄大。

【解析】题干中有以下判断：

① 历史系＞办公室。

② 哲学系与人力资源部的着装颜色相近。

③ 中文系＞人力资源部。

由②、③可知，应聘人力资源部的不是哲学系的毕业生，也不是中文系的毕业生，所以应聘人力资源部的是历史系的毕业生。

由③知，中文系＞历史系（人力资源部），再结合①得：中文系＞历史系（人力资源部）＞办公室，所以应聘办公室的只能是哲学系的毕业生，应聘行政部的是中文系的毕业生，即：中文系（行政部）＞历史系（人力资源部）＞哲学系（办公室），因此，(B) 项正确。

【答案】(B)

题型35　方位题

> **命题概率**
>
> 近12年真题命题数量19道，平均每年1.58道。

母题变化

变化1　一字型方位题

解题思路

（1）命题特点。

如：左右排位，上下楼层，前后排位等。

（2）解题方法。

①可根据题干信息列不等式或者画方位图。

②相邻问题可使用捆绑法，但要注意被捆绑的元素是否可以互换位置。

典型真题

1～2题基于以下题干：

某皇家园林依中轴线布局，从前到后依次排列着七个庭院，这七个庭院分别以汉字"日""月""金""木""水""火""土"来命名。已知：

（1）"日"字庭院不是最前面的那个庭院。

（2）"火"字庭院和"土"字庭院相邻。

（3）"金""月"两庭院间隔的庭院数与"木""水"两庭院间隔的庭院数相同。

1.（2016年管理类联考真题） 根据上述信息，下列哪个庭院可能是"日"字庭院？

(A) 第一个庭院。　　　　　　　　(B) 第二个庭院。
(C) 第四个庭院。　　　　　　　　(D) 第五个庭院。
(E) 第六个庭院。

【解析】题目问"哪个庭院可能是'日'字庭院"，采用排除法。

(A) 项，与条件（1）矛盾，排除。

(B) 项，若"日"在第二个庭院，当条件（2）"火"和"土"相邻满足，则条件（3）不能满足，排除。

(C) 项，若"日"在第四个庭院，当条件（2）"火"和"土"相邻满足，则条件（3）不能满足，排除。

(D) 项，若"日"在第五个庭院，当"火""土"处在第六个、第七个庭院，则有多种可能满足条件（3），正确。

(E) 项，若"日"在第六个庭院，当条件（2）"火"和"土"相邻满足，则条件（3）不能满足，排除。

【答案】(D)

2.（2016年管理类联考真题） 如果第二个庭院是"土"字庭院，可以得出以下哪项？

(A) 第七个庭院是"水"字庭院。　　(B) 第五个庭院是"木"字庭院。
(C) 第四个庭院是"金"字庭院。　　(D) 第三个庭院是"月"字庭院。

(E) 第一个庭院是"火"字庭院。

【解析】已知第二个庭院是"土"字庭院,所以"火"只能在第一个或第三个庭院。假设"火"在第三个庭院,则第一只能是"日",与条件(1)矛盾。所以"火"只能在第一个庭院。

【答案】(E)

3. (2012年在职MBA联考真题) 公司派三位年轻的工作人员乘动车到南方出差,他们三人恰好坐在一排。坐在24岁右边的两人中至少有一个人是20岁,坐在20岁左边的两人中也恰好有一个人是20岁;坐在会计左边的两人中至少有一个人是销售员,坐在销售员右边的两人中也恰好有一个人是销售员。

根据以上陈述,可以得出三位出差的年轻人是:
(A) 20岁的会计、20岁的销售员、24岁的销售员。
(B) 20岁的会计、24岁的销售员、24岁的销售员。
(C) 24岁的会计、20岁的销售员、20岁的销售员。
(D) 20岁的会计、20岁的会计、24岁的销售员。
(E) 24岁的会计、20岁的会计、20岁的销售员。

【解析】由"24岁右边的两人中,至少有一个人是20岁",可知24岁的人坐在最左边。

由"坐在20岁左边的两人中,也恰好有一个人是20岁",可知有2个20岁的人,坐在中间和最右边。

由"坐在会计左边的两人中至少有一个人是销售员",可知会计坐在最右边,即最右边是20岁的会计。

由"坐在销售员右边的两人中也恰好有一个人是销售员",可知最左边是24岁的销售员,中间为20岁的销售员。

如图8-1所示:

| 24岁的销售员 | 20岁的销售员 | 20岁的会计 |

图8-1

【答案】(A)

4~8题基于以下题干:

沿江高铁某段由西向东设置了五个站点,已知:
(1) 扶夷站在灏韵站之东、胡瑶站之西,并与胡瑶站相邻。
(2) 韮上站与银岭站相邻。

4. (2012年在职MBA联考真题) 根据以上信息,关于五个站点由西向东的排列顺序,以下哪项是可能的?
(A) 银岭站、灏韵站、韮上站、扶夷站、胡瑶站。
(B) 扶夷站、胡瑶站、韮上站、银岭站、灏韵站。
(C) 灏韵站、银岭站、韮上站、扶夷站、胡瑶站。
(D) 灏韵站、胡瑶站、扶夷站、银岭站、韮上站。

（E）扶夷站、银岭站、灏韵站、韭上站、胡瑶站。

【解析】使用选项排除法：

（A）项，银岭站与韭上站不相邻，与题干条件（2）矛盾，不可能。

（B）项，扶夷站在灏韵站之西，与题干条件（1）矛盾，不可能。

（C）项，与题干条件不矛盾，可能。

（D）项，扶夷站在胡瑶站之东，与题干条件（1）矛盾，不可能。

（E）项，扶夷站与胡瑶站不相邻，与题干条件（1）矛盾，不可能。

【答案】（C）

5. (2012年在职MBA联考真题) 如果韭上站与灏韵站相邻并且在灏韵站之东，则以下哪项是可以得出的？

（A）胡瑶站在最东面。　　　　　（B）扶夷站在最西面。
（C）银岭站在最东面。　　　　　（D）韭上站在最西面。
（E）灏韵站在中间。

【解析】由题干条件（1）可知，自西向东为灏韵站、（扶夷站、胡瑶站），其中括号表示相邻。

由题干条件（2）可知，（韭上站、银岭站）或者（银岭站、韭上站）。

又有：（灏韵站、韭上站），所以，五个站点自西向东为灏韵站、韭上站、银岭站、扶夷站、胡瑶站。

【答案】（A）

6. (2012年在职MBA联考真题) 如果灏韵站在韭上站之东，则以下哪项是可以得出的？

（A）银岭站与灏韵站相邻并且在灏韵站之西。
（B）灏韵站与扶夷站相邻并且在扶夷站之西。
（C）韭上站与灏韵站相邻并且在灏韵站之西。
（D）银岭站与扶夷站相邻并且在扶夷站之西。
（E）银岭站与胡瑶站在五个站的东西两端。

【解析】由本题题干可知：韭上站、灏韵站。

再由题干条件（1）、（2）可知，五个站点自西向东为韭上站、银岭站、灏韵站、扶夷站、胡瑶站，或者，银岭站、韭上站、灏韵站、扶夷站、胡瑶站。

【答案】（B）

7. (2012年在职MBA联考真题) 如果灏韵站与银岭站相邻，则以下哪项是可以得出的？

（A）银岭站在灏韵站之西。　　　（B）扶夷站在韭上站之西。
（C）灏韵站在银岭站之西。　　　（D）韭上站在银岭站之西。
（E）韭上站在扶夷站之西。

【解析】由本题题干可知：（灏韵站、银岭站）或者（银岭站、灏韵站）。

再结合题干条件（1）、（2）可知，五个站点自西向东为灏韵站、银岭站、韭上站、扶夷站、胡瑶站，或者，韭上站、银岭站、灏韵站、扶夷站、胡瑶站。

【答案】（E）

8. (2012年在职MBA联考真题)假如灏韵站位于最西面,则这五个站点可能的排列顺序有多少种?

(A) 3种。　　　　　　　(B) 4种。　　　　　　　(C) 5种。
(D) 6种。　　　　　　　(E) 8种。

【解析】假如灏韵站位于最西面,结合题干条件(1)、(2)可知,五个站点有以下4种可能的排列顺序:

灏韵站、韭上站、银岭站、扶夷站、胡瑶站;
灏韵站、银岭站、韭上站、扶夷站、胡瑶站;
灏韵站、扶夷站、胡瑶站、韭上站、银岭站;
灏韵站、扶夷站、胡瑶站、银岭站、韭上站。

【答案】(B)

9~13题基于以下题干:

某公司有一栋6层的办公楼,公司的财务部、企划部、行政部、销售部、人力资源部、研发部6个部门在此办公,每个部门占据其中的一层。已知:

(1) 人力资源部、销售部2个部门所在的楼层不相邻。
(2) 财务部在企划部下一层。
(3) 行政部所在的楼层在企划部的上面,但是在人力资源部的下面。

9. (2013年在职MBA联考真题)按照从下到上的顺序,以下哪项符合上述楼层的分布?
(A) 财务部、企划部、行政部、人力资源部、研发部、销售部。
(B) 财务部、企划部、行政部、人力资源部、销售部、研发部。
(C) 企划部、财务部、销售部、研发部、行政部、人力资源部。
(D) 销售部、财务部、企划部、研发部、人力资源部、行政部。
(E) 财务部、企划部、研发部、人力资源部、销售部、行政部。

【解析】题干中有以下判断:
①人力资源部、销售部不相邻。
②财务部在企划部下一层。
③行政部在企划部上面,在人力资源部下面。

使用选项排除法:
(A) 项,满足题干条件①、②、③,正确。
(B) 项,不满足题干条件①,排除。
(C) 项,不满足题干条件②,排除。
(D) 项,不满足题干条件③,排除。
(E) 项,不满足题干条件①、③,排除。

【答案】(A)

10. (2013年在职MBA联考真题)如果人力资源部不在行政部的上一层,那么下列哪项可能是正确的?
(A) 销售部在研发部的上一层。　　　　　　(B) 销售部在行政部的上一层。

(C) 销售部在企划部的下一层。 (D) 销售部在第二层。
(E) 研发部在第二层。

【解析】结合上题（即第9题）分析，由题干条件②、③可知：④人力资源部＞行政部＞企划部＞财务部。

由本题知，人力资源部不在行政部的上一层，则这2个部门之间至少有1个部门。

由题干条件①可知，人力资源部和行政部之间不能只有销售部，所以人力资源部和行政部之间可能只有研发部，也可能研发部和销售部都在这两个楼层间。

（A）项，不可能为真，若此则为真，则人力资源部和销售部相邻，不满足题干条件①。

（B）项，可能为真。

（C）项，销售部在企划部的下一层，会导致企划部和财务部不相邻，不满足题干条件②。

（D）项，销售部在第二层，会导致企划部和财务部不相邻，不满足题干条件②。

（E）项，研发部在第二层，则人力资源部和行政部之间只有销售部，不满足题干条件①。

【答案】(B)

11. （2013年在职MBA联考真题）如果人力资源部不在最上层，那么研发部可能在的楼层是：

(A) 3、4、6。   (B) 3、4、5。   (C) 4、5。
(D) 5、6。   (E) 4、6。

【解析】结合第9题分析，由题干条件②、③可知：④人力资源部＞行政部＞企划部＞财务部。

由于人力资源部不在最上层，所以最上层只可能是销售部或研发部。

如果最上层是销售部，因为题干条件"①人力资源部、销售部不相邻"，所以研发部必在第五层。

综上，研发部可以在最上层（第六层）或者第五层。

【答案】(D)

12. （2013年在职MBA联考真题）如果财务部在第三层，则下列哪项可能是正确的？

(A) 研发部在第五层。
(B) 研发部在销售部的上一层。
(C) 行政部不在企划部的上一层。
(D) 销售部在企划部的上面某层。
(E) 研发部在企划部的上面某层。

【解析】结合第9题分析，由题干条件②、③可知：④人力资源部＞行政部＞企划部＞财务部。

若财务部在第三层，则销售部和研发部必在第一、二层，故（B）项可能为真，其余各项均不可能为真。

【答案】(B)

13. （2013年在职MBA联考真题）以下哪项可能分别是第一层、第二层所在的两个部门？

（A）财务部、销售部。　　　　　　（B）企划部、销售部。

（C）研发部、销售部。　　　　　　（D）销售部、企划部。

（E）研发部、行政部。

【解析】使用选项排除法：

（A）项，不满足题干条件②，排除。

（B）项，不满足条件④，排除。

（C）项，由上题分析可知，可能为真。

（D）项，不满足条件④，排除。

（E）项，不满足条件④，排除。

【答案】（C）

变化2　围桌而坐与东南西北

解题思路

1. 围桌而坐问题，需要根据题干的描述画出桌子的形状，再利用题干信息解题。
2. 一般用平面直角坐标系来表示东南西北问题。

典型真题

14. （2013年管理类联考真题）张霞、李丽、陈露、邓强和王硕一起坐火车去旅游，他们正好坐在同一车厢相对两排的五个座位上，每人各坐一个位置。第一排的座位按顺序分别记作1号和2号，第二排的座位按顺序记为3、4、5号。座位1和座位3直接相对，座位2和座位4直接相对，座位5不和上述任何座位直接相对。李丽坐在4号位置；陈露所坐的位置不与李丽相邻，也不与邓强相邻（相邻是指同一排上紧挨着）；张霞不坐在与陈露直接相对的位置上。

根据以上信息，张霞所坐位置有多少种可能的选择？

（A）1种。　　　　　　（B）2种。　　　　　　（C）3种。

（D）4种。　　　　　　（E）5种。

【解析】由题干可知，座位如表8-1所示：

表8-1

1	2	
3	4 李丽	5

陈露所坐的位置不与李丽相邻，故陈露可能坐1或2号位置。

陈露与邓强不相邻，故邓强可能坐3或5号位置。

张霞不坐在与陈露直接相对的位置上，若陈露坐1号位置，则张霞可坐5或2号位置；若陈露坐2号位置，则张霞可坐1或3或5号位置。

故张霞所坐位置有4种可能的选择。

【答案】（D）

15.（2014年管理类联考真题）某小区业主委员会的4名成员晨桦、建国、向明和嘉媛坐在一张方桌前（每边各坐一人）讨论小区大门旁的绿化方案。4人的职业各不相同，分别是高校教师、软件工程师、园艺师或邮递员之中的一种。已知：晨桦是软件工程师，他坐在建国的左手边；向明坐在高校教师的右手边；坐在建国对面的嘉媛不是邮递员。

根据以上信息，可以得出以下哪项？

(A) 嘉媛是高校教师，向明是园艺师。
(B) 向明是邮递员，嘉媛是园艺师。
(C) 建国是邮递员，嘉媛是园艺师。
(D) 建国是高校教师，向明是园艺师。
(E) 嘉媛是园艺师，向明是高校教师。

【解析】根据题干，可知4人可坐的方位如图8-2所示：

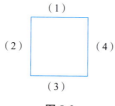

图 8-2

由题干"晨桦坐在建国的左手边"，假设晨桦坐在（1）处，则建国坐在（2）处；再由"坐在建国对面的嘉媛不是邮递员"，可知嘉媛坐在（4）处，故向明只能坐在（3）处，如图8-3所示：

图 8-3

由"向明坐在高校教师的右手边"，可知建国是高校教师；又知晨桦是软件工程师，所以二人均不是邮递员；又知嘉媛不是邮递员，故向明是邮递员、嘉媛是园艺师。

【答案】(B)

16.（2015年管理类联考真题）甲、乙、丙、丁、戊和己6人围坐在一张正六边形的小桌前，每边各坐一人。已知：

(1) 甲与乙正面相对。
(2) 丙与丁不相邻，也不正面相对。

如果己与乙不相邻，则以下哪项一定为真？

(A) 如果甲与戊相邻，则丁与己正面相对。
(B) 甲与丁相邻。

(C) 戊与己相邻。
(D) 如果丙与戊不相邻,则丙与己相邻。
(E) 己与乙正面相对。

【解析】题干中有以下信息:

(1) 甲与乙正面相对。

(2) 丙与丁不相邻,也不正面相对。

(3) 己与乙不相邻。

由题干信息(1)可得图8-4:

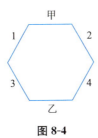

图 8-4

由题干信息(2)可知,丙和丁的座次只可能是:1和2,3和4,4和3,2和1。

由题干信息(3)可知,己只能在1或2。故丙和丁只能为:3和4,4和3,如图8-5和图8-6所示:

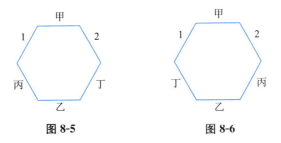

图 8-5　　　　　　**图 8-6**

由以上分析可排除(B)、(C)、(E)三项。

(A)项,若甲与戊相邻,则己与丁可能正面相对,也可能不正面相对,排除。

(D)项,若丙与戊不相邻,则戊只能在丙的对面,则己与丙相邻,正确。

【答案】(D)

17~18题基于以下题干:

某园艺公司打算在如下形状的花圃中栽种玫瑰、兰花和菊花三个品种的花卉。该花圃的形状如图8-7所示:

拟栽种的玫瑰有紫、红、白3种颜色,兰花有红、白、黄3种颜色,菊花有白、黄、蓝3种颜色。栽种需满足如下要求:

(1) 每个六边形格子中仅栽种一个品种、一种颜色的花。

(2) 每个品种只栽种两种颜色的花。

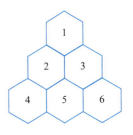

图 8-7

(3) 相邻格子中的花，其品种与颜色均不相同。

17.（2019年管理类联考真题）若格子5中是红色的花，则以下哪项是不可能的？

（A）格子2中是紫色的玫瑰。　　　　（B）格子1中是白色的兰花。

（C）格子1中是白色的菊花。　　　　（D）格子4中是白色的兰花。

（E）格子6中是蓝色的菊花。

【解析】由题干可知，总共有3个品种，根据题干条件（3）"相邻格子中的花，其品种与颜色均不相同"可知，格子1、2、3相互之间均不是同一个品种。同理，格子5、2、3相互之间也不是同一个品种，故格子1和格子5是同一个品种。

又因为格子5中是红色的花，又已知题干中红色的花的品种只有玫瑰和兰花，故格子1中也必然是玫瑰或者兰花，不可能是菊花。因此，(C)项正确。

【答案】(C)

18.（2019年管理类联考真题）若格子5中是红色的玫瑰，且格子3中是黄色的花，则可以得出以下哪项？

（A）格子1中是紫色的玫瑰。　　　　（B）格子4中是白色的菊花。

（C）格子2中是白色的菊花。　　　　（D）格子4中是白色的兰花。

（E）格子6中是蓝色的菊花。

【解析】由题干条件（3）知，格子2、3、5相互之间均不是同一个品种。同理，格子2、4、5相互之间也不是同一个品种，故格子3、4是同一个品种。同理，格子1、5是同一个品种，格子2、6也是同一个品种。

由"格子5中是红色的玫瑰"，又由题干条件（3）知："格子2、3、4、6是两个兰花及两个菊花"且不能是红色的。因此出现兰花的只能是白色或黄色。兰花的位置只能是格子2、6或者格子3、4两种情况。

若兰花出现在格子2、6，其中黄色的兰花与"格子3中是黄色的花"和题干条件（3）矛盾，故兰花只能种在格子3、4中。

故格子3中是黄色的兰花，格子4中是白色的兰花。因此，(D)项正确。

【答案】(D)

19.（2012年在职MBA联考真题）某乡镇进行新区规划，决定以市民公园为中心，在东南西北分别建设一个特色社区。这四个社区分别定位为：文化区、休闲区、商业区和行政服务区。已知，行政服务区在文化区的西南方向，文化区在休闲区的东南方向。

根据以上陈述，可以得出以下哪项？

（A）市民公园在行政服务区的北面。

（B）休闲区在文化区的西南方向。

（C）文化区在商业区的东北方向。

（D）商业区在休闲区的东南方向。

（E）行政服务区在市民公园的西南方向。

【解析】将题干中的方位表示成下图（如图8-8所示）：

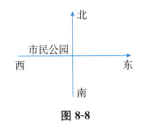

图 8-8

已知行政服务区在文化区的西南方向，故文化区只可能在北面或者东面。
已知文化区在休闲区的东南方向，故文化区只可能在东面或者南面。
故有：文化区在东面，行政服务区在南面，休闲区在北面，商业区在西面。
如图 8-9 所示：

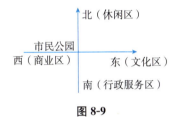

图 8-9

【答案】(A)

题型 36　简单匹配题

命题概率

近 12 年真题命题数量 11 道，平均每年 0.92 道。

母题变化

变化 1　简单匹配

解题思路

简单匹配题的典型特征是选项看起来像排列组合，一般使用选项排除法。

典型真题

1. （2010 年管理类联考真题）李赫、张岚、林宏、何柏、邱辉 5 位同事近日各自买了一台不同品牌的小轿车，分别为雪铁龙、奥迪、宝马、奔驰、桑塔纳。这 5 辆车的颜色分别与 5 人名字最后一个字谐音的颜色不同。已知，李赫买的是蓝色的雪铁龙。

以下哪项排列可能依次对应张岚、林宏、何柏、邱辉所买的车？
(A) 灰色奥迪、白色宝马、灰色奔驰、红色桑塔纳。
(B) 黑色奥迪、红色宝马、灰色奔驰、白色桑塔纳。
(C) 红色奥迪、灰色宝马、白色奔驰、黑色桑塔纳。
(D) 白色奥迪、黑色宝马、红色奔驰、灰色桑塔纳。
(E) 黑色奥迪、灰色宝马、白色奔驰、红色桑塔纳。

【解析】使用选项排除法：
(A) 项，可能为真。
(B) 项，不可能为真，因为林宏不买红色的车。
(C) 项，不可能为真，因为何柏不买白色的车。
(D) 项，不可能为真，因为邱辉不买灰色的车。
(E) 项，不可能为真，因为何柏不买白色的车。

【答案】(A)

2. (2010年管理类联考真题) 小明、小红、小丽、小强、小梅五人去听音乐会，他们五人在同一排且座位相连，其中只有一个座位最靠近走廊，结果小强想坐在最靠近走廊的座位上；小丽想跟小明紧挨着；小红不想跟小丽紧挨着；小梅想跟小丽紧挨着，但不想跟小强或小明紧挨着。

以下哪项顺序符合上述五人的意愿？
(A) 小明，小梅，小丽，小红，小强。
(B) 小强，小红，小明，小丽，小梅。
(C) 小强，小梅，小红，小丽，小明。
(D) 小明，小红，小梅，小丽，小强。
(E) 小强，小丽，小梅，小明，小红。

【解析】根据题干信息"小丽想跟小明紧挨着"，排除 (A)、(D)、(E) 项。
根据题干信息"小红不想跟小丽紧挨着"，排除 (C) 项。
故 (B) 项正确。

【答案】(B)

3. (2014年管理类联考真题) 在某次考试中，有3个关于北京旅游景点的问题，要求考生每题选择某个景点的名称作为唯一答案。其中6位考生关于上述3个问题的答案依次如下：

第一位考生：天坛、天坛、天安门；
第二位考生：天安门、天安门、天坛；
第三位考生：故宫、故宫、天坛；
第四位考生：天坛、天安门、故宫；
第五位考生：天安门、故宫、天安门；
第六位考生：故宫、天安门、故宫；
考试结果表明每位考生都至少答对其中1道题。
根据以上陈述，可知这3个问题的答案依次是：
(A) 天坛、故宫、天坛。　　　(B) 故宫、天安门、天安门。
(C) 天安门、故宫、天坛。　　(D) 天坛、天坛、故宫。

(E) 故宫、故宫、天坛。

【解析】 使用选项排除法：

(A) 项，第六位考生一道题都没答对，排除。

(B) 项，推不出矛盾。

(C) 项，第一位、第四位、第六位考生一道题都没答对，排除。

(D) 项，第二位、第三位、第五位考生一道题都没答对，排除。

(E) 项，第一位、第四位考生一道题都没答对，排除。

【答案】 (B)

4~5题基于以下题干：

某项测试共有4道题，每道题给出A、B、C、D四个选项，其中只有一项是正确答案。现有张、王、赵、李4人参加了测试，他们的答题情况和测试结果如表8-2所示：

表8-2

答题者	第一题	第二题	第三题	第四题	测试结果
张	A	B	A	B	均不正确
王	B	D	B	C	只答对1题
赵	D	A	A	B	均不正确
李	C	C	B	D	只答对1题

4. (2020年管理类联考真题) 根据以上信息，可以得出以下哪项？

(A) 第二题的正确答案是C。　　(B) 第二题的正确答案是D。

(C) 第三题的正确答案是D。　　(D) 第四题的正确答案是A。

(E) 第四题的正确答案是D。

【解析】 因为第一题和第二题中4个人分别选了A、B、C、D，故一定有人答对。故第三题和第四题4个人均答错。由第四题4个人均答错可知，第四题的正确答案是A，即 (D) 项正确。

【答案】 (D)

5. (2020年管理类联考真题) 如果每道题的正确答案各不相同，则可以得出以下哪项？

(A) 第一题的正确答案是B。　　(B) 第一题的正确答案是C。

(C) 第二题的正确答案是D。　　(D) 第二题的正确答案是A。

(E) 第三题的正确答案是C。

【解析】 由题干和上题（即第4题）分析可得表8-3：

表8-3

选项	第一题	第二题	第三题	第四题
A	×	×	×	√
B		×	×	×
C				×
D	×			×

由"每道题的正确答案各不相同"可知，第二题和第三题的正确答案一定是C或D，故第一题的正确答案只能是B，即（A）项正确。

【答案】（A）

变化2 可能符合题干

解题思路

综合推理题中，题干的问题如果是"以下哪项，可能（或不可能）符合题干"，常使用选项排除法。

典型真题

6～8题基于以下题干：

东宁大学公开招聘3个教师职位，哲学学院、管理学院和经济学院各一个，每个职位都有分别来自南山大学、西京大学、北清大学的候选人，有位"聪明"人士李先生对招聘结果做出了如下预测：

如果哲学学院录用北清大学的候选人，那么管理学院录用西京大学的候选人；

如果管理学院录用南山大学的候选人，那么哲学学院也录用南山大学的候选人；

如果经济学院录用北清大学或者西京大学的候选人，那么管理学院录用北清大学的候选人。

6.（2012年管理类联考真题） 如果哲学学院、管理学院和经济学院最终录用的候选人的大学归属信息依次如下，则哪项符合李先生的预测？

（A）南山大学、南山大学、西京大学。
（B）北清大学、南山大学、南山大学。
（C）北清大学、北清大学、南山大学。
（D）西京大学、北清大学、南山大学。
（E）西京大学、西京大学、西京大学。

【解析】使用选项排除法：

根据题干信息"如果哲学学院录用北清大学的候选人，那么管理学院录用西京大学的候选人"，可排除（B）、（C）项。

根据题干信息"如果经济学院录用北清大学或者西京大学的候选人，那么管理学院录用北清大学的候选人"，可排除（A）、（E）项。

故（D）项正确。

【答案】（D）

7.（2012年管理类联考真题） 若哲学学院最终录用西京大学的候选人，则以下哪项表明李先生的预测错误？

（A）管理学院录用北清大学候选人。
（B）管理学院录用南山大学候选人。
（C）经济学院录用南山大学候选人。

(D) 经济学院录用北清大学候选人。
(E) 经济学院录用西京大学候选人。

【解析】假言命题的负命题。

由题干可知，如果管理学院录用南山大学的候选人，那么哲学学院也录用南山大学的候选人；

其负命题为：管理学院录用南山大学的候选人∧¬哲学学院录用南山大学的候选人。

根据题干，每个学院只录用一个候选人，所以哲学学院录用了西京大学的候选人，则没有录用南山大学的候选人，根据负命题可知，管理学院录用南山大学的候选人，说明李先生的预测错误。故（B）项正确。

【答案】（B）

8. (2012年管理类联考真题) 如果三个学院最终录用的候选人来自不同的大学，则以下哪项符合李先生的预测？

(A) 哲学学院录用西京大学候选人，经济学院录用北清大学候选人。
(B) 哲学学院录用南山大学候选人，管理学院录用北清大学候选人。
(C) 哲学学院录用北清大学候选人，经济学院录用西京大学候选人。
(D) 哲学学院录用西京大学候选人，管理学院录用南山大学候选人。
(E) 哲学学院录用南山大学候选人，管理学院录用西京大学候选人。

【解析】使用选项排除法。

题干有以下信息：
①哲学北清→管理西京。
②管理南山→哲学南山。
③经济北清∨经济西京→管理北清。
④三名候选人来自不同的大学。

(A) 项，由题干信息③可知经济北清→管理北清，与题干信息④矛盾，排除。

(B) 项，符合条件。

(C) 项，由题干信息③、①串联得：经济西京→管理北清→¬管理西京→¬哲学北清，故如果经济学院录用西京大学的候选人，则哲学学院不能录用北清大学的候选人，排除。

(D) 项，由题干信息②可知管理南山→哲学南山，与题干信息④矛盾，排除。

(E) 项，由题干信息③可知，¬管理北清→¬经济北清∧¬经济西京，即经济学院只能录用南山大学的候选人，而此项中哲学学院也录用了南山大学的候选人，与题干信息④矛盾，排除。

综上，（B）项正确。

【答案】（B）

9～10题基于以下题干：

六一儿童节到了，幼儿园老师为班上的小明、小雷、小刚、小芳、小花五位小朋友准备了红、橙、黄、绿、青、蓝、紫七份礼物。已知所有礼物都送了出去，每份礼物只能由一人获得，每人最多获得两份礼物。另外，礼物派送还需要满足如下要求：

(1) 如果小明收到橙色礼物，则小芳会收到蓝色礼物。

(2)如果小雷没有收到红色礼物,则小芳不会收到蓝色礼物。

(3)如果小刚没有收到黄色礼物,则小花不会收到紫色礼物。

(4)没有人既能收到黄色礼物,又能收到绿色礼物。

(5)小明只收到橙色礼物,而小花只收到紫色礼物。

9.（2017年管理类联考真题） 根据上述信息,以下哪项可能为真?

(A) 小明和小芳都收到两份礼物。　　(B) 小雷和小刚都收到两份礼物。

(C) 小刚和小花都收到两份礼物。　　(D) 小芳和小花都收到两份礼物。

(E) 小明和小雷都收到两份礼物。

【解析】由题干信息(5)可知,小明和小花只收到一份礼物,排除(A)、(C)、(D)、(E)项,故(B)项正确。

【答案】(B)

10.（2017年管理类联考真题） 根据上述信息,如果小刚收到两份礼物,则可以得出以下哪项?

(A) 小雷收到红色和绿色两份礼物。　　(B) 小刚收到黄色和蓝色两份礼物。

(C) 小芳收到绿色和蓝色两份礼物。　　(D) 小刚收到黄色和青色两份礼物。

(E) 小芳收到青色和蓝色两份礼物。

【解析】题干信息如下:

①小明收到橙色礼物→小芳收到蓝色礼物。

②¬小雷收到红色礼物→¬小芳收到蓝色礼物。

③¬小刚收到黄色礼物→¬小花收到紫色礼物。

④没有人既能收到黄色礼物,又能收到绿色礼物。

⑤小明只收到橙色礼物∧小花只收到紫色礼物。

可知:小明只收到橙色礼物,小花只收到紫色礼物,小芳收到蓝色礼物,小雷收到红色礼物,小刚收到黄色礼物。

由题干信息④可知,小刚没有收到绿色礼物。又因为小刚收到两份礼物,所以小刚收到的只能是黄色和青色礼物,故(D)项正确。

【答案】(D)

11.（2018年管理类联考真题） 某校图书馆新购一批文科图书,为方便读者查阅,管理人员对这批图书在文科新书阅览室中的摆放位置做出如下提示:

(1)前3排书橱均放有哲学类新书。

(2)法学类新书都放在第5排书橱,这排书橱的左侧也放有经济类新书。

(3)管理类新书放在最后一排书橱。

事实上,所有的图书都按照上述提示放置。根据提示,徐莉顺利找到了她想查阅的新书。

根据上述信息,以下哪项是不可能的?

(A) 徐莉在第2排书橱中找到了哲学类新书。

(B) 徐莉在第3排书橱中找到了经济类新书。

(C) 徐莉在第4排书橱中找到了哲学类新书。

(D) 徐莉在第6排书橱中找到了法学类新书。
(E) 徐莉在第7排书橱中找到了管理类新书。

【解析】由条件（2）可知，法学类新书都放在第5排书橱，故徐莉不可能在第6排书橱中找到法学类新书，即（D）项错误。

其余各项均不违背题干，都可能为真。

【答案】（D）

题型 37　复杂匹配与其他综合推理

命题概率

近12年真题命题数量60道，平均每年5道。

母题变化

变化1　选人问题

解题思路

题干给出几位候选人，给出一些标准，问谁能入选。

方法一：根据已知条件进行推导即可，推导时尤其要注意数量关系。

方法二：选项排除法。

典型真题

1~2题基于以下题干：

天南大学准备选派两名研究生、三名本科生到山村小学支教。经过个人报名和民主评议，最终人选将在研究生赵婷、唐玲、殷倩3人和本科生周艳、李环、文琴、徐昂、朱敏5人中产生。按规定，同一学院或者同一社团至多选派一人。已知：

(1) 唐玲和朱敏均来自数学学院。
(2) 周艳和徐昂均来自文学院。
(3) 李环和朱敏均来自辩论协会。

1.（2015年管理类联考真题）根据上述条件，以下必定入选的是：

(A) 唐玲。　　　　　　　　　(B) 赵婷。
(C) 周艳。　　　　　　　　　(D) 殷倩。
(E) 文琴。

【解析】由题干知，同一学院或者同一社团至多选派一人，故有：

(1) ¬唐玲 ∨ ¬朱敏。

(2) ¬周艳∨¬徐昂。

(3) ¬李环∨¬朱敏。

由（2）知，周艳和徐昂至少有一人不入选；由（3）知，李环和朱敏至少有一人不入选。又知5个本科生中有3人入选，故得：

(4) 周艳和徐昂有一人入选、一人不入选。

(5) 李环和朱敏有一人入选、一人不入选。

综上，文琴必入选。

【答案】(E)

2. (2015年管理类联考真题) 如果唐玲入选，那么以下必定入选的是：

(A) 李环。　　　　　　　　　　(B) 徐昂。

(C) 周艳。　　　　　　　　　　(D) 赵婷。

(E) 殷倩。

【解析】结合上题（即第1题）分析，由（1）知：唐玲→¬朱敏。

由（5）知：¬朱敏→李环。

故（A）项正确。

【答案】(A)

3. (2017年管理类联考真题) 颜子、曾寅、孟申、荀辰申请一个中国传统文化建设项目。根据规定，该项目的主持人只能有一名，且在上述4位申请者中产生；包括主持人在内，项目组成员不能超过2位。另外，各位申请者在申请答辩时作出如下陈述：

(1) 颜子：如果我成为主持人，将邀请曾寅或荀辰作为项目组成员。

(2) 曾寅：如果我成为主持人，将邀请颜子或孟申作为项目组成员。

(3) 荀辰：只有颜子成为项目组成员，我才能成为主持人。

(4) 孟申：只有荀辰或颜子成为项目组成员，我才能成为主持人。

假设4人的陈述都为真，关于项目组成员的组合，以下哪项是不可能的？

(A) 孟申、曾寅。　　　　　　　(B) 荀辰、孟申。

(C) 曾寅、荀辰。　　　　　　　(D) 颜子、孟申。

(E) 颜子、荀辰。

【解析】题干：

①颜子主持→曾寅成员∨荀辰成员。

②曾寅主持→颜子成员∨孟申成员。

③荀辰主持→颜子成员。

④孟申主持→荀辰成员∨颜子成员。

(A) 项，若曾寅是主持人，孟申是项目组成员，则满足题干条件②，且与其他题干条件不冲突，故可能为真。

(B) 项，若孟申是主持人，荀辰是项目组成员，则满足题干条件④，且与其他题干条件不冲突，故可能为真。

(C) 项，若曾寅是主持人，荀辰是项目组成员，则不满足题干条件②；若荀辰是主持人，曾寅是项目组成员,则不满足题干条件③,故不可能为真。

(D) 项,若孟申是主持人,颜子是项目组成员,则满足题干条件④,且与其他题干条件不冲突,故可能为真。

(E) 项,若颜子是主持人,荀辰是项目组成员,则满足题干条件①;若荀辰是主持人,颜子是项目组成员,则满足题干条件③,且均与其他题干条件不冲突,故可能为真。

【答案】(C)

4. (2019 年管理类联考真题) 某市音乐节设立了流行、民谣、摇滚、民族、电音、说唱、爵士这 7 大类的奖项评选。在入围提名中,已知:

(1) 至少有 6 类入围。

(2) 流行、民谣、摇滚中至多有 2 类入围。

(3) 如果摇滚和民族类都入围,则电音和说唱中至少有 1 类没有入围。

根据上述信息,可以得出以下哪项?

(A) 流行类没有入围。 (B) 民谣类没有入围。
(C) 摇滚类没有入围。 (D) 爵士类没有入围。
(E) 电音类没有入围。

【解析】根据条件 (1)、(2) 可得:(4) 民族、电音、说唱、爵士入围。

条件 (3) 逆否得:电音和说唱都入围→摇滚和民族至少有 1 类没有入围。

结合条件 (4) 可知,摇滚类没有入围,故 (C) 项正确。

【答案】(C)

5~6 题基于以下题干:

某单位拟派遣 3 名德才兼备的干部到西部山区进行精准扶贫。报名者踊跃,经过考察,最终确定了陈甲、傅乙、赵丙、邓丁、刘戊、张己 6 名候选人。根据工作需要,派遣还需要满足以下条件:

(1) 若派遣陈甲,则派遣邓丁但不派遣张己。

(2) 若傅乙、赵丙至少派遣 1 人,则不派遣刘戊。

5. (2019 年管理类联考真题) 以下哪项的派遣人选和上述条件不矛盾?

(A) 赵丙、邓丁、刘戊。 (B) 陈甲、傅乙、赵丙。
(C) 傅乙、邓丁、刘戊。 (D) 邓丁、刘戊、张己。
(E) 陈甲、赵丙、刘戊。

【解析】选项代入法,与题干信息有矛盾的选项可直接排除。

(A) 项,由题干条件 (2) 可得,有赵丙不可有刘戊,排除。

(B) 项,由题干条件 (1) 可得,有陈甲必有邓丁,排除。

(C) 项,由题干条件 (2) 可得,有傅乙不可有刘戊,排除。

(E) 项,由题干条件 (2) 逆否得,有刘戊不可有赵丙,排除。

故 (D) 项正确。

【答案】(D)

6. （2019年管理类联考真题） 如果陈甲、刘戊至少派遣1人，则可以得出以下哪项？

（A）派遣刘戊。　　　　　　　　　　（B）派遣赵丙。

（C）派遣陈甲。　　　　　　　　　　（D）派遣傅乙。

（E）派遣邓丁。

【解析】如果派遣陈甲，由题干条件（1）知：陈甲→邓丁∧¬张己，故派遣邓丁。

如果不派遣陈甲，则派遣刘戊，由题干条件（2）逆否可知：刘戊→¬傅乙∧¬赵丙，且剩余陈甲、邓丁、张己三人必定有两人入选。由于不派遣陈甲，则派遣邓丁和张己。

综上，一定派遣邓丁，即（E）项正确。

【答案】（E）

7. （2012年在职MBA联考真题） 某单位进行年终考评，经过民主投票，确定了甲、乙、丙、丁、戊五人作为一等奖的候选人。在五进四的选拔中，需要综合考虑如下三个因素：丙、丁至少有一人入选；如果戊入选，那么甲、乙也入选；甲、乙、丁三人至多有两人入选。

根据以上陈述，可以得出没有进四的是谁？

（A）甲。　　　　　　　　　　　　　（B）乙。

（C）丙。　　　　　　　　　　　　　（D）丁。

（E）戊。

【解析】题干中有以下判断：

①丙∨丁。

②戊→甲∧乙，等价于：¬甲∨¬乙→¬戊。

③甲、乙、丁至多有两人入选，即，三人至少有一人不入选：¬甲∨¬乙∨¬丁。

由②可知，若甲或者乙没有入选，则戊也没有入选，与"五人中有四人入选"矛盾，所以，甲和乙都入选了；再由③可知，丁没有入选。

【答案】（D）

8～11题基于以下题干：

某班打算从方如芬、郭嫣然、何之莲等三名女生中选拔两人，从彭友文、裘志节、任向阳、宋文凯、唐晓华等五名男生中选拔三人，组成大学生五人支教小组到山区义务支教。要求：

（1）郭嫣然和唐晓华不同时入选。

（2）彭友文和宋文凯不同时入选。

（3）裘志节和唐晓华不同时入选。

8. （2013年在职MBA联考真题） 下列哪位一定入选？

（A）方如芬。　　　　　　　　　　　（B）郭嫣然。

（C）宋文凯。　　　　　　　　　　　（D）何之莲。

（E）任向阳。

【解析】题干有以下判断：

①¬（郭∧唐）=¬郭∨¬唐。

②¬（彭∧宋）=¬彭∨¬宋。

③¬（裘∧唐）=¬裘∨¬唐。

由②、③可知，彭友文和宋文凯至少有一人没入选，裘志节和唐晓华至少有一人没入选，所以这4个人里面至少有2个人没入选，又因为5名男生中只有2人没有入选，所以任向阳必然入选。

【答案】（E）

9. （2013年在职MBA联考真题）如果郭嫣然入选，则下列哪位也一定入选？
(A) 方如芬。
(B) 何之莲。
(C) 彭友文。
(D) 裘志节。
(E) 宋文凯。

【解析】结合上题（即第8题）分析，由①可知：¬（郭∧唐）=¬郭∨¬唐=郭→¬唐，所以唐晓华必然不能入选。

又由②可知，彭友文和宋文凯至少有一人没入选，所以5名男生中已有2个人没入选，故裘志节必然入选。

【答案】（D）

10. （2013年在职MBA联考真题）若何之莲未入选，则下列哪一位也未入选？
(A) 唐晓华。
(B) 彭友文。
(C) 裘志节。
(D) 宋文凯。
(E) 方如芬。

【解析】由题意，3名女生中有2人入选，已知何之莲未入选，则方如芬和郭嫣然必然入选。由①知，¬（郭∧唐）=¬郭∨¬唐=郭→¬唐，所以唐晓华未入选。

【答案】（A）

11. （2013年在职MBA联考真题）若唐晓华入选，则下列哪两位一定入选？
(A) 方如芬和郭嫣然。
(B) 郭嫣然和何之莲。
(C) 彭友文和何之莲。
(D) 任向阳和宋文凯。
(E) 方如芬和何之莲。

【解析】由①知，¬（郭∧唐）=¬郭∨¬唐=唐→¬郭，又因为3名女生中有2人入选，所以，方如芬和何之莲必然入选。

【答案】（E）

变化2 两组元素的匹配

> **解题思路**
> 1. 两组元素的匹配，推荐使用表格法。
> 2. 题干中如果出现数量关系，往往优先考虑数量关系。

典型真题

12~13题基于以下题干：

晨曦公园拟在园内东、南、西、北四个区域种植四种不同的特色树木，每个区域只种植一种。选定的特色树种为：水杉、银杏、乌桕和龙柏。布局的基本要求是：

(1) 如果在东区或者南区种植银杏，那么在北区不能种植龙柏或乌桕。

(2) 北区或东区要种植水杉或者银杏之一。

12.（2013年管理类联考真题） 根据上述种植要求，如果北区种植龙柏，则以下哪项一定为真？

(A) 西区种植水杉。　　　　　　　　(B) 南区种植乌桕。

(C) 南区种植水杉。　　　　　　　　(D) 西区种植乌桕。

(E) 东区种植乌桕。

【解析】题干中有以下判断：

①东银杏∨南银杏→¬北龙柏∧¬北乌桕，等价于：北龙柏∨北乌桕→¬东银杏∧¬南银杏。

②北水杉∨北银杏∨东水杉∨东银杏。

③北龙柏。

由①、③得，北龙柏→¬东银杏∧¬南银杏，故必有：北区、东区、南区均不种植银杏，则银杏种植在西区。

由东水杉∨东银杏，知：¬东银杏→东水杉。

故，南区只能种植乌桕，即（B）项正确。

【答案】(B)

13.（2013年管理类联考真题） 根据上述种植要求，如果水杉必须种植于西区或南区，则以下哪项一定为真？

(A) 南区种植水杉。　　　　　　　　(B) 西区种植水杉。

(C) 东区种植银杏。　　　　　　　　(D) 北区种植银杏。

(E) 南区种植乌桕。

【解析】由题干得：④西水杉∨南水杉，再由②知：⑤东银杏∨北银杏。

假设东区种植银杏，则由①知：东银杏→¬北龙柏∧¬北乌桕，因为北区不可能种植水杉，也不可能种植银杏，则北区无树可种，故假设不成立，即东区不可能种植银杏，再由⑤知：北区种植银杏，故（D）项正确。

【答案】(D)

14.（2013年管理类联考真题） 某省大力发展旅游产业，目前已经形成东湖、西岛、南山三个著名景点，每处景点都有二日游、三日游、四日游三种路线。李明、王刚、张波拟赴上述三地进行9日游，每个人都设计了各自的旅游计划。后来发现，每处景点他们三人都选择了不同的路线：李明赴东湖的计划天数与王刚赴西岛的计划天数相同，李明赴南山的计划是三日游，王刚赴南山的计划是四日游。

根据以上陈述，可以得出以下哪项？

(A) 李明计划东湖二日游，王刚计划西岛二日游。

(B) 王刚计划东湖三日游，张波计划西岛四日游。

(C) 张波计划东湖四日游，王刚计划西岛三日游。

(D) 张波计划东湖三日游，李明计划西岛四日游。
(E) 李明计划东湖二日游，王刚计划西岛三日游。

【解析】已知每处景点三人的路线均不同，李明赴南山的计划是三日游，王刚赴南山的计划是四日游，则张波赴南山的计划必为二日游。

故李明还有二日游和四日游可选，王刚还有二日游和三日游可选，而李明赴东湖的计划天数与王刚赴西岛的计划天数相同，故均为二日游。

故李明的行程为：南山三日游、东湖二日游、西岛四日游；

王刚的行程为：南山四日游、东湖三日游、西岛二日游；

张波的行程为：南山二日游、东湖四日游、西岛三日游。

【答案】(A)

15～16题基于以下题干：

年初，为激励员工努力工作，某公司决定根据每月的工作绩效评选"月度之星"。王某在当年前10个月恰好只在连续的4个月中当选"月度之星"，他的另外三个同事郑某、吴某、周某也做到了这一点。关于这四人当选"月度之星"的月份，已知：

(1) 王某和郑某仅有三个月同时当选。
(2) 郑某和吴某仅有三个月同时当选。
(3) 王某和周某不曾在同一个月当选。
(4) 仅有2人在7月同时当选。
(5) 至少有1人在1月当选。

15. (2013年管理类联考真题) 根据以上信息，有3人同时当选"月度之星"的月份是：

(A) 1—3月。　　　　　　　　　(B) 2—4月。
(C) 3—5月。　　　　　　　　　(D) 4—6月。
(E) 5—7月。

【解析】将(A)、(B)、(C) 三项代入，则7月无2人同时当选，与题干条件(4)矛盾，排除。

(E) 项代入，则超过2人在7月同时当选，与题干条件(4)矛盾，排除。

故 (D) 项正确。

【答案】(D)

16. (2013年管理类联考真题) 根据以上信息，王某当选"月度之星"的月份是：

(A) 1—4月。　　　　　　　　　(B) 3—6月。
(C) 4—7月。　　　　　　　　　(D) 5—8月。
(E) 7—10月。

【解析】由题干，假设王某在1—4月当选，则郑某在2—5月当选，吴某在1—4月或3—6月当选，则7月无2人当选；假设郑某在1—4月当选，则王某和吴某在2—5月当选，则7月无2人当选；假设吴某在1—4月当选，则郑某在2—5月当选，王某在1—4月或3—6月当选，则7月无2人当选。所以只能周某在1—4月当选，根据题干条件(3) 王某和周某不曾在同一个月当选，故排除(A)、(B)、(C) 项。

假设王某在7—10月当选，则根据题干条件（1）和（2），可得7月必有3人当选，与题干条件（4）矛盾，故排除（E）项。

综上，（D）项正确。

【答案】（D）

17.（**2013年管理类联考真题**）在东海大学研究生会举办的一次中国象棋比赛中，来自经济学院、管理学院、哲学学院、数学学院和化学学院的5名研究生（每个学院1名）相遇在一起，有关甲、乙、丙、丁、戊5名研究生之间的比赛信息满足以下条件：

（1）甲与2名选手比赛过。

（2）化学学院选手与3名选手比赛过。

（3）乙不是管理学院的选手，也没有和管理学院的选手对阵过。

（4）哲学学院选手和丙比赛过。

（5）管理学院、哲学学院、数学学院的选手都相互交过手。

（6）丁与1名选手比赛过。

根据以上条件，丙来自哪个学院？

(A) 经济学院。　　　　　　　　(B) 管理学院。

(C) 数学学院。　　　　　　　　(D) 哲学学院。

(E) 化学学院。

【解析】 由条件（2）、（5）、（6）可知，丁不是化学学院的，不是管理学院的，不是哲学学院的，也不是数学学院的，故丁是经济学院的。

再由条件（3）、（5）可知，乙不是管理学院的，也不是哲学学院和数学学院的，故乙是化学学院的。

故丙是哲学学院、管理学院或数学学院的，又由条件（4）可知，丙不是哲学学院的，故（7）丙是管理学院或者数学学院的。

再由条件（2）、（3）可知，乙没有和管理学院的选手交过手，乙自己是化学学院的，故乙与经济学院、哲学学院、数学学院的选手交过手。

再由条件（5）可知，哲学学院、管理学院、数学学院的选手两两之间交过手，哲学学院和数学学院的选手又与乙交过手，故哲学学院和数学学院的选手至少交手三场。

又由条件（1）可知，甲只交手2场，故甲不是哲学学院和数学学院的，故（8）甲是管理学院的选手。

由条件（7）、（8）可知，丙是数学学院的选手。

【答案】（C）

18~20题基于以下题干：

孔智、孟睿、荀慧、庄聪、墨灵、韩敏等6人组成一个代表队参加某次棋类大赛，其中两人参加围棋比赛，两人参加中国象棋比赛，还有两人参加国际象棋比赛。有关他们具体参加比赛项目的情况还需满足以下条件：

（1）每位选手只能参加一个比赛项目。

（2）孔智参加围棋比赛，当且仅当，庄聪和孟睿都参加中国象棋比赛。

(3) 如果韩敏不参加国际象棋比赛，那么墨灵参加中国象棋比赛。
(4) 如果荀慧参加中国象棋比赛，那么庄聪不参加中国象棋比赛。
(5) 荀慧和墨灵至少有一人不参加中国象棋比赛。

18.（2014年管理类联考真题）如果荀慧参加中国象棋比赛，那么可以得出以下哪项？
(A) 庄聪和墨灵都参加围棋比赛。　　　　(B) 孟睿参加围棋比赛。
(C) 孟睿参加国际象棋比赛。　　　　　　(D) 墨灵参加国际象棋比赛。
(E) 韩敏参加国际象棋比赛。

【解析】题干有以下信息：
①两人参加围棋比赛，两人参加中国象棋比赛，两人参加国际象棋比赛。
②孔参加围棋比赛⟷庄参加中国象棋比赛∧孟参加中国象棋比赛。
③韩不参加国际象棋比赛→墨参加中国象棋比赛，等价于：墨不参加中国象棋比赛→韩参加国际象棋比赛。
④荀参加中国象棋比赛→庄不参加中国象棋比赛。
⑤荀不参加中国象棋比赛∨墨不参加中国象棋比赛。
本题中：荀参加中国象棋比赛，由⑤知，荀参加中国象棋比赛→墨不参加中国象棋比赛。又由③知，韩参加国际象棋比赛，故（E）项正确。
【答案】(E)

19.（2014年管理类联考真题）如果庄聪和孔智参加相同的比赛项目，且孟睿参加中国象棋比赛，那么可以得出以下哪项？
(A) 墨灵参加国际象棋比赛。　　　　　　(B) 庄聪参加中国象棋比赛。
(C) 孔智参加围棋比赛。　　　　　　　　(D) 荀慧参加围棋比赛。
(E) 韩敏参加中国象棋比赛。

【解析】由本题知：⑥庄聪和孔智参加相同的比赛项目。
⑦孟睿参加中国象棋比赛。
由⑥知，庄和孟不可能同时参加中国象棋比赛，再由②知，孔不参加围棋比赛；所以，庄也不参加围棋比赛。
再由⑦"孟参加中国象棋比赛"可知，庄聪和孔智参加国际象棋比赛。
所以，韩不参加国际象棋比赛，由③知，墨参加中国象棋比赛。
所以，孟、墨参加中国象棋比赛；庄、孔参加国际象棋比赛；韩、荀参加围棋比赛。
故（D）项正确。
【答案】(D)

20.（2014年管理类联考真题）根据题干信息，以下哪项可能为真？
(A) 庄聪和韩敏参加中国象棋比赛。　　　(B) 韩敏和荀慧参加中国象棋比赛。
(C) 孔智和孟睿参加围棋比赛。　　　　　(D) 墨灵和孟睿参加围棋比赛。
(E) 韩敏和孔智参加围棋比赛。

【解析】使用选项排除法：
若（A）项为真，则韩敏不参加国际象棋比赛，由③知，墨参加中国象棋比赛，则出现三个人同时参加中国象棋比赛,排除。

若(B)项为真,则韩、荀、墨三人参加中国象棋比赛,排除[理由同(A)项]。

若(C)项为真,则与②矛盾,排除。

若(E)项为真,由②知,庄参加中国象棋比赛∧孟参加中国象棋比赛;又由③知,墨参加中国象棋比赛,则出现三个人同时参加中国象棋比赛,排除。

故(D)项正确。

【答案】(D)

21~22题基于以下题干:

某公司年度审计期间,审计人员发现一张发票,上面有赵义、钱仁礼、孙智、李信4个签名,签名者的身份各不相同,是经办人、复核、出纳或审批领导之中的一个,且每个签名都是本人所签。询问四位相关人员,得到以下答案:

赵义:"审批领导的签名不是钱仁礼。"

钱仁礼:"复核的签名不是李信。"

孙智:"出纳的签名不是赵义。"

李信:"复核的签名不是钱仁礼。"

已知上述每个回答中,如果提到的人是经办人,则该回答为假;如果提到的人不是经办人,则为真。

21. (2014年管理类联考真题) 根据以上信息,可以得出经办人是:

(A) 赵义。 (B) 钱仁礼。
(C) 孙智。 (D) 李信。
(E) 无法确定。

【解析】假设经办人是赵义,则孙智"出纳的签名不是赵义"为真,与题干"如果提到的人是经办人,则该回答为假"矛盾,故经办人不是赵义。

假设经办人是钱仁礼,则赵义"审批领导的签名不是钱仁礼"与李信"复核的签名不是钱仁礼"均为真,与题干"如果提到的人是经办人,则该回答为假"矛盾,故经办人不是钱仁礼。

假设经办人是李信,则钱仁礼"复核的签名不是李信"为真,与题干"如果提到的人是经办人,则该回答为假"矛盾,故经办人不是李信。

所以,经办人必为孙智。

【答案】(C)

22. (2014年管理类联考真题) 根据以上信息,该公司的复核与出纳分别是:

(A) 李信、赵义。 (B) 孙智、赵义。
(C) 钱仁礼、李信。 (D) 赵义、钱仁礼。
(E) 孙智、李信。

【解析】由上题分析可知,经办人为孙智,四人说的话都没有提到孙智,根据题干"如果提到的人不是经办人,则为真"可知,四人说的话均为真。

所以,钱仁礼不是审批领导、不是复核、不是经办人,则钱仁礼必为出纳。

复核不是李信、不是钱仁礼、不是孙智,则复核必为赵义。

【答案】(D)

23. (2014年管理类联考真题）为了加强学习型机关建设，某机关党委开展了菜单式学习活动，拟开设课程有"行政学""管理学""科学前沿""逻辑"和"国际政治"5门课程，要求其下属的4个支部各选择其中两门课程进行学习。已知：第一支部没有选择"管理学""逻辑"，第二支部没有选择"行政学""国际政治"，只有第三支部选择了"科学前沿"。任意两个支部所选课程均不完全相同。

根据上述信息，关于第四支部的选课情况可以得出以下哪项？
（A）如果没有选择"行政学"，那么选择了"管理学"。
（B）如果没有选择"管理学"，那么选择了"国际政治"。
（C）如果没有选择"行政学"，那么选择了"逻辑"。
（D）如果没有选择"管理学"，那么选择了"逻辑"。
（E）如果没有选择"国际政治"，那么选择了"逻辑"。

【解析】一共有五门课程：行政学、管理学、科学前沿、逻辑、国际政治。

由题干可知：

①第一支部：没有选择"管理学""逻辑"。

②第二支部：没有选择"行政学""国际政治"。

③只有第三支部选择了"科学前沿"。

④任意两个支部所选课程均不完全相同。

由①知，第一支部：行政学∨国际政治∨科学前沿；

又由③知，第一支部：行政学∧国际政治。

同理，第二支部：管理学∧逻辑。

由③知，第四支部没有选科学前沿，所以第四支部为：行政学∨管理学∨逻辑∨国际政治；

由④知，第四支部不能与第一支部相同，所以只能在行政学和国际政治中选一门，即⑤行政学∀国际政治；第四支部也不能与第二支部相同，所以只能在管理学和逻辑中选一门，即⑥管理学∀逻辑。

据⑥可得：（D）项，如果没有选择管理学，那么选择逻辑，为真。

【答案】(D)

24~25题基于以下题干：

某高校有数学、物理、化学、管理、文秘、法学等6个专业毕业生需要就业，现有风云、怡和、宏宇三家公司前来学校招聘。已知，每家公司只招聘该校上述2至3个专业的若干毕业生，且需要满足以下条件：

（1）招聘化学专业的公司也招聘数学专业。

（2）怡和公司招聘的专业，风云公司也招聘。

（3）只有一家公司招聘文秘专业，且该公司没有招聘物理专业。

（4）如果怡和公司招聘管理专业，那么也招聘文秘专业。

（5）如果宏宇公司没有招聘文秘专业，那么怡和公司招聘文秘专业。

24. (2015年管理类联考真题）如果只有一家公司招聘物理专业，那么可以得出以下哪项？
（A）宏宇公司招聘数学专业。　　　　　　（B）怡和公司招聘管理专业。

(C) 怡和公司招聘物理专业。　　　　　　(D) 风云公司招聘化学专业。
(E) 风云公司招聘物理专业。

【解析】题干有以下信息：

(1) 化学→数学。

(2) 怡和→风云。

(3) 只有一家公司招聘文秘专业，且该公司没有招聘物理专业。

(4) 怡和管理→怡和文秘。

(5) ¬宏宇文秘→怡和文秘。

由题干信息（2）知，若怡和公司招聘物理专业，则风云公司也招聘物理专业，与"只有一家公司招聘物理专业"矛盾，故怡和公司没有招聘物理专业。

由题干信息（3）知，只有一家公司招聘文秘专业，又由题干信息（2）知，怡和公司招聘的专业，风云公司也招聘，故（6）怡和公司没有招聘文秘专业。

由题干信息（5）得：（7）¬怡和文秘→宏宇文秘，由题干信息（3）知，宏宇公司没有招聘物理专业。

综上，招聘物理专业的必然为风云公司。

【答案】(E)

25. （2015年管理类联考真题）如果三家公司都招聘3个专业的若干毕业生，那么可以得出以下哪项？

(A) 风云公司招聘数学专业。　　　　　　(B) 怡和公司招聘物理专业。
(C) 宏宇公司招聘化学专业。　　　　　　(D) 风云公司招聘化学专业。
(E) 怡和公司招聘法学专业。

【解析】由上题的分析知，怡和公司没有招聘文秘专业。

由题干信息（4）知：¬怡和文秘→¬怡和管理。故怡和公司没有招聘管理专业。

由题干信息（1）知：化学→数学 = ¬数学→¬化学，故如果怡和公司没有招聘数学专业，则怡和公司也没有招聘化学专业，此时，6个专业中，怡和公司有4个专业没有招聘，与"三家公司都招聘3个专业"矛盾，故怡和公司招聘数学专业。

又由题干信息（2）知，怡和公司招聘数学专业，则风云公司也招聘数学专业。

【答案】(A)

26~27题基于以下题干：

江海大学的校园美食节开幕了，某女生宿舍有5人积极报名参加此次活动，她们的姓名分别为金粲、木心、水仙、火珊、土润。举办方要求，每位报名者只做一道菜品参加评比，但需自备食材。限于条件，该宿舍所备食材仅有5种：金针菇、木耳、水蜜桃、火腿和土豆，要求每种食材只能有2人选用，每人又只能选用2种食材，并且每人所选食材名称的第一个字与自己的姓氏均不相同。已知：

(1) 如果金粲选水蜜桃，则水仙不选金针菇。

(2) 如果木心选金针菇或土豆，则她也须选木耳。

(3) 如果火珊选水蜜桃，则她也须选木耳和土豆。

(4) 如果木心选火腿，则火珊不选金针菇。

26. (2016年管理类联考真题) 根据上述信息，可以得出以下哪项？

(A) 木心选用水蜜桃、土豆。　　　　　(B) 水仙选用金针菇、火腿。
(C) 土润选用金针菇、水蜜桃。　　　　(D) 火珊选用木耳、水蜜桃。
(E) 金粲选用木耳、土豆。

【解析】将题干信息形式化：

(1) 金粲选水蜜桃→¬水仙选金针菇。

(2) 木心：金针菇∨土豆→木耳。

(3) 火珊：水蜜桃→木耳∧土豆。

(4) 木心选火腿→¬火珊选金针菇。

由题意可知，木心不能选木耳，由题干信息（2）可得，¬木耳→¬金针菇∧¬土豆。又由"每人只能选用2种食材"可知，木心：火腿∧水蜜桃。

由题干信息（4）可知，木心选火腿→¬火珊选金针菇。

又由"每人只能选用2种食材"，并结合题干信息（3）可得，火珊：¬水蜜桃。

得表8-4：

表8-4

食材＼报名者	金粲	木心	水仙	火珊	土润
金针菇	×	×		×	
木耳		×			
水蜜桃		√	×	×	
火腿		√		×	
土豆		×			×

已知要求每种食材只能有2人选用，每人又只能选用2种食材，故可得：木心：火腿∧水蜜桃；火珊：木耳∧土豆；水仙选金针菇∧土润选金针菇。

由题干信息（1），金粲选水蜜桃→¬水仙选金针菇＝水仙选金针菇→金粲不选水蜜桃，得表8-5：

表8-5

食材＼报名者	金粲	木心	水仙	火珊	土润
金针菇	×	×	√	×	√
木耳		×		√	
水蜜桃	×	√	×	×	√
火腿		√		×	
土豆		×		√	×

故：土润选用金针菇和水蜜桃。

【答案】(C)

27. (2016年管理类联考真题) 如果水仙选用土豆，则可以得出以下哪项？

(A) 木心选用金针菇、水蜜桃。

(B) 金粲选用木耳、火腿。

(C) 火珊选用金针菇、土豆。

(D) 水仙选用木耳、土豆。

(E) 土润选用水蜜桃、火腿。

【解析】结合上题分析可知，水仙：土豆→¬木耳∧¬火腿。所以，金粲：木耳∧火腿，得表8-6：

表 8-6

报名者 食材	金粲	木心	水仙	火珊	土润
金针菇			√		√
木耳	√			√	
水蜜桃		√			√
火腿	√	√			
土豆			√	√	

【答案】(B)

28. (2016年管理类联考真题) 在编号1，2，3，4的4个盒子中装有绿茶、红茶、花茶和白茶四种茶。每个盒子中只装一种茶，每种茶只装在一个盒子中。已知：

(1) 装绿茶和红茶的盒子在1，2，3号范围之内。

(2) 装红茶和花茶的盒子在2，3，4号范围之内。

(3) 装白茶的盒子在1，3号范围之内。

根据上述信息，可以得出以下哪项？

(A) 绿茶装在3号盒子中。　　　　(B) 花茶装在4号盒子中。

(C) 白茶装在3号盒子中。　　　　(D) 红茶装在2号盒子中。

(E) 绿茶装在1号盒子中。

【解析】根据条件(1)可知，绿茶、红茶不在4号盒子中。

根据条件(3)可知，白茶不在4号盒子中。

故4号盒子中装的一定是花茶。

【答案】(B)

29. (2018年管理类联考真题) 某学期学校新开设4门课程："《诗经》鉴赏""老子研究""唐诗鉴赏""宋词选读"。李晓明、陈文静、赵珊珊和庄志达4人各选修了其中一门课程。已知：

(1) 他们4人选修的课程各不相同。
(2) 喜爱诗词的赵珊珊选修的是诗词类课程。
(3) 李晓明选修的不是"《诗经》鉴赏"就是"唐诗鉴赏"。

以下哪项如果为真,就能确定赵珊珊选修的是"宋词选读"?

(A) 庄志达选修的不是"宋词选读"。
(B) 庄志达选修的是"老子研究"。
(C) 庄志达选修的不是"老子研究"。
(D) 庄志达选修的是"《诗经》鉴赏"。
(E) 庄志达选修的不是"《诗经》鉴赏"。

【解析】由条件(2)可知,赵珊珊选修的是《诗经》鉴赏、唐诗鉴赏或宋词选读;由条件(3)可知,李晓明选修的是《诗经》鉴赏或唐诗鉴赏。

根据(D)项,若庄志达选修了《诗经》鉴赏,根据题干"4人各选修了其中一门课程",并结合条件(3)可知,李晓明选修了唐诗鉴赏,故能确定赵珊珊选修了宋词选读。

其余各项均不能确定。

【答案】(D)

30~31题基于以下题干:

某海军部队有甲、乙、丙、丁、戊、己、庚7艘舰艇,拟组成两个编队出航,第一编队编列3艘舰艇,第二编队编列4艘舰艇。编列需满足以下条件:

(1) 航母己必须编列在第二编队。
(2) 戊和丙至多有一艘编列在第一编队。
(3) 甲和丙不在同一编队。
(4) 如果乙编列在第一编队,则丁也必须编列在第一编队。

30. (2018年管理类联考真题) 如果甲在第二编队,则下列哪项中的舰艇一定也在第二编队?
(A) 乙。   (B) 丙。
(C) 丁。   (D) 戊。
(E) 庚。

【解析】已知甲在第二编队,由条件(3)可得:丙在第一编队;又由条件(2)可得:戊在第二编队,故(D)项正确。

【答案】(D)

31. (2018年管理类联考真题) 如果丁和庚在同一编队,则可以得出以下哪项?
(A) 甲在第一编队。   (B) 乙在第一编队。
(C) 丙在第一编队。   (D) 戊在第二编队。
(E) 庚在第二编队。

【解析】假设丁和庚在第一编队,由于甲和丙不能在同一编队,所以第一编队的最后一个位置是甲或丙,则戊、乙、己都在第二编队。

假设丁和庚都在第二编队,己也在第二编队,第二编队的最后一个位置为甲或丙,则乙在第一编队,由条件(4)可得丁也应该在第一编队,与假设矛盾,故丁和庚不可能在第二编队。

所以戊在第二编队,即(D)项正确。

【答案】(D)

32~33题基于以下题干:

一江南园林拟建松、竹、梅、兰、菊5个园子。该园林拟设东、南、北3个门,分别位于其中的3个园子。这5个园子的布局满足如下条件:

(1) 如果东门位于松园或菊园,那么南门不位于竹园。

(2) 如果南门不位于竹园,那么北门不位于兰园。

(3) 如果菊园在园林的中心,那么它与兰园不相邻。

(4) 兰园与菊园相邻,中间连着一座美丽的廊桥。

32. (2018年管理类联考真题)根据以上信息,可以得出以下哪项?

(A) 兰园不在园林的中心。　　　　　　(B) 菊园不在园林的中心。

(C) 兰园在园林的中心。　　　　　　　(D) 菊园在园林的中心。

(E) 梅园不在园林的中心。

【解析】题干有以下信息:

(1) 东门位于松园∨东门位于菊园→南门不位于竹园。

(2) 南门不位于竹园→北门不位于兰园。

(3) 如果菊园在园林的中心,那么它与兰园不相邻。

(4) 兰园与菊园相邻,中间连着一座美丽的廊桥。

由题干信息(3)、(4)知,菊园不在园林的中心。故(B)项正确。

【答案】(B)

33. (2018年管理类联考真题)如果北门位于兰园,则可以得出以下哪项?

(A) 南门位于菊园。　　　　　　　　　(B) 东门位于竹园。

(C) 东门位于梅园。　　　　　　　　　(D) 东门位于松园。

(E) 南门位于梅园。

【解析】结合上题,(1)、(2)串联得:东门位于松园∨东门位于菊园→南门不位于竹园→北门不位于兰园。

逆否得:北门位于兰园→南门位于竹园→东门不位于松园∧东门不位于菊园。

故东门位于梅园,即(C)项正确。

【答案】(C)

34. (2019年管理类联考真题)李诗、王悦、杜舒、刘默是唐诗宋词的爱好者,在唐朝诗人李白、杜甫、王维、刘禹锡4人中各喜爱其中一位,且每人喜爱的唐诗作者不与自己同姓,关于他们4人,已知:

(1) 如果爱好王维的诗,那么也爱好辛弃疾的词。

(2) 如果爱好刘禹锡的诗,那么也爱好岳飞的词。

(3) 如果爱好杜甫的诗,那么也爱好苏轼的词。

如果李诗不爱好苏轼和辛弃疾的词,则可以得出以下哪项?

(A) 杜舒爱好辛弃疾的词。 (B) 王悦爱好苏轼的词。
(C) 刘默爱好苏轼的词。 (D) 李诗爱好岳飞的词。
(E) 杜舒爱好岳飞的词。

【解析】由题干条件（1）逆否可得：不爱辛弃疾→不爱王维，又已知李诗不爱好辛弃疾的词，故李诗不爱好王维的诗。

由题干条件（3）逆否可得：不爱苏轼→不爱杜甫，又已知李诗不爱好苏轼的词，故李诗不爱好杜甫的诗。

由"每人喜爱的唐诗作者不与自己同姓"，可知李诗不喜爱同姓诗人，即李诗不喜爱李白，故李诗喜爱刘禹锡。

又由题干条件（2）可得，李诗爱好岳飞的词，即（D）项正确。

【答案】(D)

35.（2019年管理类联考真题）某地人才市场招聘保洁、物业、网管、销售4种岗位的从业者，有甲、乙、丙、丁4位年轻人前来应聘。事后得知，每人只选择一种岗位应聘，且每种岗位都有其中一人应聘。另外，还知道：

(1) 如果丁应聘网管，那么甲应聘物业。
(2) 如果乙不应聘保洁，那么甲应聘保洁且丙应聘销售。
(3) 如果乙应聘保洁，那么丙应聘销售，丁也应聘保洁。

根据以上陈述，可以得出以下哪项？

(A) 甲应聘网管岗位。 (B) 丙应聘保洁岗位。
(C) 甲应聘物业岗位。 (D) 乙应聘网管岗位。
(E) 丁应聘销售岗位。

【解析】由条件（3）可得，如果乙应聘保洁，那么丁也应聘保洁。那么一定有一种岗位无人应聘，与题干"每种岗位都有其中一人应聘"矛盾，所以乙不应聘保洁。

再由条件（2）可得，甲应聘保洁且丙应聘销售。

由条件（1）逆否可得：甲不应聘物业→丁不应聘网管。所以乙应聘网管，丁应聘物业。

故（D）项正确。

【答案】(D)

36.（2019年管理类联考真题）某大学读书会开展"一月一书"活动。读书会成员甲、乙、丙、丁、戊5人在《论语》《史记》《唐诗三百首》《奥德赛》《资本论》中各选一种阅读，互不重复。已知：

(1) 甲爱读历史，会在《史记》和《奥德赛》中选一本。
(2) 乙和丁只爱中国古代经典，但现在都没有读诗的心情。
(3) 如果乙选《论语》，则戊选《史记》。

事实上，每个人都选了自己喜爱的书目。
根据上述信息，可以得出以下哪项？

(A) 甲选《史记》。 (B) 乙选《奥德赛》。
(C) 丙选《唐诗三百首》。 (D) 丁选《论语》。
(E) 戊选《资本论》。

【解析】由条件（2）可得：(4) 乙和丁只能选择《史记》和《论语》。

结合条件（1）可知，甲只能选《奥德赛》。

由条件（3）可知，若乙选《论语》，则戊选《史记》，与（4）矛盾。

所以，乙选《史记》，丁选《论语》。

故（D）项正确。

【答案】(D)

37.（2020 年管理类联考真题）某街道的综合部、建设部、平安部和民生部四个部门，需要负责街道的秩序、安全、环境、协调四项工作。每个部门只负责其中的一项工作，且各部门负责的工作各不相同。

已知：

（1）如果建设部负责环境或秩序，则综合部负责协调或秩序。
（2）如果平安部负责环境或协调，则民生部负责协调或秩序。

根据以上信息，以下哪项工作安排是可能的？

(A) 建设部负责环境，平安部负责协调。
(B) 建设部负责秩序，民生部负责协调。
(C) 综合部负责安全，民生部负责协调。
(D) 民生部负责安全，综合部负责秩序。
(E) 平安部负责安全，建设部负责秩序。

【解析】由题干可知：

（1）建设部负责环境∨建设部负责秩序→综合部负责协调∨综合部负责秩序。
（2）平安部负责环境∨平安部负责协调→民生部负责协调∨民生部负责秩序。

题干问以下哪项工作安排是"可能"的，用选项排除法。

(A) 项，平安部负责协调，由"各部门负责的工作各不相同"可知，民生部不能负责协调，由条件（2）可得：民生部负责秩序。由条件（1）得：建设部负责环境→综合部负责协调∨综合部负责秩序，与"各部门负责的工作各不相同"矛盾，排除。

(B) 项，建设部负责秩序，由"各部门负责的工作各不相同"可知，综合部不能负责秩序，又由条件（1）可知，综合部负责协调，故民生部不能负责协调，排除。

(C) 项，综合部负责安全，由条件（1）逆否可得，建设部不能负责环境且不能负责秩序，又民生部负责协调，则建设部无活可干，排除。

(D) 项，民生部负责安全，由条件（2）逆否可得，平安部不能负责环境且不能负责协调，又综合部负责秩序，则平安部无活可干，排除。

(E) 项，由条件（1）可知，建设部负责秩序，则综合部负责协调，再由条件（2）逆否可知，平安部负责安全，故民生部负责环境，无矛盾，可选。

【答案】(E)

38.（2020 年管理类联考真题）某公司为员工免费提供菊花、绿茶、红茶、咖啡和大麦茶 5 种饮品。现有甲、乙、丙、丁、戊 5 位员工，他们每人都只喜欢其中的 2 种饮品，且每种饮品都只有 2 人喜欢，已知：

(1) 甲和乙喜欢菊花,且分别喜欢绿茶和红茶中的一种。
(2) 丙和戊分别喜欢咖啡和大麦茶中的一种。

根据上述信息,可以得出以下哪项?

(A) 甲喜欢菊花和绿茶。
(B) 乙喜欢菊花和红茶。
(C) 丙喜欢红茶和咖啡。
(D) 丁喜欢咖啡和大麦茶。
(E) 戊喜欢绿茶和大麦茶。

【解析】由题干条件"每人都只喜欢其中的2种饮品,且每种饮品都只有2人喜欢",并结合题干条件(1)可知,甲和乙都不喜欢咖啡和大麦茶。

又由题干条件(2)可知,丙和戊分别喜欢咖啡和大麦茶中的一种,故丁喜欢咖啡和大麦茶,即(D)项正确。

【答案】(D)

39~40题基于以下题干:

"立春""春分""立夏""夏至""立秋""秋分""立冬""冬至"是我国二十四节气中的八个节气,"凉风""广莫风""明庶风""条风""清明风""景风""阊阖风""不周风"是八种节风。上述八个节气与八种节风之间一一对应。已知:

(1) "立秋"对应"凉风"。
(2) "冬至"对应"不周风""广莫风"之一。
(3) 若"立夏"对应"清明风",则"夏至"对应"条风"或者"立冬"对应"不周风"。
(4) 若"立夏"不对应"清明风"或者"立春"不对应"条风",则"冬至"对应"明庶风"。

39. (2020年管理类联考真题) 根据上述信息,可以得出以下哪项?

(A) "秋分"不对应"明庶风"。　　(B) "立冬"不对应"广莫风"。
(C) "夏至"不对应"景风"。　　　(D) "立夏"不对应"清明风"。
(E) "春分"不对应"阊阖风"。

【解析】由题干条件(2)可得,"冬至"不对应"明庶风",则由题干条件(4)逆否可得,¬"冬至"对应"明庶风"→"立夏"对应"清明风"∧"立春"对应"条风",故"夏至"不对应"条风"。

由"立夏"对应"清明风"、"夏至"不对应"条风",结合题干条件(3)可得,"立冬"对应"不周风"。再由题干条件(2)可知,"冬至"对应"广莫风"。

(B)项,"立冬"不对应"广莫风",正确。

【答案】(B)

40. (2020年管理类联考真题) 若"春分"和"秋分"两个节气对应的节风在"明庶风"和"阊阖风"之中,则可以得出以下哪项?

(A) "春分"对应"阊阖风"。　　(B) "秋分"对应"明庶风"。
(C) "立春"对应"清明风"。　　(D) "冬至"对应"不周风"。

(E)"夏至"对应"景风"。

【解析】由题干及上题分析可知：立秋——凉风、立夏——清明风、立春——条风、立冬——不周风、冬至——广莫风。

由本题题干可知："春分"和"秋分"两个节气对应的节风在"明庶风"和"阊阖风"之中。故余下的"夏至"和"景风"对应，即（E）项正确。

【答案】（E）

41～42题基于以下题干：

某公司甲、乙、丙、丁、戊5人爱好出国旅游。去年，在日本、韩国、英国和法国4国中，他们每人都去了其中的2个国家旅游，且每个国家总有他们中的2到3人去旅游。已知：

(1) 如果甲去韩国，则丁不去英国。

(2) 丙和戊去年总是结伴出国旅游。

(3) 丁和乙只去欧洲国家旅游。

41. （2020年管理类联考真题） 根据以上信息，可以得出以下哪项？

(A) 甲去了韩国和日本。　　　　　　(B) 乙去了英国和日本。

(C) 丙去了韩国和英国。　　　　　　(D) 丁去了日本和法国。

(E) 戊去了韩国和日本。

【解析】由题干信息，可知甲、乙、丙、丁、戊5人每人去其中的2个国家旅游，因此，总计出国次数为10次，共有4个国家可选，且每个国家只有2到3人去，故本题是10人分4组的模型，且每组人数只能为3/3/2/2。

另由三个条件可知：

(1) 甲去韩国→¬丁去英国。

(2) 丙和戊捆绑为一组。

(3) 丁和乙只去欧洲国家。

因每人去2个不同的国家，结合条件（3）可得：丁和乙一定去英国和法国。

又知每个国家最多只能有3人，结合条件（2）可知，丙和戊二人只能去韩国和日本，故（E）项正确。

【答案】（E）

42. （2020年管理类联考真题） 如果5人去欧洲国家旅游的总人次与去亚洲国家的一样多，则可以得出以下哪项？

(A) 甲去了日本。　　　　　　(B) 甲去了英国。

(C) 甲去了法国。　　　　　　(D) 戊去了英国。

(E) 戊去了法国。

【解析】由于丁去了英国，由条件（1）可知，甲没去韩国，即甲去日本、法国、英国中的2个国家。

结合上题可得表8-7：

表 8-7

国家＼人员	甲	乙	丙和戊	丁
日本		×	√	×
韩国	×	×	√	×
英国		√	×	√
法国		√	×	√

又由"5人去欧洲国家旅游的总人次与去亚洲国家的一样多",即去欧洲国家旅游和去亚洲国家旅游的总人次应各5次,故甲必须去日本,才能满足此条件,即（A）项正确。

【答案】（A）

43～46题基于以下题干:

某大学文学院语言学专业2014年毕业的5名研究生张、王、李、赵、刘分别被三家用人单位天枢、天机、天璇中的一家录用,并且各单位至少录用了其中的1名。已知:

(1) 李被天枢录用。
(2) 李和赵没有被同一家单位录用。
(3) 刘和赵被同一家单位录用。
(4) 如果张被天璇录用,那么王也被天璇录用。

43. (2014年在职MBA联考真题) 以下哪项可能是正确的?
(A) 李和刘被同一家单位录用。
(B) 王、赵、刘都被天机录用。
(C) 只有刘被天璇录用。
(D) 只有王被天璇录用。
(E) 天枢录用了其中的3个人。

【解析】题干信息可整理如下:
①李天枢。
②李→¬赵。
③刘↔赵,等价于:¬刘↔¬赵。
④张天璇→王天璇。
⑤5名研究生在三家单位求职,每家单位至少录用1名。

(A) 项,由题干信息②、③知:李→¬赵→¬刘,故（A）项为假。

(B) 项,若王、赵、刘都在天机,由题干信息①知李在天枢,又由题干信息⑤"每家单位至少录用1人",可知天璇只能是张,由题干信息④知,王在天璇,与"王在天机"矛盾,故（B）项为假。

(C) 项,由题干信息③知,刘和赵都在天璇,故（C）项为假。

(D) 项,与题干条件均不矛盾,可能为真。

(E) 项,天枢录用3人,由题干信息①知,3人中有李;由题干信息②知,赵不在天枢;由题干信息③知,赵和刘一起在天璇或天机中的一家,则有一家没有招人,与题干信息⑤矛盾,故（E）项为假。

【答案】（D）

44.（2014 年在职 MBA 联考真题） 以下哪项一定是正确的？

(A) 张、王被同一单位录用。　　　　　　　(B) 王和刘被不同的单位录用。

(C) 天枢至多录用了 2 人。　　　　　　　　(D) 天枢和天璇录用的人数相同。

(E) 王没有被天枢录用。

【解析】由上题（E）项可知，天枢不可能录取 3 人或以上，故天枢至多录取 2 人，即（C）项一定正确。

其余各项均可真可假。

【答案】(C)

45.（2014 年在职 MBA 联考真题） 下列哪项如果正确，则可以确定每个毕业生的录用单位？

(A) 李被天枢录用。　　　　　　　　　　　(B) 张被天璇录用。

(C) 张被天枢录用。　　　　　　　　　　　(D) 刘被天机录用。

(E) 王被天机录用。

【解析】若（B）项正确，由题干信息④可知，王在天璇。根据题干信息①、②、③可得，刘必然不在天枢。由题干信息⑤可得，刘和赵只能在天机，因此所有毕业生的录用单位均可以确定。

【答案】(B)

46.（2014 年在职 MBA 联考真题） 如果刘被天璇录用，则以下哪项一定是错误的？

(A) 天璇录用了 3 人。　　　　　　　　　　(B) 录用李的单位只录用了他一人。

(C) 王被天璇录用。　　　　　　　　　　　(D) 天机只录用了其中的一人。

(E) 张被天璇录用。

【解析】由题干信息③可知，赵、刘均在天璇。若（E）项为真，由题干信息④可知，王也在天璇。因为李在天枢，则天机未录用任何人，与题干信息⑤矛盾，故（E）项不可能为真。

【答案】(E)

变化 3　三组元素的匹配

解题思路

三组或三组以上元素的匹配，推荐使用连线法。使用连线法时，实线表示有对应关系，虚线表示无对应关系，无法确定有没有对应关系时不画线。

典型真题

47.（2014 年管理类联考真题） 某单位有负责网络、文秘以及后勤的三名办公人员：文珊、孔瑞和姚薇，为了培养年轻干部，领导决定她们三人在这三个岗位之间实行轮岗，并将她们原来的工作间 110 室、111 室和 112 室也进行了轮换。结果，原本负责后勤的文珊接替了孔瑞的文秘工作，由 110 室调到了 111 室。

根据以上信息，可以得出以下哪项？

(A) 姚薇接替孔瑞的工作。　　　　　　　　(B) 孔瑞接替文珊的工作。

(C) 孔瑞被调到了110室。　　　　　　　　(D) 孔瑞被调到了112室。

(E) 姚薇被调到了112室。

【解析】由题干"负责后勤的文珊接替了孔瑞的文秘工作",可知:①孔瑞接替了姚薇的工作,姚薇接替了文珊的工作。

再由题干"文珊由110室调到了111室",可知:②文珊原来在110室,孔瑞原来在111室,姚薇原来在112室。

由①、②知,孔瑞调到了112室,姚薇调到了110室。

【答案】(D)

48~49题基于以下题干:

某校四位女生施琳、张芳、王玉、杨虹与四位男生范勇、吕伟、赵虎、李龙进行中国象棋比赛。他们被安排在四张桌上,每桌一男一女对弈,四张桌从左到右分别记为1、2、3、4号,每对选手需要进行四局比赛。比赛规定:选手每胜一局得2分,和一局得1分,负一局得0分。前三局结束时,按分差大小排列,四对选手的总积分分别是6:0、5:1、4:2、3:3。已知:

(1) 张芳跟吕伟对弈,杨虹在4号桌比赛,王玉的比赛桌在李龙比赛桌的右边。

(2) 1号桌的比赛至少有一局是和局,4号桌双方的总积分不是4:2。

(3) 赵虎前三局总积分并不领先他的对手,他们也没有下成过和局。

(4) 李龙已连输三局,范勇在前三局总积分上领先他的对手。

48. (2018年管理类联考真题) 根据上述信息,前三局比赛结束时谁的总积分最高?

(A) 杨虹。　　　　　　　　　　　　　　(B) 施琳。

(C) 范勇。　　　　　　　　　　　　　　(D) 王玉。

(E) 张芳。

【解析】由"四对选手的总积分分别是6:0、5:1、4:2、3:3",可知四对选手中获胜方(最后一组打平)的战绩为:3胜、2胜1和、2胜1负、1胜1和1负或3和。

由题干条件(4)知,李龙连输3局,故女方有一人连胜3局。

由题干条件(3)知,赵虎没下成和局,积分又不领先对手,所以,赵虎2负1胜,他在比分为4:2的桌子。

由题干条件(2)并结合题干条件(1)中"王玉的比赛桌在李龙比赛桌的右边"知,赵虎、李龙均不在1、4号桌。

由题干条件(1)知,张芳、杨虹、王玉均不和李龙比赛,故施琳和李龙比赛,比分为6:0。故施琳的总积分最高。

【答案】(B)

49. (2018年管理类联考真题) 如果下列有位选手前三局均与对手下成和局,那么他(她)是谁?

(A) 施琳。　　　　　　　　　　　　　　(B) 杨虹。

(C) 张芳。　　　　　　　　　　　　　　(D) 范勇。

(E) 王玉。

【解析】结合上题分析,由题干条件(1)知,王玉在3号桌,李龙在2号桌。故张芳和吕伟在1号桌。

又由题干条件（2）知，4号桌的比赛不是4∶2，故4∶2的比赛只能在1号或3号桌。

又由题干条件（2）知，1号桌的比赛至少有一局是和局，故1号桌不是4∶2。

故，3号桌比分为4∶2，故赵虎在3号桌，范勇在4号桌。

由题干条件（4）知，范勇在前三局总积分上领先他的对手，故杨虹和范勇的比分不是3∶3。

故，张芳和吕伟的比赛打成了3∶3。

综上：

1号桌：张芳∶吕伟（3∶3）。

2号桌：施琳∶李龙（6∶0）。

3号桌：王玉∶赵虎（4∶2）。

4号桌：杨虹∶范勇（1∶5）。

【答案】（C）

50～51题基于以下题干：

某食堂采购4类（各种蔬菜名称的后一个字相同，即为一类）共12种蔬菜：芹菜、菠菜、韭菜、青椒、红椒、黄椒、黄瓜、冬瓜、丝瓜、扁豆、毛豆、豇豆，并根据若干条件将其分成3组，准备在早、中、晚三餐中分别使用。已知条件如下：

(1) 同一类别的蔬菜不在一组。

(2) 芹菜不能在黄椒那一组，冬瓜不能在扁豆那一组。

(3) 毛豆必须与红椒或韭菜在同一组。

(4) 黄椒必须与豇豆在同一组。

50.（2019年管理类联考真题）根据以上信息，可以得出以下哪项？

(A) 芹菜与豇豆不在同一组。　　　　　　(B) 芹菜与毛豆不在同一组。

(C) 菠菜与扁豆不在同一组。　　　　　　(D) 冬瓜与青椒不在同一组。

(E) 丝瓜与韭菜不在同一组。

【解析】根据题干条件（2）可知，芹菜不能在黄椒那一组，又由题干条件（4）可知，黄椒必须与豇豆在同一组。故芹菜不能和豇豆在同一组，故（A）项正确。

【答案】（A）

51.（2019年管理类联考真题）如果韭菜、青椒与黄瓜在同一组，则可得出以下哪项？

(A) 芹菜、红椒与扁豆在同一组。　　　　(B) 菠菜、黄椒与豇豆在同一组。

(C) 韭菜、黄瓜与毛豆在同一组。　　　　(D) 菠菜、冬瓜与豇豆在同一组。

(E) 芹菜、红椒与丝瓜在同一组。

【解析】由题干可知，4类12种蔬菜，分为3组，同一类别的蔬菜不能在同一个组。所以每一组都包括一种菜、一种瓜、一种豆、一种椒。

又已知韭菜、青椒与黄瓜在同一组，根据条件（2）可知，芹菜不能在黄椒那一组，故芹菜只能和红椒在同一组，故黄椒和菠菜在同一组。又根据条件（4）可知，黄椒、豇豆和菠菜在同一组。故（B）项正确。

【答案】（B）

52. (2012年在职MBA联考真题) 张明、李英、王佳和陈蕊四人在一个班组工作,他们来自江苏、安徽、福建和山东四个省,每个人只会说原籍的一种方言。现已知:福建人会说闽南方言,山东人学历最高且会说中原官话,王佳比福建人的学历低,李英会说徽州话并且和来自江苏的同事是同学,陈蕊不懂闽南方言。

根据以上陈述,可以得出以下哪项结论?

(A) 陈蕊不会说中原官话。　　　　　(B) 张明会说闽南方言。

(C) 李英是山东人。　　　　　　　　(D) 王佳会说徽州话。

(E) 陈蕊是安徽人。

【解析】题干信息如下:

①福建人会说闽南方言。

②山东人学历最高且会说中原官话。

③王佳比福建人的学历低。

④李英会说徽州话并且和来自江苏的同事是同学。

⑤陈蕊不懂闽南方言。

根据题干,可知如下关系,如图8-10所示:

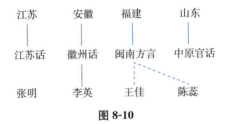

图 8-10

由题干"每个人只会说原籍的一种方言"可知,李英也不会说闽南方言,故得如下关系,如图8-11所示:

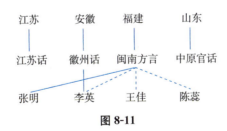

图 8-11

故有,张明会说闽南方言。

【答案】(B)

变化4　其他综合推理

解题思路

1. 重复元素分析法。

有一些题目，逻辑关系复杂，要寻找突破口进行分析。重复元素往往是最重要的突破口，可以把重复元素当作桥梁，建立起元素之间的关系。

2. 假设法。

根据题干信息进行简单的假设归谬，看是否出现矛盾。做假设时，要重点考虑重复次数最多的信息和没有重复的信息。

3. 数量关系往往是突破口。

典型真题

53～54题基于以下题干：

某大学运动会即将召开，经管学院拟组建一支12人的代表队参赛，参赛队员将从该院4个年级的学生中选拔。学校规定：每个年级都须在长跑、短跑、跳高、跳远、铅球5个项目中选择1～2项参加比赛，其余项目可任意选择；一个年级如果选择长跑，就不能选择短跑或跳高；一个年级如果选择跳远，就不能选择长跑或铅球；每名队员只参加1项比赛。已知该院：

(1) 每个年级均有队员被选拔进入代表队。

(2) 每个年级被选拔进入代表队的人数各不相同。

(3) 有两个年级的队员人数相乘等于另一个年级的队员人数。

53. (2015年管理类联考真题) 根据以上信息，一个年级最多可选拔多少人？

(A) 8人。　　　　　　　　　　　　(B) 7人。

(C) 6人。　　　　　　　　　　　　(D) 5人。

(E) 4人。

【解析】(A) 项，若一个年级最多有8人，则另外三个年级一共有4人，只能分别为1人、1人、2人，与条件 (2) 矛盾，不成立。

(B) 项，若一个年级最多有7人，则另外三个年级一共有5人，只能分别为1人、1人、3人或者1人、2人、2人，均与条件 (2) 矛盾，不成立。

(C) 项，若一个年级最多有6人，则另外三个年级一共有6人，可以分别为1人、2人、3人，满足条件 (1)、(2)、(3)，成立。

因为6人成立，所以 (D)、(E) 两项不必验证。

【答案】(C)

54. (2015年管理类联考真题) 如果某年级队员人数不是最少的，且选择了长跑，那么对于该年级来说，以下哪项是不可能的？

(A) 选择短跑或铅球。 (B) 选择短跑或跳远。
(C) 选择铅球或跳高。 (D) 选择长跑或跳高。
(E) 选择铅球或跳远。

【解析】由题干知：

长跑→¬（短跑∨跳高）＝长跑→¬短跑∧¬跳高。

跳远→¬（长跑∨铅球）＝长跑∨铅球→¬跳远。

故：该年级队员没有选择短跑、跳高和跳远，所以（B）项，选择短跑或跳远，必然为假。

【答案】(B)

55. （2017年管理类联考真题）某剧组招募群众演员，为配合剧情，需要招 4 类角色：外国游客 1～2 名，购物者 2～3 名，商贩 2 名，路人若干。仅有甲、乙、丙、丁、戊、己 6 人可供选择，且每个人在同一场景中只能出演一个角色。已知：

(1) 只有甲、乙才能出演外国游客。

(2) 上述 4 类角色在每个场景中至少有 3 类同时出现。

(3) 每一场景中，若乙或丁出演商贩，则甲和丙出演购物者。

(4) 购物者和路人的数量之和在每个场景中不超过 2。

根据以上信息，可以得出以下哪项？

(A) 在同一场景中，若戊和己出演路人，则甲只可能出演外国游客。

(B) 在同一场景中，若乙出演外国游客，则甲只可能出演商贩。

(C) 至少有 2 人需要在不同的场景中出演不同的角色。

(D) 甲、乙、丙、丁不会在同一场景中同时出现。

(E) 在同一场景中，若丁和戊出演购物者，则乙只可能出演外国游客。

【解析】使用选项排除法：

(A) 项，若戊和己出演路人，由条件（4）可知，此场景中没有购物者。再由条件（3）可知，乙、丁二人不出演商贩。所以乙可能出演外国游客，且外国游客可能只有 1 位。故此项错误。

(B) 项，乙出演外国游客，可能丁出演商贩，由条件（3）可知，甲、丙二人出演购物者。所以可能存在"甲、乙、丙、丁在同一场景，且此场景没有路人"的情况。故此项错误。

(C) 项，根据题意并结合条件（2）、（4）可知，不同场景只有购物者和路人的角色不同，可能存在"路人只有 1 人，且是由另一个场景出演购物者的 2 人中的其中 1 人出演"的情况，故此项错误。

(D) 项，甲、乙、丙、丁可能在同一场景中同时出现，即可能乙出演外国游客，丁出演商贩，甲和丙出演购物者。故此项错误。

(E) 项，丁和戊出演购物者，由条件（4）可知，此场景中没有路人，且没有其他人出演购物者。

由条件（3）可得，乙商贩∨丁商贩→甲购物者∧丙购物者，等价于：¬甲购物者∨¬丙购物者→¬乙商贩∧¬丁商贩，故乙、丁二人不出演商贩。

由条件（2）可知，此场景中没有路人，则必然有其他 3 类角色，故有外国游客和商贩。

故，现知乙不出演商贩、不出演购物者，即乙只能出演外国游客。故此项正确。

【答案】（E）

56~57题基于以下题干：

某影城将在"十一"黄金周7天（周一至周日）放映14部电影，其中，有5部科幻片、3部警匪片、3部武侠片、2部战争片和1部爱情片。限于条件，影城每天放映两部电影。已知：

（1）除两部科幻片安排在周四外，其余6天每天放映的两部电影都属于不同类别。

（2）爱情片安排在周日。

（3）科幻片与武侠片没有安排在同一天。

（4）警匪片和战争片没有安排在同一天。

56.（2017年管理类联考真题）根据以上信息，以下哪项中的两部电影不可能安排在同一天放映？

(A) 警匪片和爱情片。　　　　　(B) 科幻片和警匪片。
(C) 武侠片和战争片。　　　　　(D) 武侠片和警匪片。
(E) 科幻片和战争片。

【解析】（A）项，根据题干信息可知，周四为两部科幻片，剩余五天，有三天均有科幻片，有两天为战争片，若警匪片和爱情片安排在同一天，则必有一部武侠片与科幻片为同一天，与题干条件（3）矛盾。

其余各项均与题干不矛盾。

【答案】（A）

57.（2017年管理类联考真题）根据以上信息，如果同类影片放映日期连续，则周六可能放映的电影是以下哪项？

(A) 科幻片和警匪片。　　　　　(B) 武侠片和警匪片。
(C) 科幻片和战争片。　　　　　(D) 科幻片和武侠片。
(E) 警匪片和战争片。

【解析】（A）项，若周六放映科幻片和警匪片，则周日必须放映警匪片才能满足同类影片放映日期连续的要求，根据上题分析，可知与题干矛盾。

（B）项，因为周四放映科幻片，若周六放映武侠片和警匪片，又因为这两部片子均为3部，则无法实现同类影片连续放映。

（C）项，可以满足题干，周一到周三均放映武侠片和警匪片，周四放映两部科幻片，周五和周六均放映科幻片和战争片，周日放映爱情片和科幻片。

（D）项，与题干条件（3）矛盾。

（E）项，周六放映警匪片的话，周日必须放映警匪片才能满足同类影片放映日期连续的要求，由题干条件（2）知，爱情片安排在周日，故周日放映爱情片和警匪片，与上题的结论矛盾。

【答案】（C）

58. (2019年管理类联考真题) 有一 6×6 的方阵，如图 8-12 所示，它所含的每个小方格中可填入一个汉字，已有部分汉字填入。现要求该方阵中的每行每列均含有礼、乐、射、御、书、数 6 个汉字，不能重复也不能遗漏。

	乐		御	书	
				乐	
射	御	书		礼	
		射		数	礼
御		数			射
					书

图 8-12

根据上述要求，以下哪项是方阵底行 5 个空格中从左至右依次应填入的汉字？

(A) 数、礼、乐、射、御。　　　　　　(B) 乐、数、御、射、礼。
(C) 数、礼、乐、御、射。　　　　　　(D) 乐、礼、射、数、御。
(E) 数、御、乐、射、礼。

【解析】方法一：快速得分法（排除法）。

由第三行，只余"数"和"乐"，由第 2 行中的"乐"可知，第三行只能如图 8-13 所示：

	乐		御	书	
				乐	
射	御	书	数	礼	乐
		射		数	礼
御		数			射
					书

图 8-13

然后用选项排除法：

(B) 项，"礼"与第三行重复，排除。
(C) 项，"御"与第一行重复，排除。
(D) 项，"数"与第三行重复，排除。
(E) 项，"御"和"礼"均与第三行重复，排除。

故 (A) 项正确。

方法二：正面推理法。说明：(a，b) 代表第 a 行第 b 列的汉字。如图 8-14 所示：

礼	乐	射	御	书	数
书	数	礼	乐		御
射	御	书	数	礼	乐
乐	射	御	书	数	礼
御	书	数			射
数	礼	乐	射	御	书

图 8-14

很显然，(3，4) 为"数"→ (3，6) 为"乐"→ (2，6) 为"御"→ (1，6) 为"数"→ (1，3) 为"射"→ (1，1) 为"礼"→ (4，1) 为"乐"→ (2，1) 为"书"→ (6，1) 为"数"→ (5，2) 为"书"→ (6，2) 为"礼"→ (2，3) 为"礼"→ (4，3) 为"御"→ (6，3) 为"乐"→ (4，4) 为"书"→ (6，4) 为"射"→ (6，5) 为"御"。即可判断（A）项正确。

【答案】（A）

59～60 题基于以下题干：

放假 3 天，小李夫妇除安排 1 天休息之外，其他 2 天准备做 6 件事：①购物（这件事编号为①，以此类推）；②看望双方父母；③郊游；④带孩子去游乐场；⑤去市内公园；⑥去电影院看电影。

他们商定：
(1) 每件事均做一次，且在 1 天内做完，每天至少做 2 件事。
(2) ④和⑤安排在同一天完成。
(3) ②在③之前的 1 天完成。

59. (2020 年管理类联考真题) 如果③和④安排在假期的第 2 天，则以下哪项是可能的？
(A) ①安排在第 2 天。　　　　　　　(B) ②安排在第 2 天。
(C) 休息安排在第 1 天。　　　　　　(D) ⑥安排在最后 1 天。
(E) ⑤安排在第 1 天。

【解析】由题干可知，假期 3 天中，1 天休息，另外 2 天做事。

已知③和④安排在假期的第 2 天，结合题干条件 (2) 可得：③、④和⑤安排在第 2 天，故排除（E）项。

再由题干条件 (3) 可知，②在第 1 天完成，故排除（B）项。

故第 3 天休息，不做任何事，由此可排除（C）、（D）项。

故（A）项正确。

【答案】（A）

60. (2020 年管理类联考真题) 如果假期第 2 天只做⑥等 3 件事，则可以得出以下哪项？
(A) ②安排在①的前一天。　　　　　(B) ①安排在休息一天之后。
(C) ①和⑥安排在同一天。　　　　　(D) ②和④安排在同一天。
(E) ③和④安排在同一天。

【解析】由题干可知，第 2 天只做⑥等 3 件事，又由于有 1 天休息，可见，其余 2 天各做 3 件事。

由于④和⑤在同一天，且②和③不在同一天，故其中一天的安排为④+⑤+②和③中的一件。

故，另外一天的安排为①+⑥+②和③中的一件，故（C）项正确。

【答案】（C）